U0232507

21 世纪新能源丛书

太阳能热发电系统集成原理与方法

洪　慧　金红光
著
刘启斌　韩　巍

科学出版社

北　京

内 容 简 介

本书从聚光太阳能的能量转换基础问题出发,在理论、关键技术、系统集成三个层面,重点阐述了聚光太阳能与化石能源互补发电系统集成原理与方法。通过对太阳能与化石燃料的热力循环互补、太阳能与化石燃料热化学互补的典型实例深入讨论,诠释了多能源梯级利用的"能量互补、品位耦合"的科学本质内涵。重视聚光太阳能转化过程的不可逆性,介绍了槽式广角跟踪聚光技术、中低温太阳能燃料转化技术、槽-塔结合发电技术等新技术;从技术经济性方面,分析了中低温太阳能燃料转化在分布式冷热电系统的应用,指出了太阳能热化学互补在发展高效、低成本聚光太阳能热发电方面的作用。最后分析了太阳能热化学储能和 CO_2 捕集一体化方法,在各章节的讨论中,还特别指出了各种技术面临的问题和未来的发展方向。

本书可供从事多能源互补应用理论和技术研究,特别是太阳能与燃煤互补发电技术、太阳能热化学燃料转换技术、太阳能分布式供能技术等科研和工程技术人员参考,也可作为高等院校高年级本科生和研究生的参考用书。

图书在版编目(CIP)数据

太阳能热发电系统集成原理与方法/洪慧等著. —北京:科学出版社,2018.6

(21世纪新能源丛书)

ISBN 978-7-03-057352-0

Ⅰ.①太… Ⅱ.①洪… Ⅲ.①太阳能发电-系统工程-研究 Ⅳ.①TM615

中国版本图书馆 CIP 数据核字(2018)第 093283 号

责任编辑:钱 俊 / 责任校对:彭玲玲
责任印制:张 伟 / 封面设计:耕者设计

科学出版社出版

北京东黄城根北街 16 号
邮政编码:100717
http://www.sciencep.com

北京虎彩文化传播有限公司 印刷
科学出版社发行 各地新华书店经销

*

2018 年 6 月第 一 版 开本:720×1000 B5
2019 年 1 月第二次印刷 印张:17 彩插:5
字数:323 000

定价:128.00 元
(如有印装质量问题,我社负责调换)

《21 世纪新能源丛书》序

物质、能量和信息是现代社会赖以存在的三大支柱。很难想象没有能源的世界是什么样子。每一次能源领域的重大变革都带来人类生产、生活方式的革命性变化，甚至影响着世界政治和意识形态的格局。当前，我们又处在能源生产和消费方式发生革命的时代。

从人类利用能源和动力发展的历史看，古代人类几乎完全依靠可再生能源，人工或简单机械已经能够适应农耕社会的需要。近代以来，蒸汽机的发明唤起了第一次工业革命，而能源则是以煤为主的化石能源。这之后，又出现了电和电网，从小规模的发电技术到大规模的电网，支撑了与大工业生产相适应的大规模能源使用。石油、天然气在内燃机、柴油机中的广泛使用，奠定了现代交通基础，也把另一个重要的化石能源引入了人类社会；燃气轮机的技术进步使飞机突破声障，进入了超声速航行的时代，进而开始了航空航天的新纪元。这些能源的利用和能源技术的发展，进一步适应了高度集中生产的需要。

但是化石能源的过度使用，将造成严重环境污染，而且化石能源资源终将枯竭。这就严重地威胁着人类的生存和发展，人类必然再一次使用以可再生能源为主的新能源。这预示着人类必将再次步入可再生能源时代——一个与过去完全不同的建立在当代高新技术基础上创新发展起来的崭新可再生能源时代。一方面，要满足大规模集中使用的需求；另一方面，由于可再生能源的特点，同时为了提高能源利用率，还必须大力发展分布式能源系统。这种能源系统使用的是多种新能源，采用高效、洁净的动力装置，用微电网和智能电网连接。这个时代，按照里夫金《第三次工业革命》的说法，是分布式利用可再生能源的时代，它把能源技术与信息技术紧密结合，甚至可以通过一条管道来同时输送一次能源、电能和各种信息网络。

为了反映我国新能源领域的最高科研水平及最新研究成果，为我国能源科学技术的发展和人才培养提供必要的资源支撑，中国工程热物理学会联合科学出版社共同策划出版了这套《21 世纪新能源丛书》。丛书邀请了一批工作在新能源科研一线的专家及学者，为读者展现国内外相关科研方向的最高水平，并力求在太阳能热利用、光伏、风能、氢能、海洋能、地热、生物质能和核能等新能源领域，反映我国当前的科研成果、产业成就及国家相关政策，展望我国新能源领域未来发展的趋势。本丛书可以为我国在新能源领域从事科研、教学和学习的学者、教师、研究生提供实用系统的参考资料,也可为从事新能源相关行业的企业管理者和技术人员提供有益的帮助。

中国科学院院士

2013 年 6 月

前　　言

聚光太阳能热发电是人类未来规模化利用可再生能源的重要基础之一,对未来能源技术革命和社会经济可持续发展将产生重大影响。当前,国内外聚光太阳能热发电发展迅速,截至 2015 年 12 月底,全球已建成投运聚光太阳能热发电电站装机容量已接近 5GW。但与光伏发电相比,聚光太阳能热发电尚处于产业化前期。太阳能热发电的单位装机投资是常规发电的数倍,大规模发电需要大面积聚光镜和跟踪,聚光镜场的成本占一次投资的 40%～70%。不稳定的太阳辐照强度和聚光过程中存在的较大能量损失,使得由镜场到吸收器的光热转化效率较低,太阳能热发电年平均效率较低(仅 12%～20%)。这些都成为当前聚光太阳能热发电发展的重要"瓶颈"。虽然聚光、跟踪、传输、储能、转化等单一过程技术都有长足进步,但聚光太阳能热发电仍旧面临年均效率低、成本高的难题。

作者所在研究集体前身是我国著名科学家吴仲华教授组建的联合循环课题组,三十多年来,一直秉承吴仲华先生的"能的梯级利用与总能系统"思想,专门从事能源动力系统基础研究和相关技术的创新。近十年,课题组为了加快促进我国聚光太阳能热发电的发展,从能的品位概念,创建了"能量互补、品位耦合"的太阳能与化石能源互补利用原理,发展了吴仲华教授"温度对口、梯级利用"的思想,自主创新研发了聚光太阳能与化石能源互补新技术。我们撰写本书的目的就在于,从聚光太阳能、热力循环到关键技术层面,阐述低成本、高效的聚光太阳能热发电系统集成原理与方法,以及系统集成创新与应用。

本书涵盖了课题组多年来一系列重要成果,共 6 章。内容主要包括聚光太阳能单一热发电和太阳能与化石能源互补发电的基础理论和关键技术。第 1 章着重讲述了聚光太阳能热发电技术存在的科学问题,以及可能解决的途径与方向。第 2 章侧重从聚光方式与热力循环相结合的层面,概述了聚光太阳能热发电系统的基本形式。第 3 章概述了大型规模化的单一太阳能热发电系统集成理论,重点讨论了太阳热与做功工质品位匹配的集成机理与方法,介绍了双级蓄热、槽-塔结合的太阳能单一热发电新技术。在第 4、第 5 两章中,重点讨论了聚光太阳能与化石能源的热互补、热化学互补发电技术。第 4 章介绍了太阳能与燃煤热互补关键技术,深入槽式聚光余弦效应减小的方法,介绍了自主研制的槽式广角跟踪聚光技术,以及在提高年均槽式聚光集热性能方面的作用。第 5 章阐述了中低温太阳能与化石燃料热化学互补的品位耦合机理,结合典型方案,侧重探讨了能量互补、品位耦合的全工况系统集成设计方法,并应用于分布式冷热电供能技术,强调了中低温太阳能热化学互补对发展高效、低成本聚光太阳能热发电的作用。第6章介绍了控制 CO_2 捕集的太阳能与化石燃料化学链燃烧发电技术,重点讨论了从能源转换源头实现太阳能储能和 CO_2 捕集一体化的方法,从典型系统概念性设计、热力性能分析、化学链燃烧载氧体材料研制,说明未来聚光太阳能与化石能源热化学互补在温室气体控制方面的意义。

本书在撰写过程中,曾得到赵雅文副研究员及方娟、王瑞林、曲万军、王肖禾、许达、张浩、彭硕、刘秀峰等同学的各种帮助,在此一并表示感谢。本书及其有关的科研项目都得到国家自然科学基金委员会和科技部的大力支持,特此深表谢意。

由于书中谈论的问题涉及工程热物理、光学、材料学、化工、机械等学科和技术领域,作者的理论水平和实践经验有限,书中难免存在不足之处,殷切希望广大读者和有关领域的专家给予批评和指正。

作 者

2017 年 5 月于北京中关村

符 号 表

q_{ape}	采光口能流密度
I	太阳辐照强度
C	光学聚光比
M	采光面积
m	接收器面积
ϕ_{rim}	半聚光角
f	焦距
d	太阳经过抛物面镜的成像宽度
θ	最大夹角
η_{col}	太阳能集热器的集热效率
η_A	考虑集热器里光路缺失造成能量损失的效率
α	吸收器的有效吸收率
ε	吸收器的有效发射率
σ	玻尔兹曼常量
T	温度
W	做功
T_H	高温
Q_H	热机在高温下吸收的热量
m_s	高压过热蒸汽流量
m_o	导热油流量
h_{t2}^g	进入高温蓄热换热器的蒸汽焓值
h_{t3}^g	高温蓄热换热器出口的蒸汽焓值
C_{po}	导热油在 240～350℃的平均定压比热
t_{350}	导热油进入高温蓄热换热器的温度
t_{240}	导热油出高温蓄热换热器的温度
Q_{l1}	高温蓄热过程的热损失
Q_{l2}	高温蓄热单元放热过程的热损失
dm_s	进入低温蓄热器中的蒸汽瞬时量
h_{t4}^g	进入低温蓄热器中蒸汽的焓值
t_0	低温蓄热器中的低温未饱和水的初始温度

h_0	低温蓄热器中的低温未饱和水的焓值
t	换热后的终温
h	换热后的焓值
dm_s	低温蓄热器的蒸汽注入量
C_{pw}	水的比热
dm_l	低温蓄热器的瞬时蒸汽产生量
h'_h	蓄热器初始饱和水的焓值
h'_l	汽轮机的滑行压力下的饱和水的焓值
h''_l	饱和水蒸气的焓值
S	单位面积聚光镜(无阴影)吸收的太阳能
ρ	聚光镜的反射率
γ	吸收器接收到聚光镜反射的太阳能的比例
τ	吸收器外玻璃套管的透过率
$K_{\gamma\alpha}$	入射到聚光镜的太阳能偏离垂直入射的程度
θ	入射角
φ	该地区纬度
δ	太阳赤纬角
ω	太阳时角
h_i	金属吸收管管内对流换热系数
Δt_i	管内传热温差
A_i	吸收管内表面积
R_b	金属管的导热热阻
λ_b	玻璃套管的热导率
l_b	金属管长度
T_{b_o}	金属管外壁的辐射换热
T_{g_i}	玻璃套管内壁之间的辐射换热
A_{b_o}	金属管外壁表面积
d_{b_o}	金属管外径
d_{g_i}	玻璃管内径
ε_{ab}	金属表面镀膜发射率
ε_g	玻璃套管表面发射率
h_d	低密度残余气体的换热系数
k_{air}	空气在标准大气压下的导热系数
λ	在环形区域内的低压气体平均自由程
δ	空气分子直径

λ_g	玻璃套管的导热系数
$Q_{TubeLoss}$	散热损失
$Q_{EvaLoss}$	蒸汽发生器的能量损失
Q_{power}	太阳能集热系统交换到动力侧的能量
W_a	集热器开口宽度
F	吸收器与聚光镜垂直距离
$m_{coal} \cdot LHV$	输入系统煤的热值
$W_{ISST}(t)$	互补系统出功
W_{coal}	燃煤发电系统出功
$m_{coal} \cdot \Delta\varepsilon_{coal}$	输入系统煤的化学㶲
W_{solar}	互补系统的太阳能净出功
ΔE_s	输入太阳热㶲
A_{ed}	能量释放侧的品位
A_{ea}	能量接收侧的品位
A_{water}	互补前后能量接收侧品位均为给水吸热品位
η_{Carnot}	集热温度对应的卡诺循环效率
η_{col}	聚光集热效率
η_{power}	动力循环效率
ΔA	替代抽汽与集热品位差
η_{tur}	互补前的汽轮机内效率
$\eta_{tur\text{-}hyb}$	互补后的汽轮机内效率
W_{st}	互补前的汽轮机出功
$W_{st\text{-}hyb}$	互补后的汽轮机出功
$A_{s\text{-}f}$	太阳能燃料的品位
ΔH_T	太阳能燃料燃烧后产生的高温燃气的焓值
ΔE_T	太阳能燃料燃烧后产生的高温燃气的㶲值
ΔEXL_c	太阳能燃料燃烧过程的㶲损失
$\Delta E_{T,f}$	燃料直接燃烧过程产生的高温烟气热㶲
ΔEXL	化石燃料直接燃烧过程的㶲损失
λ_{sr}	反应床的有效导热系数
λ_g	混合气体的导热系数
λ_s	反应床的导热系数
ε	反应床的孔隙率
T_s	反应床的温度
h_{t_i}	吸收/反应管内对流换热系数

μ_f	管内流体的动力黏度
d_s	催化剂颗粒的当量直径
L_{bed}	催化床层的高度
G	反应物质量流率
d_{t_i}	吸收/反应管内径
Q_e	发电机组的发电量
Q_s	系统回收利用的余热量
Q_{HHV}	输入系统燃料的高位热值
Q_{sol}	输入系统的太阳能热量
$W_{sep,2}$	CO_2分离功耗
η_2	太阳集热品位
α	燃料转化率
ξ	CO_2捕集能耗降低度
G_{H_2}	氢气流量
G_M	甲醇燃料流量
H_M	甲醇燃料低位热值
Q_d	参考分产系统能耗
Q_{cog}	联产系统总能耗
Q_{cogf}	联产系统化石能源能耗
n_M	注入甲醇量
n'_M	未反应的甲醇量
Q_{che}	经过甲醇重整反应所实现的太阳热能转化为化学能的量
$\Delta_r H_M$	一定压力、一定反应温度下单位甲醇重整反应的反应焓
W_{ref}	甲醇直接燃烧联合循环的净输出功
$\eta_{th,ref}$	甲醇直接燃烧联合循环的热效率
S_{AP}	接收孔面积
W_{oxd}	氧载体中活性物质被完全氧化时的质量
W_{red}	氧载体中活性物质被完全还原成金属相
X_{ts}	氧载体的氧化程度
$k(T)$	速率常数

目　　录

彩图

第1章 太阳能热发电现状与发展动态

纵观人类科学技术的百年发展史,从蒸汽机"改变世界"、电力和内燃机开创新纪元,到人类计算机延伸人脑,能源是人类社会赖以生存的物质基础。进入 21 世纪,人类历史从来没有像现在面临如此困境:以煤、石油、天然气等化石燃料为主的能源资源的短缺,化石能源消耗导致生态环境恶化的日益凸现,传统化石能源供给减小与社会经济发展对能源旺盛需求之间的矛盾。随着国际社会越来越关注化石燃料燃烧造成二氧化碳排放问题,世界各国应对气候变化,采取加快推进能源供给的多元化,已经将发展可再生能源上升到国家能源安全战略。在当今以化石能源与可再生能源并举的能源消费结构达成共识的基础上,人类将迎接由可再生能源引领的新一轮的能源革命和新技术产业革命。

太阳能、生物能源、风能在可再生能源新技术革命风潮中各领风骚。本章以分析可再生能源发展趋势和特点为切入点,侧重太阳能热发电技术发展进程,梳理太阳能热发电技术现状和存在的技术瓶颈及科学问题,力求从理论创新和方法创新方面,指出当今太阳能热发电技术面临规模化、低成本应用紧迫性的挑战。

1.1 能源可持续发展与可再生能源战略需求

自工业化以来,人类社会发展主要依赖无节制地开发利用煤、石油、天然气等化石燃料资源以及水、土地、生物质等自然资源。首先将这些化石资源转换成能源,然后再将能源以热和功的形式加以利用,最后治理所产生的环境污染问题,即先污染后治理。这一模式导致奢侈的资源浪费、低效的能源利用和严重的环境污染。例如,中国以煤直接燃烧为主的工业能耗继续处于主导地位。在美国,以石油基燃料燃烧为主的建筑和运输能源消费约占总能量消费的 70%。可以说,这种基于资源、能源利用与环境之间链式连接的"串联"模式,恰恰是阻碍当今能源可持续发展的根本原因,也是造成环境污染、全球气候变化的重要因素。联合国政府间气候变化专门委员会(IPCC)的《减缓气候变化特别报告 2014》中指出(IPCC,2014),如果不提高现有能源利用效率或者改善能源结构,预计 2050 年由传统能源消耗的直接二氧化碳排放将达 2010 年的排放水平的三倍以上。

进入 21 世纪,人类逐渐认识到开拓可持续能源新渠道、实施能源多元化的能源环境系统,对实现可持续能源发展具有重要战略意义。人类需要开拓新的化石燃料化学能利用方式或新型的燃烧方式,探索在燃料化学能转化的源头中分离污染物的有效途径,实现燃料化学能的有效利用与污染物的分离回收,摒弃传统的"链式串联"模式,走出一条资源、能源与环境相容的发展新模式,如图1-1所示。

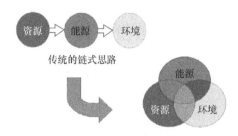

图 1-1　资源、能源、环境一体化模式示意图

为了减缓传统化石能源使用带来的气候变化,根本解决资源环境挑战,世界各国普遍认为可再生能源技术是实现低碳能源转型的关键,截止到 2014 年底,全球发电装机中可再生能源占 27.7%,以满足全球电力需求的 22.8%。国际能源署(IEA)《能源技术远景预测报告 2014》中对于全球气候变化与能源、电力的情景研究表明(IEA,2014):2050 年全球可再生能源电力将占电力装机的 65% 以上。2012 年 1 月 1 日,德国再次修改《可再生能源法》,提出到 2030 年 50% 以上电力消费必须来自可再生能源,2050 年可再生能源占能源消费总量的 60% 和电力消费的 80% 以上。英国能源与气候变化部在《2050 年能源气候发展路径分析》中探讨了远期可再生能源满足约 60% 能源需求的前景。丹麦《2050 能源战略》提出到 2050 年完全摆脱对煤炭、石油和天然气的依赖。美国能源部认为到 2030 年风电占美国能源结构的比重将达 20%,到 2050 年将达 35%,可再生能源可满足 2050 年 80% 电力的需求。日本政府曾在 2012 年 8 月公布了实现可再生能源飞跃发展的新战略,目标是到 2030 年使海上风力、地热、生物质、海洋等四个领域的发电能力扩大到 2010 年度的 6 倍以上。种种迹象表明,可再生能源在未来全球能源供应中的地位将更加突出。

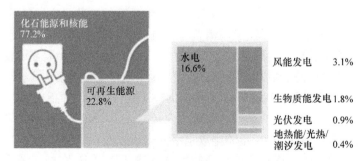

图 1-2　2014 年可再生能源发电占全球发电量的比例(来源:REN21)

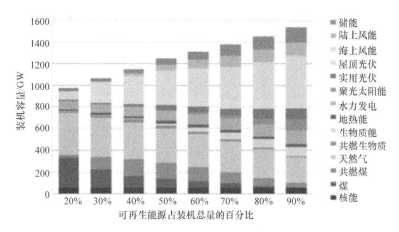

图 1-3　不同可再生能源占比下装机容量组成预测(来源:IEA)

近年来,我国风能发电、太阳能光伏发电、水能等可再生能源利用起到了重要作用。到 2014 年底,中国非化石能源在一次能源消费中占比由 2005 年的 7.4% 上升至 11.2%,单位国内生产总值(GDP)二氧化碳排放较 2005 年下降了 33.8%。2014 年非化石能源消费总量达到 4.8 亿吨标煤,是 2005 年的 2.5 倍。2015 年 6 月 30 日,中国政府向联合国气候变化框架公约秘书处提交了应对气候变化国家自主文件——《强化应对气候变化行动——中国国家自主贡献》,提出了二氧化碳排放 2030 年左右达到峰值并争取尽早达峰、单位 GDP 二氧化碳排放比 2005 年下降 60%~65%、非化石能源占一次能源消费比重达 20% 左右的战略目标。

"沉舟侧畔千帆过,病树前头万木春",可再生能源将引领人类自己第四次科技革命的到来,历史地承担起调整能源结构、保护环境的重任。世界将会出现能源技术、信息技术和新材料技术相互交叉、相互渗透的新兴产业,中国拥有世界上最大的可再生能源潜力市场,尽管近年来可再生能源技术研发取得了令人鼓舞的可喜进展,但将可再生能源发展成未来的主要能源,依然任重道远。我国只有拥有低成本的可再生能源的原始创新技术,才能真正加快能源结构调整,建立独立自主的可再生能源技术体系和产业支撑体系,完成能源消费结构的根本性改变,满足能源可持续发展的国家重大战略需求。

1.2　太阳能热利用与发电现状

太阳是巨大的聚变核反应堆,聚变释放的能量以光辐射形式送到地球,成为最可能依赖的初级能源。由图 1-4 的各国使用可再生能源资源量看,太阳能处于可再生能源的首要地位。当前,太阳能利用主要表现在太阳能热利用与太阳能发电两种方式。全球太阳能供热量约是太阳能发电量的4倍。太阳能发电分为光伏发电和光热发电,太阳能发电将是未来可再生能源提高大规模电力的主力,是规模化可再生能源发电的主要方向。截止到2014年,全球光伏发电总装机容量达到150GW,光热发电4GW。2014年IEA报告指出(IEA,2014),预计到2050年光伏发电将占全球总装机容量的16%,光热发电将占全球发电总装机容量的11%。太阳能热利用与发电技术经过长期持续努力,都取得了长足进步。

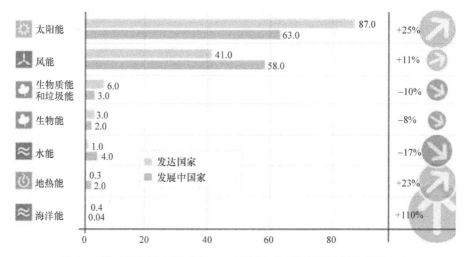

图1-4　发达及发展中国家2014年可再生能源投资量(来源:REN21)

1.2.1　太阳能热利用状况

太阳能热利用通过太阳能集热器将太阳辐射能收集起来,通过集热工质将太阳能转换成热能而利用,主要应用领域包括:平板集热进行热水供应;中温太阳能集热与建筑结合,实现工业领域的太阳能热水、供暖和制冷。按照太阳集热温度不同分为:太阳能低温(<100℃)利用、中温(100~500℃)利用和高温(>500℃)利用。根据集热方式不同分为平板型和聚焦型。

太阳能工业用热主要是利用250℃以下太阳热供工业的热需求,如食品、酿酒、饮料、纺织、纸浆和造纸等。目前全世界约有86个用于工业过程加热的太阳能供热厂,总安装容量约为24MW$_{th}$。这些厂位于19个国家,正在运行的有奥地利、希腊、西班牙、德国、意大利和美国。其中仅美国就拥有10MW$_{th}$,希腊约44MW$_{th}$,西班牙约14MW$_{th}$。与太阳能平板集热的热水系统(70~80℃)相比,对于太阳能工业用热和区域性建筑供暖,要求太阳能集热器产生100~250℃的热能。目前,全球已陆续建成万平方米级以上太阳能建筑供热系统12座,年太阳能保证率超过50%。

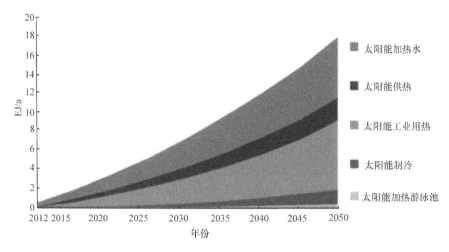

图 1-5　太阳能加热和制冷应用技术路线(来源:IEA)(后附彩图)

中国太阳能热利用产业经过三十多年的发展,取得了令人瞩目的成就,特别是我国太阳能平板集热器的热水系统利用。2012 年太阳能平板集热器的生产量和保有量分别达到 6390 万 m² 和 25770 万 m²,约占世界总量的 80% 和 60%。若按 1~4 类太阳能资源区内太阳能热水器(按 75% 加权使用率计算)年可替代标煤为 150kg/m²,我国已成为世界上太阳能热水器的生产和销售大国,年销售量和累计拥有量都居世界第一位(杜祥琬,2008)。然而,对于一个拥有十几亿人口的大国来说,我国目前太阳能热水器的人均占有率仍然很低(189m²/千人),远低于以色列等国家,而国际上的总目标为 4 亿 m²,增长 2.5 亿 m²,同时千人均有 280m²。太阳能热水器的整体技术水平还比较差,和发达国家相比,从技术、材料、制造工艺及设备等方面都存在着明显的差距。

1.2.2　太阳能热发电种类、方法

当前,聚光太阳能热发电是实现规模化太阳能热利用的重要途径之一。利用聚光器,将地球表面低密度的太阳能汇聚到焦斑处,产生高密度的能量,然后由工作流体将其转换成热能,再通过热机实现发电。从系统集成角度看,聚光太阳能热发电系统主要分为三类:单一太阳能热发电、太阳能与化石燃料互补发电和单一太阳能热化学发电。

1. 单一太阳能热发电

在单一太阳能热发电系统中,聚光集热的热力循环多分别是 Rankine(朗肯)循环(汽轮机)、Brayton(布雷敦)循环(燃气轮机)、Stirling 循环(斯特林机)。太阳能单一热发电能量转换过程仅含有太阳集热的传热和热功转换。按照聚光集热方

式,单一太阳能热发电主要是槽式、菲涅耳式、塔式、碟式四种。

　　槽式太阳能热发电通常采用单轴跟踪,其几何聚光比通常低于100,集热温度在400~500℃(DOE,2011),最早商业化运行的槽式热发电系统是美国和以色列联合建造的Luz(路兹)的9座槽式太阳能热电站,总装机容量达353.8MW。槽式太阳能热发电是目前发展最成熟的太阳能热发电技术,目前绝大部分商业化运行的太阳能热电站是槽式电站。

图1-6　SEGS(Solar Electric Generating Systems)电站抛物槽镜场(来源:NERL)

　　线性菲涅耳太阳能热发电系统是槽式太阳能热发电系统的改进与简化。与槽式太阳能热发电系统一样,线性菲涅耳反射镜也是线聚焦,采用一维跟踪。与槽式系统不同的是,线性菲涅耳发电系统可以利用一列位于较低位置的聚光器跟踪太阳辐射,并且吸热器固定,几何聚光比在25~100。

　　塔式太阳能热发电系统采用点聚焦形式,吸热器固定在高塔上,定日镜采用双轴跟踪。塔式太阳能热发电的聚光比在300~1500,集热温度可以达到800~1200℃,图1-8为塔式太阳能热发电系统示意图。

　　碟式太阳能热发电系统是另外一种点聚焦式的太阳能热发电系统,主要利用旋转抛物面反射镜,将入射太阳光聚集在镜面焦点处,而在该处可放置集热工质或斯特林发电装置直接发电。与塔式太阳能热发电系统一样,也采用二维跟踪方式,聚光比通常为1000~3000,太阳能吸热器加热氢气或氦气到近千摄氏度的高温后驱动斯特林发电机。碟式太阳能热发电可以单台使用或多台并联使用,但其单机规模受限制。太阳能发电效率可达29%。

图 1-7　线性菲涅耳反射镜集热器(来源：Areva)

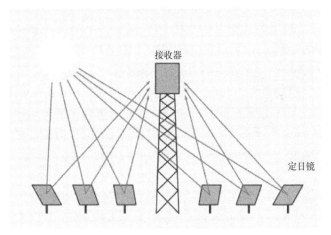

图 1-8　塔式集热器实物图(来源：BrightSource)

图 1-9　碟式/斯特林系统(来源：Barlev)

2. 太阳能与化石燃料互补发电

与太阳能单独热发电不同,太阳能与化石燃料互补发电可以使太阳能的光热功转换借助已有传统化石燃料的热力循环。太阳能与化石燃料互补发电主要包括两类:热互补与热化学互补。热互补技术主要利用太阳能与化石燃料的热力循环互补,而热化学互补技术指利用聚光太阳能为化石燃料的转化反应提供能量,一方面可以达到化石燃料脱碳的目的,产生清洁燃料,即太阳能燃料;另一方面,太阳热可以转化为燃料化学能。热化学互补生产的太阳能燃料可以通过热力循环去发电。目前,太阳能与化石燃料热互补发电技术已经在工业生产中得到应用,而热化学互补技术目前还在试验和示范阶段。

1) 太阳能化石燃料热互补

太阳能化石燃料热互补主要是指太阳能与天然气互补的联合循环发电、太阳能与煤热互补发电系统两种类型的热互补发电系统。

太阳能与天然气互补的燃气蒸汽联合循环(ISCC):将太阳能集成到燃气蒸汽联合循环中,如图 1-10 所示。根据所采用的太阳能聚光方式和集热温度,可以实现将不同温度的太阳热能用不同的方式注入燃气蒸汽联合循环中。集热温度主要分为三个温区:采用高聚光比的塔式或腔体式集热,工质温度高于 500℃;采用槽式的中低温集热,工质温度在 250~400℃。当前较为典型的方式是将太阳能注入余热锅炉中或者直接产生蒸汽注入汽轮机的低压级做功,从而实现太阳能向电能转化。当前,美国、意大利、摩洛哥、埃及、墨西哥、印度等地区都建有 ISCC 示范和运行电站。

太阳能与煤热互补(ISST):太阳能与燃煤电站热互补系统是利用槽式聚光太阳能集热替代燃煤机组回热系统的抽汽蒸汽,来加热锅炉给水。被替代的高温高压抽汽继续在汽轮机膨胀做功,从而增加系统出功,降低煤耗。同时,聚焦的低温太阳热借助火电站相对较大的汽机容量,实现高效的热转功发电,提高太阳能发电效率。由于对集热温度要求不高,可以采用相对廉价的太阳能集热装置。利用火电机组调整范围大的优势,省去太阳能热发电中的蓄热部件和透平部件,达到降低发电成本、达到连续稳定发电的目的。此外,太阳辐射的峰值在夏季及白天,正好与用电的峰值相对应,从而可以有效减少电网调峰的压力。可见,太阳能与燃煤蒸汽电站热互补系统作为一种高效、环保、切实可行的方式,将具有良好的发展前景。

2) 太阳能与化石燃料热化学互补

将所聚集的太阳能驱动化石燃料重整、裂解热碳还原等热化学吸热反应,含碳化石燃料转化为氢气或合成气,太阳热以氢或合成气燃料化学能的形式利用和储存。按照聚光集热温度不同,目前,太阳能与化石燃料热化学互补发电主要有高温

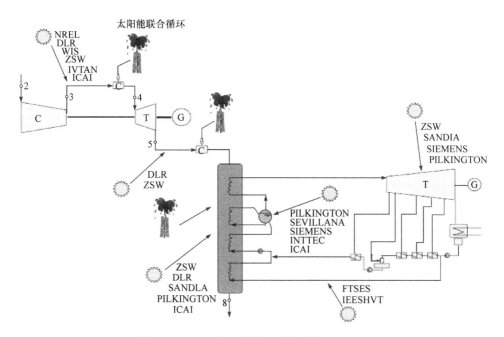

图 1-10　ISCC 发电系统概念图（来源：Montes）

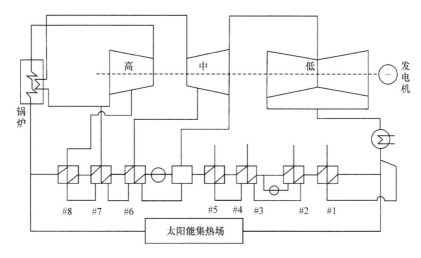

图 1-11　太阳能集热场与回热系统并联（来源：Peng）

太阳能与化石燃料热化学互补发电（聚集 500℃以上太阳热）和中低温太阳能与化石燃料热化学互补发电（聚集 200～500℃太阳热）。

　　高温太阳能与化石燃料热化学互补发电：主要是利用高倍聚光聚焦高温太阳热，以驱动天然气、煤重整、裂解、气化等。如太阳能驱动的煤气化过程是利用所聚集的高温太阳能驱动煤气化反应,可以制得合成气 H_2 和 CO,也可经过变换反应将 CO 转化为 CO_2,CO_2 通过各种途径进行分离后即可得到 H_2。产物合成气可以通过传统的联合循环进行发电,可实现 CO_2 减排约 20%。太阳能驱动的甲烷与 CO_2 重整反应也已经被广泛研究。高温太阳能与化石燃料热化学互补制清洁燃料需要高聚光比的腔式太阳能反应器,实现工程示范应用还需要经历一段路程。

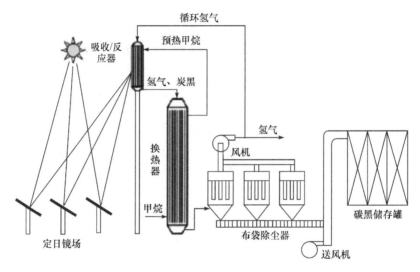

图 1-12　太阳能-甲烷裂解制氢

中低温太阳能与化石燃料热化学互补发电:为了促进太阳能热化学发电应用,自 2000 年开始,我国学者首次开展了中低温太阳能与化石燃料热化学互补发电理论和关键技术研究,如太阳能-甲醇裂解互补发电。利用低聚光比的槽式聚光镜,将聚焦中低温太阳能(约 300℃)提供给甲醇裂解吸热反应,生成以 CO、H_2 为主要成分的太阳能燃料,驱动热机做功发电。从品位角度来看,一方面,中低温太阳热能转换为高品位化学能,以合成气($CO、H_2$)的形式而被存储和利用。另一方面,随着合成气燃烧,中温太阳热能在高温下释放,并且以高温热的形式通过燃气轮机或联合循环实现热转功。相比高温太阳能热化学互补,由于采用低聚光比抛物槽式聚光集热器,中低温热化学互补在聚光镜场等方面具有降低成本的潜力。

3. 单一太阳能热化学发电

上述太阳能与化石燃料热化学互补发电,不仅涉及太阳热转换为化学能,而且还涉及含碳燃料的转化反应。从长远角度来看,单一太阳能热化学制氢清洁燃料发电是人类利用太阳能的终极方式。Fletcher 等 1976 年在 *Science* 首次提出太阳

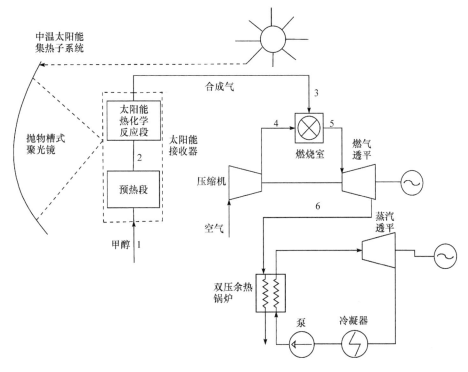

图 1-13　中温太阳能-甲醇裂解的发电系统示意图

能水分解制氢的可能性(Fletcher and Moen,1979),揭开了太阳能热化学制清洁燃料利用及发电研究的序幕。1977 年,日本学者 Nakamura 报道了对于操作温度在极高温 2270℃以上,水才能直接热分解,但指出太阳能直接热分解反应器在结构材料上是难以承受的。

　　随着聚光技术和膜科学技术的发展,许多学者一方面寻求太阳能直接水分解制氢的反应器,另一方面通过改变水分解制氢的反应途径,不断寻求降低反应温度的方法。典型代表是日本学者 Nakamura 提出的 Fe_3O_4/FeO 循环(Nakamura,1977)。这样水分解温度可以从高达 2000 多摄氏度降低到 1500℃左右。再如,瑞士 PSI 研究所及联邦理工学院 Steinfeld 教授提出的 ZnO/Zn 两步太阳能热化学水分解(Steinfeld,2002)。

　　太阳能直接热分解水制氢在反应器的材料、高温氢、氧以及气固分离方面都存在重大挑战。例如,目前多数研究的反应器采用氧化锆的多孔陶瓷膜为主要原料。它的烧结温度在 1700~1800℃,当反应器的温度逐渐提升时,其烧结过程仍然继续进行,从而导致多孔结构的破坏。那么如何阻止烧结或者把烧结过程延迟到工作温度之外成为该技术继续发展的关键。又如,太阳能反应器高温需采用太阳能二次聚光,高温集热温度导致反应器辐射热损失严重,同时,还存在高温气固急冷

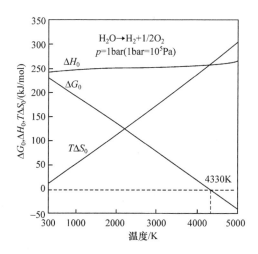

图 1-14 水分解 ΔH_0，$T\Delta S_0$，ΔG 随温度的变化

（来源：Nakamura）

导致太阳能制氢效率严重下降等问题。

1.2.3 太阳能热发电国内外发展现状

经过多年的发展，当前太阳能热发电技术水平正在朝着大型化、规模化的方向发展。目前，从实际运行的太阳能热发电系统来看，多数是槽式与塔式聚光太阳能热发电站。相对其他技术，这两种技术发展较为迅速，并向百兆瓦级规模发展。截至 2014 年底，全球已投运的 120 个太阳能热发电项目，总装机容量达 455.1 万 kW，年平均效率超过 12%。其中，已建成 62 座槽式太阳能电站，总装机容量达 2.75GW，占太阳能热发电总装机容量的 95.7%，在建槽式太阳能电站项目总装机容量 2.12GW，占在建太阳能热发电项目总装机容量的 73.4%。槽式太阳能热发电系统聚光比小、结构简单，成本较低，可将多个聚光-吸热装置镜串、并联排列，构成较大容量的热发电系统。

当前，世界已建成的塔式太阳能热发电站并不多，已经开工但尚未投产的项目不少，单机容量均为百兆瓦级的电站，工质多为水。位于西班牙塞维利亚地区的塔式热发电站（PS10）于 2007 年成功运行，是第一座商业化运行的塔式电站。该电站以水为工质，发电功率 11MW。与 PS10 相似的电站是美国 Solar Two 电站，也采用水作为吸热和做功工质。在中国，中控太阳能公司投资建设了总装机容量为 50MW 的中国第一座商业化运营的太阳能热发电站。目前，世界上还有 6 座线性菲涅耳电站投入运行，总装机容量达 59.65MW$_e$，占太阳能热发电总装机容量的 2.07%，在建线性菲涅耳电站项目 5 座，总装机容量 166MW$_e$，占在建太阳能热发电项目总装机容量的 5.74%。2009 年，由绿色和平组织（Green Peace）、欧洲太阳能热发电协会(ESTELA)和国际能源署 SolarPACES 组织共同编写的 *Concentrating Solar Power Global Outlook 09* 报告指出(Richter et al.，2009)，2020 年后，CSP 将实现快速发展。2030 年后，CSP 将以每年 30～40GW 的速度增加。到 2030 年，太阳能热发电能满足世界电力需求的 7％，到 2050 年，聚光太阳能热发电容量达到 1000GW，占世界发电总量的 11％，每年减排 CO_2 2.1Gt。从图 1-17 可以看出，到 2050 年，中国太阳能热发电总量能达到 4500TW·h/a。

图 1-15　美国 392MW Ivanpah 塔式太阳能热发电站(来源：Bright Source)

图 1-16　中控青海德令哈塔式太阳能热发电站(来源：Bright Source)

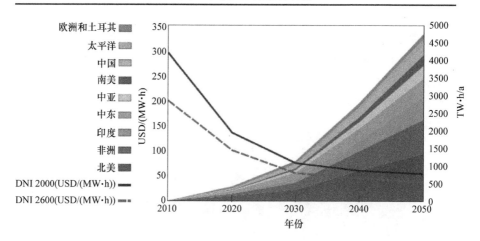

图 1-17　太阳能热利用分布情况（来源：Green Peace）（后附彩图）

1.3　国内外太阳能热发电问题与技术瓶颈

1.3.1　太阳能热发电问题

综上所述，太阳能热发电技术适用于单机装机容量规模化，但纵观三十多年来的发展历程，自美国加利福尼亚州第一台槽式发电站商业化运行以来，聚光太阳能热发电仍然未能像光伏发电一样实现大规模的产业化应用，成本仍高于光伏1～2倍。究其原因，投资和发电成本居高不下，严重阻碍了太阳能热发电的商业应用进程。

从目前国外运行的太阳能热发电商业电站和示范电站来看，槽式热发电站单位装置投资成本 2.1～3.5 万元/kW，塔式 3.4～5.0 万元/kW，碟式高达 4.7～6.4 万元/kW。相比常规化石燃料发电系统，现阶段太阳能热发电投资成本是化石燃料发电的4～10倍，显然，如此高价的装置投资成本不能被市场容忍和接受。从美国 Solar One、Solar Two，西班牙 CESA 等兆瓦级电站运行经验来看，聚光镜场的成本占一次投资的 40%～70%。这主要是太阳辐射功率密度低（1kW/m² 以下），要求所收集的太阳能必须有良好跟踪和大面积聚光镜，因此，大面积聚光镜场的高昂投资是太阳能热发电成本高的核心因素。同时，由于太阳辐射的非连续性，太阳能热发电储能装置也是不容忽视的一个重要原因，据估计，储能装置成本一般占投资成本的 20%，并随储能时间呈现线性增长。

另外，不稳定的太阳辐照强度和日月年辐照强烈的变化，聚光过程存在的较大能量损失(如太阳余弦效应导致损失),使得聚光集热年均效率远偏离峰值,影响了年均聚光集热量和发电量,造成太阳能热发电年平均效率低(仅 12%～20%),进而增加了太阳能热发电投资成本。因此,找到太阳能热发电存在的技术瓶颈及原因,以及瓶颈的突破口,是实现太阳能热发电规模化应用的重要手段。

1.3.2　太阳能热发电关键技术瓶颈

聚光太阳能热发电技术涉及光学、热学、热力学、材料学等多学科交叉,其开发利用关键技术是聚光太阳能的高效收集和转化过程的能量利用系统集成。下面主要从聚光跟踪、集热、储热、热功转换四个方面,对存在的相关技术瓶颈进行分析。

聚光跟踪:当前,太阳能热发电的聚光跟踪主要是两种方法,即线性跟踪和点跟踪。对于槽式聚光太阳能热发电,聚光跟踪以单轴线性跟踪为主。太阳入射光线与抛物镜面法向方向存在不同夹角,夹角的余弦效应导致聚光镜采光面的聚光能量相对入射能量减小,造成聚光能量损失。太阳余弦效应随不同季节、不同时间及其经度和纬度的变化而改变,因此,特别是对于南北固定、东西跟踪方式,槽式聚光集热效率四季变化范围很大。例如,冬季与夏季聚光集热效率可以从 30% 到 70% 剧烈变化,冬季效率远远偏离峰值效率,意味着一年将有近 50% 的聚光太阳能尚未被利用。这样,一方面,导致太阳能热发电系统效率低,另一方面,聚集单位 kW 的热量相当需要耗费两倍的聚光镜面积。因此,如何减小太阳余弦效应,减小聚光能量损失是当前槽式跟踪聚光技术面临的重要瓶颈之一。

此外,聚光镜性能和重量也是影响槽式聚光效率和成本的重要因素。聚光性能与其机械强度和抗疲劳性息息相关,长期风力和镜面自重作用会导致镜面变形,引起聚光性能下降。同时,由于支架作为反射镜的承载机构,支架钢材重量导致聚光镜成本也很高,据估算,支架的成本能占聚光镜投资成本的近 40%。因此,当前镜架过重,耗材大是导致聚光镜场成本高的一个重要因素。如何既能提升聚光镜在大风环境下的精确聚焦能力,又降低镜架重量是槽式聚光镜需要攻克的又一个重要难题。

相对线聚焦技术,塔式热发电采用定日镜的点聚焦,聚光比在 200～1000。当前塔式聚光光学效率较低,主要是太阳光大角度入射的像差、太阳发散、定日镜的位置、塔高等诸多因素严重影响了塔式聚光性能。与线聚焦跟踪不同,点聚焦对跟踪传动装置及控制的要求相对高,因此,跟踪的传动装置是塔式定日镜最关键也是成本最高的部件。跟踪的控制系统成本能占到定日镜成本的 40%,并且跟踪控制精度及其成本很大程度上影响塔式发电的性价比。当前,如何保证定日镜精确地自动跟踪太阳转动,使辐射到吸热器表面的太阳能量最大化,还存在诸多技术瓶颈。另外,塔式高倍聚光不仅需要大面积镜场,而且与塔高紧密相关,导致投资成本加大。同时,塔式镜场还经常遭受风载荷的影响,如何在光学设计基础上进一步减小风载荷,也是塔式聚光镜的重要技术问题。相对槽式和塔式聚光跟踪,碟式聚光消除了太阳余弦损失,光学效率相对较高,但对跟踪精度和复杂度提出了更高的要求,随之也大幅度增加了镜场投资成本。

吸热器:吸热器是太阳能热发电的核心部件之一,它长期工作在高密度、变化的辐射热流条件下,因此,吸热器辐射热损失、对流热损失是影响聚光集热效率的关键。例如,在槽式太阳能热发电站,多采用高温真空管作为吸热器,集热管多为双层结构,内层为涂有选择性吸收涂层的钢管,外层为有增透膜的玻璃管。从美国SEGS等兆瓦级电站运行经验来看,由于真空玻璃和金属的膨胀系数不同,玻璃与金属之间封接技术仍然未能突破,特别是追求高温集热时玻璃与金属封接更难,进而导致集热管真空失效,严重降低集热管集热性能。同时,槽式集热管单位管长的热损失较大,通常为200W/m,由此增加了单位集热功率所需镜场面积。

再如,对塔式太阳能热发电,聚光比高达几百到近千,吸热器的太阳辐射温度超过1200℃,辐射热损失与温度四次方成正比。同时,聚光能流密度分布和辐照强度瞬息变化,致使吸热器内集热工质受热不均匀,特别是局部光斑过热,导致吸收器烧透。例如,水为吸热工质的预热、蒸发和过热过程都在百米高塔内发生,从水的两相流动来看,吸热过程的传热系数小,辐照瞬息变化和不稳定的太阳集热输入不能保证连续稳定的过热蒸汽产生,因此,导致吸热器的热损失、热应力、热惯性、材料等问题。另外,由于高聚光比,要求吸热器材料必须能够耐受高温、变化剧烈的辐射热流,然而,没有任何透光的吸热材料能够承受如此变化剧烈的高温,因此当前吸热器的吸热口多设计为敞开式。敞开式的吸热口的吸热器的对流热损失也较大,如何减小这种腔体式吸热器辐射热损失和对流热损失,是塔式发电面临的重要瓶颈之一。

储热:储热装置成本约占聚光太阳能热发电总投资的20%,如何降低储热成本也是一个重要瓶颈。当前,塔式储热设备的换热能力及换热器结构能力决定了储热装置成本,使用最多的储热方法是物理储热,多利用导热油,高压饱和水/饱和蒸汽、熔融盐等储热工质。当前虽然物理储热方法简单,但储热工质密度和热容相对较低,导致储热设备体积大。化学储热是一种新型技术,但在工程应用方面任重道远。另外,储热工质的工作温度范围决定了太阳能热动力循环的初温,以及太阳能热发电热机的入口参数,从而决定了太阳集热的热转功效率。总之,如何提高储热材料的热容、工质温度和工质的化学及物理稳定性,研发高密度、高热容的储热工质,是当前聚光太阳能热发电面临的重要科技难题。

热功转换:太阳能集热的热转功效率高低与太阳能热发电性能紧密相关,当前太阳能热发电系统多采用蒸汽工质朗肯循环。依据卡诺定律,热力循环初温是影响效率的决定性因素,因此,为了提高太阳热转功效率,必须提高集热温度和压力。从上述而知,高聚光比和高温的聚光集热又伴随高辐射热损失和对流热损失,影响聚光集热的性能和成本。再如,近年来以 CO_2、空气为集热工质的布雷敦循环发电备受重视,但气体透平技术还在探索和研制中。此外,气体为集热工质可以与高温布雷敦热力循环相匹配,但气体压缩功较大,对热力循环效率也会产生较大影响。

另外,太阳能辐照强度、气象条件的不断变化,总是使系统在偏离设计基准的变工况运行,引起太阳能净发电效率远远偏离峰值效率,从而导致太阳能热发电全年效率低。目前采用化石燃料的补燃,虽然从一定程度上减缓了循环变工况性能,但并没有根本性解决辐照等气象条件变化引起的性能下降问题。尽管采用物理储热方法,如上所述,储热装置将增加一次投资成本。因此,辐照、气象等条件导致太阳能热发电效率偏离设计工况,变工况太阳能热转功性能波动性大,如何实现变工况条件下聚光集热与热力循环之间的集成,是当前发电系统集成技术尚未解决的难题。

1.3.3　光热发电的发展障碍

我国是太阳能热利用产业大国,但不是强国,特别是太阳能热发电产业还处于发展初期,在推广利用中存在着社会、资源、技术装备等多方面阻力和障碍。首先,在国家政策方面,缺少一定的补贴政策、税收政策等。在市场方面,缺乏宏观调控和市场引导,还没有能够为加快太阳能热发电技术进步和产业升级提供必要的资金支持,导致光热技术的市场兴趣和信心不足。在技术装备方面,缺乏设备制造的核心技术和专利,部分关键设备仍然无法国产化,完全依赖进口,设备与工艺研究脱节。例如,聚光镜制备工艺多为进口,聚光镜场的安装工艺方面缺乏准确的聚焦校准设备及工艺;真空集热管的封接技术设备需要进口,塔式聚光镜场跟踪控制系统不能准点控制吸热器光斑等,并且产品自动化程度还亟待解决。在太阳能热发电标准体系方面也还不完善,没有国际认可的质量认证机构。总之,从目前看,太阳能热发电不可能在中国一次能源结构占主要地位,主要体现在政策、技术、经济三个方面的障碍,导致不能以技术进步带来成本的降低,不能以大规模的使用带来成本的降低。此外,相比国外,我国太阳能热发电的研发基础仍然有一定距离,对技术进步起到的作用也很有限。上述这些因素造成我国还没有形成一定的太阳能热发电的产业链,在技术和市场方面有着巨大风险,进而限制了太阳能热发电的发展和应用。

1.4　挑战与发展方向

面向可再生能源规模化发电的重大战略需求,聚光太阳能热发电技术的挑战是发电效率和成本。因此,突破现有技术局限,深入研究和发展革命性的新技术,将是未来太阳能热发电科学技术及相关领域的重要发展方向,下面主要从学习曲线、关键技术变革、政策三个方面,尝试提出未来太阳能热发电可能带来的新技术与新方向。

1) 学习曲线对太阳能热发电规模化影响

纵观风能、光伏、水利电力等新能源技术领域,都通过已有的应用成本及产出的历史数据,采用学习曲线研究方法,诠释成本下降的空间及未来竞争优势所在。例如,光伏发电建立学习曲线模型,分析电池组件成本下降与组件产量价格之间的量化关系,指出规模光伏发电商业化的未来产量。学习曲线主要是将一种能源技术单位成本描述为累计产量的函数,是对能源技术发展规律的一种探索的研究方法。

太阳能热发电机组容量的规模化是降低成本的重要手段之一,对于各种太阳能热发电技术,因机组规模化影响带来的成本下降空间多大,当前还不明朗清晰。因此,通过已有太阳能热发电产能数据和成本,建立太阳能热发电学习曲线,指出太阳能发电机组容量不断增大、带来生产效率提高和成本下降。例如,针对槽式太阳能热发电技术,选取一定时期内单位机组容量为 50MW、100MW、200MW 等,通过规模效应等自变量,研究单位规模扩大可以在一定程度上带来平均成本的下降,分析单位规模对累计容量的效应,描述太阳能热发电技术成本发展规律,预测未来成本下降趋势及变化动态。

另外,当前太阳能热发电技术处于研发与生产并行解决阶段,研发对一定时期的成本具有重要影响。当前,太阳能热发电成本中的研发学习率处于较高水平,影响了成本的下降。随着单位机组规模效应和累计容量增加,技术愈来愈成熟,无明显的研发投入,成本的下降空间将会更大。总之,基于学习曲线的太阳能热发电技术成本变化,构建分阶段模型研究太阳能热发电技术的学习效应,对于指明单位机组规模化和累计容量的发展,科学而经济地制定能源产业政策具有重要的实际意义。

2) 关键技术变革

从上而知,太阳能发电机组容量的累计效应会降低能源技术成本,一般而言,随着累计效应增加,技术成本下降变化愈加平缓,也就是说,容量累计效应对成本下降的作用和潜力已经非常有限。因此,如果太阳能热发电技术成本要取得突破性下降,需要寻求新的变革技术。

光热转化新技术:现有的聚光太阳能热发电技术的焦点是通过高聚光比,以获得高集热温度,进而追求与高温的热力循环相结合,以实现太阳热的最大可能的热转功。当前聚光比多为上百近千,却仅获得 400~550℃ 的集热温度,从热力学第二定律和能的品位角度来看,聚光太阳能转热过程存在严重的不可逆损失。或者说,聚光太阳能作为输入能源,其光热转化过程的不可逆性造成聚光太阳能的做功能力的损失,致使聚光太阳能发电效率低。这如同化石燃料燃烧,其高品位的燃料化学能转换为热能过程的不可逆性导致了燃料化学能做功能力损失严重,从而大大降低了化石燃料的发电能力。因此,减小聚光到集热的不可逆性是实现聚光太阳能高效热发电的一个重要突破口。

例如,通过中低温太阳能与碳氢燃料热化学互补发电,可以提升集热品位,减小聚光太阳能做功能力的损失。再如,通过不同聚光比的进阶匹配,如槽-塔结合的太阳能热发电,利用低聚光比槽式镜聚光集热产生饱和蒸汽,高聚光比塔式聚光集热产生过热蒸汽,从而实现了聚光与集热间的品位匹配,减小聚光集热不可逆性。如果不可逆损失减小 5%～10%,意味着单位镜面积的聚光太阳能发电能力将有可能提高 5%～10%,这将是聚光太阳能高效利用的一个突破性贡献。

再如,集热器内的能量转换多采用导热、对流换热和辐射热的能量传递方式,集热器存在较大的传热损失,从而影响聚光集热效率。因此,减小集热器的热损失、提高管长或单位面积的集热功率,应是太阳能热发电进一步探索的方向。例如,如果采用纳米流体颗粒的集热工质,利用金属纳米颗粒使之与光波之间产生等离激元光学共振效应,产生高温并使集热工质如水很快产生水蒸气,以减小传热损失。此外,研究适宜辐照变化的变焦比的聚光技术也有可能成为新一代的变革技术。例如,伴随辐照的变化,通过改变焦比,进而改善聚光与集热品位匹配,减小能的损失。

相比现有聚光集热技术,光热转化不可逆损失潜力利用、新型吸热介质、变焦比聚光等都可能带来聚光集热变革新技术。与增加机组容量规模化效应降低成本不同,这是从光热能量转化内在入手,从根本上解决聚光太阳能低效转化的问题,如果能将当前聚光集热年均效率从 50% 提高到 60%,意味着单位 kW 集热的聚光面积和镜场成本将至少减少 20%。不仅使聚光集热性能发生重大突破,也将对光热产业现有格局产生重要影响,具有深远意义。

热力循环新技术:聚光太阳能热发电效率不仅与聚光集热性能相关,还取决于热力循环效率。当前太阳能热发电系统采用蒸汽工质的朗肯循环,现有技术通过提高水蒸气热力循环的高温高压参数来提高热力循环效率。如上所述,高温集热需要高焦比,进而又会带来高成本的镜场,因此,探索低焦比下聚光集热与高温热力循环耦合发电新技术是一个重要途径。例如,在低焦比下,在 200～300℃ 的集热驱动化学热泵的吸热反应中,吸收的太阳热可以约 600℃ 放热,并与高温高压蒸汽的朗肯循环有机结合。这样,可实现低焦比的聚光集热技术与 500℃ 热力循环集成,不仅降低了聚光集热装置成本,而且实现了太阳热的高效热转功。

再如,以超临界 CO_2 为集热工质的高温布雷敦热力循环是当前国际研究的热点,但是这种热力循环若能减小循环压缩功,循环热效率具有提高的潜力,也就是说,以超临界 CO_2 为做功工质的太阳能热发电可能是未来的一个新方向。在现有的年均聚光集热效率水平条件下(50%),如果热力循环效率由原来的约 40% 提高到 45%～50%,太阳能发电效率有望提高 5%～10%,将具有使单位 kW 镜场投资成本降低 30%～50% 的巨大潜力。

轻量化支架:除了上述在聚光集热、热力循环两个主要方面以外,降低聚光器支架重量、减少支架所耗钢材,是当前解决太阳能热发电成本高的行之有效的一个重要途径。由前而知,聚光器支架结构是聚光镜的主要承载部件,其结构强度和刚度影响整个聚光镜场的稳定性。但支架成本占聚光镜投资成本的 40%～50%,因此,研究新型支架结构、研制轻量化的支架是当前太阳能热发电迫在眉睫的研究方向,不仅需要研制新型的镜面材料,还要从支架结构设计方法等方面考虑结构柔度最小,刚度、强度满足要求的轻型支架及支撑方式等。聚光镜支架结构的设计涉及材料工程、制造工艺等,未来可能需要在结构和材料有机结合方面开展新的探索。

3) 政策保障及建议

在光热发电技术不断革新的进程中,有利的政策也会加速推动光热发电的广泛应用。纵观我国风电和光伏发电历程,国家对其都有一段时间的财政补贴和优惠的税收激励政策,促进了风电和光伏迅猛发展。因此,对于光热发电这一新兴领域,从技术路线图、产业、市场发展规划、产品标准、财政税收鼓励、银行贷款等方面,应给予积极的支持。特别是在电价方面,光热发电不可能采用现在的光伏电力上网电价,可以考虑采用计算电价或特许权形成电价加后补贴,或者可参看当初风电的电价评价模式,或者结合当地资源情况,采用一地一价,由当地政府和电力企业共同协商。

对于当前的太阳能热发电的有关技术研发和生产装备方面,可以考虑和国际知名的光热公司合作,通过当今商业运作模式,发展领先的技术研发和装备生产的能力,但不能照抄照搬,丧失自己的创新能力。另外,在项目招投标时,应重点和首要考虑西北部如西藏、青海、甘肃等光热资源十分丰富的地区,并结合当地的实际情况,从土地、投融资等方面给予政策的优先。

总之,光热发电欲想在能源技术革命中担当领导角色,获得更为广泛的利用,不仅需要追求高单机大容量发展,而且还需要从聚光集热、热力循环、吸收涂层材料、集热和储热等方面探索新的变革,形成有前景的低成本聚光太阳能热发电新技术。同时在相应政策的大力支持下,聚光太阳能热发电才有可能在未来可再生能源发电领域发挥重要作用。

参 考 文 献

杜祥琬. 2008. 中国可再生能源发展战略研究丛书(综合卷)[M]. 北京:中国电力出版社.

Ardani K, Margolis R. 2011. Solar Technologies Market Report [R]. US Department of Energy.

Areva. 2015. Areva Solar[OL]. http://www.new.areva.com/EN/solar-220/areva-solar.html.

Barlev D, Vidu R, Stroeve P. 2011. Innovation in concentrated solar power [J]. Solar Energy

Materials and Solar Cells,95 (10): 2703-2725.

BrightSource. [OL]. http://www. brightsourceenergy. com.

Fletcher E A,Moen R L. 1977. Hydrogen and oxygen from water [J]. Science,197(4308): 1050-1056.

Hong H, Jin H, Ji J, et al. 2005. Solar thermal power cycle with integration of methanol decomposition and middle-temperature solar thermal energy[J]. Solar Energy,78(1):49-58.

IEA. 2009. Concentrating Solar Power Global Outlook 09 [R].

IEA. 2014. Word Energy Outlook 2014 [R].

Intergovernmental Panel on Climate Change. 2014. Climate Change 2014—Impacts,Adaptation and Vulnerability:Regional Aspects [M]. Cambridge:Cambridge University Press.

International Energy Agency(IEA). 2012. Technology roadmap:Solar heating and cooling.

Montes M J, Rovira A, Muñoz M, et al. 2011. Performance analysis of an Integrated Solar Combined Cycle using Direct Steam Generation in parabolic trough collectors[J]. Applied Energy, 88(9):3228-3238.

NREL. Solar Electric Generating Station III [OL]. https://www. nrel. gov/csp/solarpaces/project_detail. cfm/projectID=30.

Nakamura T. 1977. Hydrogen production from water utilizing solar heat at high temperatures [J]. Solar Energy,19(5):467-475.

Renewables 2014 Global Status Report Renewable Energy Policy Network for 21st Century (REN21) Secretariat. 2015.

Steinfeld A. 2002. Solar hydrogen production via a 2-step water-splitting thermochemical cycle based on Zn/ZnO redox reactions [J]. Int J Hydrogen Energy,27(8):611-619.

第2章 太阳能热发电基本构成与类型

太阳能热发电概念源于19世纪,自1878年在巴黎建立了第一个小型点聚焦太阳能热交换式蒸汽机以来,太阳能热发电技术研究愈来愈受到重视(Mitigation et al.,2011)。尤其是从20世纪80年代开始,美国、意大利、法国、苏联、西班牙、日本、澳大利亚、德国、以色列和中国等相继建成不同类型的试验示范装置和商业化运行电站,推动了太阳能热发电技术的快速发展和商业化进程(Fernandez-Garcia et al.,2010)。

太阳能热发电技术是聚集太阳光并将其转化为具有一定温度的热能,然后转换成电能的技术,其原理如图2-1所示。其首先利用聚光集热装置将太阳能收集起来,把传热工质加热到一定温度,经过换热设备将热能传递给动力回路中的工作介质或直接产生高温高压的过热蒸汽,最后驱动汽轮发电机组做功发电。常规的太阳能热发电系统与常规的传统能源热力发电的工作原理基本相同,都利用朗肯循环、布雷敦循环或斯特林循环将热能转换为电能,区别仅在于两者的热源不同,以及太阳能电站一般配备了储能装置(黄湘等,2012)。

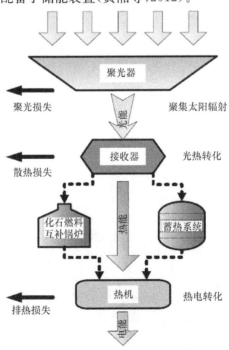

图 2-1 典型太阳能热发电系统原理图

太阳能热发电系统一般由五部分组成：太阳能集热系统、吸热与输送热量系统、储能系统、蒸汽发生系统、动力发电系统。前三部分共同构成太阳集热场，是太阳能热发电系统的核心部分，占系统总投资的 50% 以上。太阳能聚光装置将太阳能聚集到吸热器上，由传热工质吸收并输送到蓄热子系统中，或者直接利用蒸汽发生器将工作介质加热至高温高压态，最后送入动力装置中做功。

根据集热方式的不同，太阳能热发电系统主要分为聚焦式和非聚焦式，其中聚焦式太阳能热发电技术主要包括槽式、碟式、塔式和线性菲涅耳式等，非聚焦式太阳能热发电技术主要包括太阳能热气流发电和太阳能池热发电等（Weinstein et al.，2015）。另外，太阳能供应不稳定、不连续，但热发电系统需尽量维持稳定运行状态，应当避免系统频繁启停和负荷波动。对于此，一般通过两种方法加以解决：一是在系统中配置储能系统，将收集的太阳能热能进行存储，以保证在夜间或太阳辐照不足时段的发电；二是将太阳能与其他能源组成综合互补的发电系统，在太阳能供应不足的情况下，由其他形式的能源予以补充。

本章主要介绍聚光太阳能集热方式，并从系统集成角度描述太阳能单独热发电、太阳能与化石燃料热互补发电、太阳能与燃料热化学互补发电技术的系统构成，其具体系统集成方法、关键过程机理及关键技术将在第 3～5 章详细阐述。

2.1　聚光太阳能集热方式

太阳能集热器是将太阳辐射能转换为热能的设备。太阳能集热器的基本作用是吸收入射太阳辐射并将其转换为热能，而热能则由流经集热器的传热工质带走。在传热工质的循环流动过程中，它将每个集热器中的热能运送到中心蒸汽发生器或系统中去。

目前，通常有两种类型的太阳能集热器。第一种类型是固定的、非聚光式的集热器，该集热器采用同样大小的面积来截取和吸收太阳入射辐射能，多用于家庭中的热水及供暖；第二种类型是可移动跟踪太阳、聚光式的集热器，该集热器用光学镜面将大量的太阳辐射能汇聚到一个较小的接收面上，并且始终追踪太阳的运行轨道来保证其焦点上有最大的太阳辐照度，多用于太阳能热发电或其他工业应用。这里，我们主要讨论聚光型太阳能集热器。

光学聚光比指吸收器上某一点处的能流密度与集热器采光面投影能流密度的比值，或称吸收器上的辐射强度与采光面上的辐射强度的比值（John and William，2013），通常为聚光装置的采光口能流密度 q_{ape} 与吸收器的太阳直射辐照强度 I 之比，即

$$C=\frac{q_{\mathrm{ape}}}{I} \tag{2-1}$$

若用光学聚光比作为设计聚光-吸热系统的初步依据,几何聚光比定义为聚光型集热器净采光面积 M 与接收器面积 m 之比。

$$C=\frac{M}{m} \tag{2-2}$$

由于太阳光为非平行光,最大夹角 θ 为 0.0093rad。太阳经过抛物面镜的成像宽度 d 与半聚光角 ϕ_{rim}、焦距 f 的关系为

$$d=\frac{f\times\theta}{\cos\phi_{rim}(1+\cos\phi_{rim})} \tag{2-3}$$

理论最大聚光比为

$$C=\frac{4}{\theta^2}\sin^2\phi_{rim} \tag{2-4}$$

若半聚光角为 45°,理论的最大聚光比约为 23000。从热力学角度来讲,理论上最大聚光比约为 46000。由于聚光器制造误差(如抛物镜面误差、结构挠度与弯度等)、不理想的光学性质(镜面反射率、玻璃吸收率)、阴影影响及跟踪问题等原因,实际的聚光比要远低于理论值。不同的聚光型太阳能集热器可以达到不同的聚光比,并可在多种温度条件下运行。通常,在 550℃ 以上的高温聚光太阳热能需要用到塔式或碟式集热器;而 550℃ 以下的中低温聚光太阳热能则采用抛物槽式或线性菲涅耳式集热器。下面详细阐述主要类型的聚光型太阳能集热器。

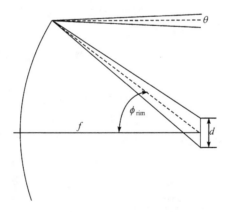

图 2-2　聚焦型聚光器半聚光角与焦距的关系

2.1.1　塔式集热器

塔式集热器采用点聚光集热形式,通常配套安装了大面积定日镜场,装有吸收器的集热塔则通常位于定日镜场的中心(图 2-3)。其聚光比通常为 150~1500,运

行温度达到 300~2000℃,目前太阳集热塔的塔高一般为 75~150m。传热工质在吸收器中吸收热能,并在吸收器和蒸汽发生器/储能系统所组成的闭环系统中循环流动,吸收器中的工作介质主要包括水/蒸汽、熔盐、液态金属、空气和二氧化碳等(Duan et al.,2017)。

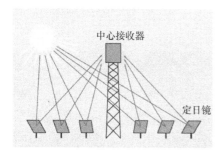

图 2-3　塔式集热器示意图与实物图(来源:Bright Source)

　　每块定日镜安放在一个双轴跟踪的基座上,其表面积一般为 50~150m²,均采用双轴跟踪或单独转动方式将入射光线直接反射到中心吸收器上。定日镜也可使用微凹的镜面,提高太阳光反射性能,但相应地会增加制造成本。塔式聚光集热器的优势在于它可以将大量的太阳能(200~1200kW/m²)聚焦在一个单独的吸收器上,既能减小热损失,又能简化热传递和热存储的方式。这种聚集方式使其能够与化石燃料发电系统进行简单的互补和集成。塔式太阳能热电站容量通常在10MW$_e$以上,规模化生产可以有效降低投资和运行成本。对于在更高集热温度下运行的塔式太阳能电站可以采用布雷敦循环,但会对太阳能集热器效率和热功转换效率产生一定影响。

　　目前,研究人员也提出了多种反射型塔式聚光集热器的设计方案,例如,将第二级反射镜安装在塔顶部,而将吸收器安装在地面上,利用第二级反射镜将收集的入射太阳能继续反射至地面的吸收器中。吸收器安装在地平面,将会为后续的系统运行带来诸多便利,同时多级化的光学设计也增加了聚光比,使得定日镜尺寸能够更小,并减少能量损失,此外还能将透平发电装置安装在吸收器附近,由此可以降低传热工质在传输过程中的热量损失。

　　在过去的几十年间,塔式聚光集热器技术取得了长足进步,目前尽管较高的投资成本仍是制约其发展的主要障碍,但由于适用于大规模太阳能热发电,同时较高集热温度也易于与其他应用方式相结合,因而塔式太阳能热发电技术在世界上引起了越来越广泛的关注。未来,技术进步与低成本的材料和储能方式相结合,将促进塔式太阳能热发电技术具有更广阔的应用前景。

2.1.2　碟式集热器

碟式集热器采用点聚焦抛物面反射镜,通过双轴跟踪系统来追踪太阳,将太阳辐射能汇聚在其焦点上,聚光比通常为 100～1000。而吸收器则安装在碟式反射镜的焦点上以收集并吸收太阳辐射热量(图 2-4),吸收器的运行温度为 750～1500℃(Li et al.,2015)。

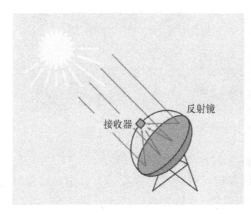

反射镜

接收器

图 2-4　碟式集热器示意图与实物图(来源:IEA)

对于碟式集热器,通常采用两种方式将热能转换为电能。第一种方式:将各碟式聚光集热器的吸收器相连接,利用传热工质将热量集中输送至中心发电系统,由于需要安装适用于高温工作条件的管道系统和泵送系统,并且传输过程的热损失较大,故而不适合大规模使用。另外一种而较为常见的利用方式为:将热机安装在碟式反射镜的焦点上,热机吸收来自吸收器的热能,并用来产生机械功,而与热机相连的发电机将机械功转换为电能,高温废热排气系统则将余热释放。对于这种利用方式,需要配备精确的控制系统以保证热机的正常运行,并能够与入射太阳辐射能相匹配。这种应用方式的优点在于能将反射镜、吸收器和热机整合在一起作为独立运行单元,然而这种太阳能热发电方式不能采用简单的方式进行储能。通常采用斯特林发动机作为碟式太阳能热发电中的热机(图 2-5)。在 950℃以下,斯特林机的性能较好,而对于更高的温度条件,可以采用燃气透平发电系统以获得更高的转换效率。

抛物面碟式集热器成本较高,其反射镜需要有足够的凹曲度以高效地聚集太阳辐射能,同时对跟踪系统灵敏度的要求也较高。对此,研究人员提出各种新结构来克服该难题,例如,采用边长为 5cm 的等边三角形镜子,通过拼装的方法组成近似于抛物面的聚光镜,从而降低碟式集热器的生产成本。抛物面碟式反射镜技术上的创新,已经推动了该发电技术朝着经济性可承受的方向前进。同时在反射镜

图 2-5　碟式/斯特林系统(来源:Barlev)

结构和集热器设计方面的技术进步也将促进这种聚光太阳能热发电方式热效率的
不断提高。

2.1.3　抛物槽式集热器

抛物槽式集热器采用抛物槽形的反射镜来将太阳辐射能聚集在位于抛物槽焦
线的吸收器上(图 2-6)。该集热器的聚光比通常为 30~100,吸收器的运行温度达
到 100~550℃(高志超,2011)。

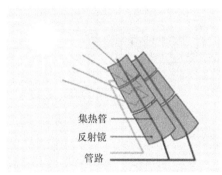

集热管
反射镜
管路

图 2-6　抛物槽式集热器示意图和实物图(来源:Abengoa)

目前,抛物槽式太阳能热发电技术是最为成熟的聚光太阳能热发电技术,已运
行的大部分聚光太阳能热发电站均采用了该技术。如美国加利福尼亚州 SEGS 系
列电站,总发电容量为 354MW。抛物槽式集热器具有结构轻便、效率高等特点,
抛物槽反射镜是由镀银丙烯酸反射材料的薄板弯成抛物线形状制成。许多这样的
薄板串联在一起而形成长槽形,这些长槽形模块由两端的简单基座支撑。长抛物

形模块沿着焦线位置安装吸收器,吸收器通常是黑色金属管,金属管外包围着玻璃管以减少对流散热损失。金属管的表面通常覆盖着选择性涂层,其具有高吸收比和低热发射率的特点,而玻璃管涂有抗反射涂层以增强透射率,可以将玻璃管和金属管之间的空间抽成真空来进一步减小热损失并提高集热效率。通常选择水、导热油、熔盐等作为传热工质,传热工质循环流过吸收器,收集热量并将其输送到发电系统或者储能装置。由于导热油具有较高的沸点和相对较低的挥发性,其成为优先选择的导热工质。而以水为传热工质的系统称为直接蒸汽发生(DSG)系统,水在集热器中部分沸腾并且循环通过汽包,蒸汽与水在汽包中分离开来(Sun et al.,2015)。如西班牙DISS的DSG试验装置(图2-7)(Eck and Steinmann,2002),在这里发展并测试了两种DSG运行模式和控制系统,两种方法都在循环水温度控制的基础上增加了压力控制,出口蒸汽压力将达到100bar,温度为400℃。此外,对于高聚光比的槽式集热器,可以选择熔盐作为工作介质,因为熔盐比油要有更好的热适应性,可以达到更高的工作温度。例如,位于意大利南部的Archimede工程中使用熔盐作为传热工质,可以从290℃被加热到550℃。

图 2-7　西班牙DISS装置(来源:Zarza)

抛物槽式集热器采用单轴太阳能跟踪系统,这使得全天的入射太阳光能够与它们的反射表面相平行,并聚焦在吸收器上。系统的损失主要为吸收器与环境之间的温差所造成的热损失,在高温(390℃)下运行的抛物槽式集热器将产生近10%的辐射热损失,吸收器的热损失达到约300W/m,而在180℃的运行温度下,热损失为220W/m(Liu et al.,2010)。

目前,研究人员也对抛物槽式集热器进行了创新设计,例如,吸收器内为多孔填充物(Brosseau et al.,2004),可增加吸收器的总传热面积、导热系数以及循环传热工质(合成导热油等)的湍流扰动。相比于常规的(无填充物)吸收器,这种新型吸收器的热传递效率增加了17.5%,但同时会增加系统阻力。还有采用热管作为抛物槽式集热器的线性吸收器(Reddy and Kumar,2015),抛物槽式集热器难以保证对吸收器的均匀照射,但使用热管可以保持其圆周温度一致性,以热管作为吸收器的抛物槽式集热器系统在 380℃下的热效率可达到约 65%。

当前,成熟的抛物槽式集热技术提供了一种有效的太阳能发电模式。在过去的十年间,反射镜和吸收器设计等方面已取得了显著进步,有效地降低了集热过程热损失进而提高了集热器的集热效率。此外,抛物槽式集热方式也适用于简单的储能系统,并且易于与化石能源和其他的可再生能源进行集成互补。

2.1.4　线性菲涅耳式集热器

线性菲涅耳式集热器,其条状反射镜沿着独立的平行轴线转动,从而将太阳光反射至固定的线性吸收器上(图 2-8)。它的反射镜组合类似于抛物槽形式集热器的线聚焦,其聚光比通常为 10~40,运行温度达到 50~300℃。例如,在西班牙的 Puerto Errado 太阳能热发电站中,给水通过线性菲涅耳式集热器从 140℃被加热到 270℃(Zhu et al.,2014)。

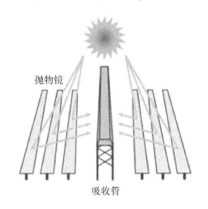

图 2-8　线性菲涅耳集热器示意图和实物图(来源:Areva)

线性菲涅耳反射镜包含了一系列长条形平面镜阵列,这些平面镜将太阳光聚焦在吸收器上。吸收器安装在高度为 10~15m 的顶部,沿着反射镜阵列并悬吊在其上面,镜子可以安装在单轴或双轴的跟踪设备上。反射镜多采用平面镜,使得线性菲涅耳式集热器比抛物槽式集热器的造价低。另外,采用一个中心吸收器的结构形式也节省吸收器的材料消耗,同时,吸收器作为独立的单元,不必利用跟踪装置对其进行支撑,将会使得跟踪器结构更加简单,跟踪精度和效率更高。

而线性菲涅耳式集热器也存在一个较为显著的问题,即相邻反射镜之间的光线遮蔽问题。为解决这个问题需要增大反射镜之间的距离,而这势必需要更多的土地;还可以增加接收塔的高度,这样也将增加设备投资成本。目前,在吸收器设计和反射镜的组织布局等方面已经取得了显著进步,使得线性菲涅耳技术相对于其他聚光太阳能发电技术更具有经济性。此外,它还可以很容易地与多种储能方法和其他的工业应用集成。

2.2 太阳能独立热发电系统

太阳能独立热发电即以太阳能作为唯一的能量来源,系统中不包含其他形式能源供应的发电技术。在太阳能独立热发电技术中,按照太阳能聚光集热器的结构形式不同,太阳能热发电系统大致可分为抛物槽式系统、塔式系统、碟式系统和线性菲涅耳式系统,而其中又以抛物槽式系统和塔式系统的技术较为成熟,且槽式系统已具有大规模商业化运营的经验。下面,就以实际运行的电站或示范项目为例来阐述太阳能热发电系统中的抛物槽式系统和塔式系统(Edenhofer et al.,2011)。

2.2.1 抛物槽式太阳能热发电系统

抛物槽式太阳能热发电系统利用槽式抛物面反射镜将太阳光聚焦至吸收器上加热传热工质,经换热产生的蒸汽推动蒸汽轮机发电机组做功发电。其特点是聚光集热器由许多分散布置的抛物槽集热器串、并联组成,如图 2-9 所示。槽式太阳能热发电系统主要分为两种形式:传热工质在各个分散的聚光集热器中被直接加热形成蒸汽并汇聚到汽轮机,称之为单回路系统,如图 2-9(a)所示。传热工质在各个分散的聚光集热器中被加热后先汇聚到热交换器,经换热器再把热量传递给汽轮机回路的蒸汽,称之为双回路系统,如图 2-9(b)所示。在建和已商业化运行的槽式电站均为双回路系统,而单回路系统则主要应用于 DSG 的发电方式中(Sun et al.,2015)。

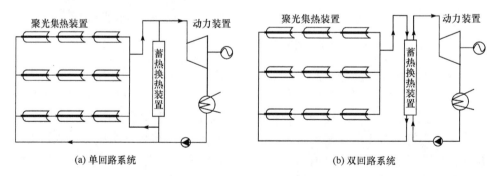

(a) 单回路系统　　　　　　　　　　　　(b) 双回路系统

图 2-9　槽式太阳能热发电系统基本结构

抛物槽式集热器是一种线聚焦集热装置,多采用一维跟踪方式,其集热温度一般低于 400℃,目前也有采用熔融盐工质且工作温度超过 500℃ 的中试电站。抛物槽式太阳能热发电系统普遍采用导热油作为传热工质,低温导热油经油泵被送入

太阳能集热管,被加热到390℃左右,成为高温导热油,高温导热油依次通过蒸汽
再热器、过热器、蒸发器和预热器等装置,将收集到的太阳能传递到蒸汽循环中,产
生370℃左右的过热蒸汽,进入汽轮机做功,输出电能。其典型的系统运行如图2-10
所示。现在的商业化运行的抛物槽电站中,最大单机容量为80MW,峰值太阳能净
发电效率为23%(Fernandez-Garcia et al.,2010)。

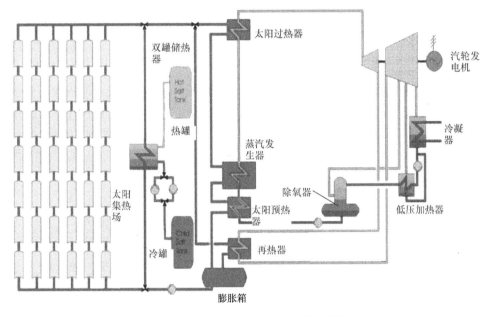

图 2-10　槽式太阳能热发电系统示意图

1. SEGS 系列电站

自1980年,美国和以色列联合组建的Luz国际公司研发了槽式线聚焦系统,
此前,Luz公司花了数年时间在以色列的耶路撒冷对电站中的关键部件和系统进
行了实验。从1984年至1991年,先后在美国加利福尼亚州南部的Mojave沙漠地
区建成了九座大型商用槽式太阳能热发电站——SEGS,如图2-11所示。这些系
统是槽式太阳能热发电系统的代表,利用线性聚焦的抛物槽式集热技术,以太阳能
作为一次能源,采用朗肯循环蒸汽发电系统。聚光集热装置由相当数量的太阳能
集热器组合单元所构成,每个组合单元由若干抛物槽式集热器组成,装配成50~
96m长的单元,排列成环路,集热管中的导热介质吸收太阳能,并将能量传递给蒸
汽,蒸汽驱动汽轮机组发电,输出电能。SEGS电站虽然采用了天然气进行互补发
电,但大部分电能还是来自于太阳能。只有在阳光不足以满足南加州爱迪生公司
(南加州的电力供应公司)的需求时,才采用天然气补燃发电(Fernandez-Garcia
et al.,2010)。

图 2-11　位于 Kramer Junction 的 SEGS Ⅲ 到 SEGS Ⅶ 的空中俯瞰图和镜场图(来源:NREL)

SEGS 系列九座电站的总容量为 354MW,年发电量达到 10.8 亿 kW·h,九座电站均与南加州爱迪生电力公司联网。随着技术的进步,其系统的发电效率由初始的 11.5% 提高到 13.6%,建造费用由 5976 美元/kW$_e$ 下降至 3011 美元/kW$_e$,发电成本由 26.3 美分/(kW·h)下降到 12 美分/(kW·h),电价则由最早的 14MW 机组时期的 44 美分/(kW·h)下降到了 SEGS Ⅷ 和 SEGS Ⅸ 时期的 17 美分/(kW·h)。表 2-1 给出了九座电站的系统关键参数。

表 2-1　SEGS Ⅰ ~ SEGS Ⅸ 的系统关键参数

名称	单位	SEGS Ⅰ	SEGS Ⅱ	SEGS Ⅲ	SEGS Ⅳ	SEGS Ⅴ	SEGS Ⅵ	SEGS Ⅶ	SEGS Ⅷ	SEGS Ⅸ
电站容量	MW$_e$	13.8	30	30	30	30	30	30	80	80
占地面积(大约)	公顷	29	67	80	80	87	66	68	162	169
太阳能集热场开口面积	公顷	8.3	19	23	23	25.1	18.8	19.4	46.4	48.4
太阳能集热场开口面积	m^2	82960	190338	230300	230300	250500	188000	194280	464340	483960
太阳能集热场出口温度	℃	307	315	349	349	349	391	391	391	391
开始运行时间	年	1985	1986	1987	1987	1988	1989	1989	1990	1991
汽轮机效率										
太阳能模式	%	31.5	29.4	30.6	30.6	30.6	37.5	37.5	37.6	37.6
天然气互补模式	%	—	37.3	37.4	37.4	37.4	39.5	39.5	37.6	37.6

续表

名称	单位	SEGS I	SEGS II	SEGS III	SEGS IV	SEGS V	SEGS VI	SEGS VII	SEGS VIII	SEGS IX
汽轮机入口蒸汽参数										
压力	bar	35.3	27.2	43.5	43.5	43.5	100	100	100	100
温度	℃	415	360	327	327	327	371	371	371	371
年性能(设计值)										
太阳能场热效率	%	35	43	43	43	43	43	43	53	50
太阳能转化为电能的净效率	%	9.3	10.7	10.2	10.2	10.2	12.4	12.3	14	13.6
每年净发电量	MW·h	30100	80500	92780	92780	91820	90850	92646	252750	256125
每年净发电量	GW·h	30.1	80.5	91.3	91.3	99.2	90.9	92.6	252.8	256.1
每年天然气耗量	$10^6 m^3$	4.8	9.5	9.6	9.6	10.5	8.1	8.1	24.8	25.2
每年水耗量（大约）	$10^3 m^3$	164	427	467	467	507	364	370	1011	1024
单位成本	美元/kW	4490	3200	3600	3730	4130	3870	3870	2890	3440
太阳能集热管技术		LS1/LS2	LS1/LS2	LS2	LS2	LS2/LS3	LS2	LS2/LS3	LS3	LS3
负荷调节方式		蓄热系统3h,天然气补燃过热器	天然气补燃锅炉	天然气补燃锅炉	天然气补燃锅炉	天然气补燃锅炉	天然气补燃锅炉	天然气补燃锅炉	天然气补燃HTF加热器	天然气补燃HTF加热器

注:(1) 蒸汽由太阳能产生,由天然气过热,天然气占总输入的18%;

(2) 太阳能模式下,SEGS Ⅱ～Ⅸ均有太阳能产生和过热蒸汽;

(3) SEGS Ⅵ～Ⅸ为再热汽轮机;

(4) 在天然气补燃模式下,SEGS Ⅲ～Ⅶ汽轮机入口蒸汽参数为105bar/510℃。

2. AndaSol 系列电站

AndaSol 系列电站位于西班牙 Granada 省,由三个同等规模的 50MW 抛物槽式太阳能热发电站所组成。其中 AndaSol-1 在 2009 年 3 月建成且实现并网发电,它是欧洲的第一个商业化并且容量最大的太阳能热发电站,如图 2-12 所示。其主要特点是使用了双罐式熔盐(60%硝酸钠+40%硝酸钾)蓄热系统,储热罐高 14m,直径 36m,内装约 28500t 的熔盐,可保证电站在无日光状态下全负荷持续运行7.5h,大幅延长了电站的运行时间。

图 2-12 西班牙 AndaSol-1(50MW)槽式太阳能热发电站实景图(来源:NREL)

图 2-13 为带有双罐熔盐蓄热系统的 AndaSol-1 电站的流程示意图。来自太阳镜场的传热工质进入热交换器,将热量传递给冷罐的熔盐,被加热的熔盐则进入热罐中储存热能。在夜间或者太阳辐照降低的时候,蓄热流程将会反转,来自热罐中的熔盐会被泵到热交换器中,并在此将其热量传递给冷的传热工质。被加热的传热工质用来持续产生蒸汽以驱动汽轮机发电,而冷却后的熔盐则进入冷罐中。

储能系统在储热的时候,熔盐被加热到大约 384℃;而在放热阶段,熔盐则再一次冷却到约 291℃。在这两个温度点上,熔盐总保持液体状态。由于冷熔盐和热熔盐分别存储在分离的罐体中,因此该系统也称为"双罐蓄热系统",其优点在于储热和放热过程均在恒定温度条件下进行(Fernandez-Garcia et al.,2014)。

2.2.2 塔式太阳能热发电系统

塔式系统又称为集中型系统,其聚光装置由许多安装在场地上的大型反射镜组成,这些反射镜通常称为定日镜。每台定日镜都配有太阳跟踪机构,对太阳进行双轴跟踪,准确地将太阳光反射集中到一个高塔顶部的吸收器上。系统的聚光比通常在 150~1500,系统最高运行温度可达到 1500℃。经定日镜反射的

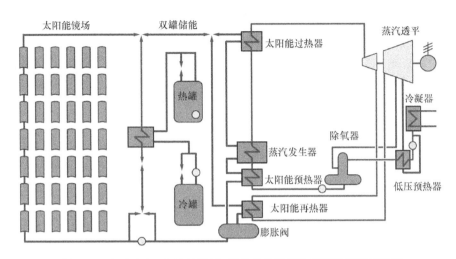

图 2-13　AndaSol-1 电站的镜场、蓄热系统及蒸汽循环的流程示意图

太阳能聚集到塔顶的吸收器上,加热吸收器中的传热工质;由蒸汽发生装置产生的过热蒸汽进入动力子系统后实现热功转换,完成电能的输出(Avila-Marin,2011)。该系统主要由聚光集热子系统、蓄热子系统和动力子系统三部分组成,系统原理如图 2-14 所示。

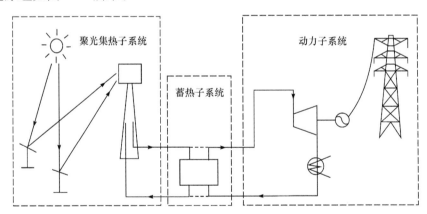

图 2-14　塔式太阳能热发电系统原理图

塔式太阳能热发电系统的关键技术有如下三方面:

定日镜及其自动跟踪装置:由于塔式太阳能热发电要求产生高品位的蒸汽,其需要较大的聚光比,为此将需配套安装大量的定日镜,并进行合理布局,以避免反射镜间的相互遮挡和阻断,使其反射的太阳光均能集中到较小的吸收器窗口。目前定日镜的反射率大多在 90% 左右,可以对太阳的高度角和方位角同时进行跟踪。

吸收器:也称之为太阳能锅炉,要求体积小、换热效率高,有垂直空腔型、水平空腔型和外部受光型等类型。对于垂直空腔型和水平空腔型,由于定日镜反射太阳光可以照射到空腔内部,因而可以将内部的热损失控制到最低限度,但其最佳空腔尺寸与场地的布局有关。外部受光型吸收器的热损失要比上述的两种类型大些,但适合于大容量系统。

储能装置:可选用传热和蓄热性能良好的材料作为蓄热工质。例如,汽-水系统,拥有大量的工业设计和运行经验,附属设备也已实现商业化。对于高温大容量系统来说,也可以选用液态金属作为传热工质,具有良好的导热性能,可以在3000kW/m² 的热流密度下工作。

下面以国际上较为著名的塔式太阳能热发电系统为例,阐述其构成。

1. Solar One 塔式太阳能电站

1982 年 4 月,美国在加州南部巴斯托(Barstow)附近的沙漠地区建成了 Solar One 塔式太阳能热发电系统,并在 1982～1988 年成功运行,额定输出功率为10MW$_e$,系统年效率为 7%,是当时世界上最大的塔式太阳能发电系统,如图 2-15 所示。该系统的定日镜阵列由 1818 块 39.3m² 的双轴跟踪定日镜组成,塔高为85.5m,可在 80km/h 的风速下正常工作。

图 2-15　Solar One 塔式太阳能热发电站实景图

Solar One 塔式热发电站的系统流程如图 2-16 所示。系统中,直接向塔式吸收器中通入水以生产蒸汽,产生的过热蒸汽经过一个旁路进入常规汽轮机中发电,多余的蒸汽则进入蓄热系统储热,而汽轮机出口的乏汽经过冷凝器冷凝后通过给水泵送到塔式吸收器中,完成一个回路循环。Solar One 的吸收器是一种将水直接加热到过热蒸汽的太阳能锅炉,采用了由 24 块吸热板组成的圆柱形吸热器,如图 2-17 所示,在直通式加热模式下,其中 6 块板起预热过冷水的作用,其余 18 块板产生过热蒸汽。在额定工况下,该吸热器产生流量为 50900kg/h,温度、压力为 516℃、10.1MPa 的过热蒸汽。该圆柱体式吸热器的额定功率为 43.4MW$_{th}$。

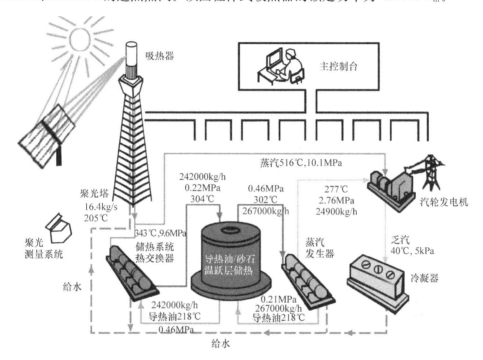

图 2-16　Solar One 水/蒸汽塔式太阳能发电站系统流程示意图

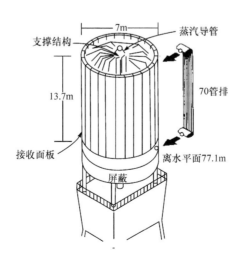

图 2-17　Solar One 圆柱体式吸热器结构示意图

Solar One 的蓄热系统采用充满岩石沙子的储罐,将集热系统收集到的热量存储起来,利用油作为传热工质,从蓄热系统中提取热量。蓄热罐额定容量为 182MW·h,与给水热交换后能产生温度和压强分别为 277℃和 2.76MPa 的过热蒸汽,蒸汽流量达到 24900kg/h。由于蓄热系统仅在 220~305℃运行,而吸收器的出口蒸汽温度为 510℃,故不能提供足够的蒸汽供汽轮机发电。电站的运行模式是将太阳能吸收器和汽轮机耦合起来,蓄热系统设置为旁路,系统所产生的多余蒸汽进入蓄热系统实现能量存储,蓄热系统只产生辅助蒸汽,用于系统的启停和离线运行时保温。

Solar One 电站证明了塔式电站技术是有效可行的。只要太阳直射辐射强度在 300W/m² 以上,它的水/蒸汽相变吸热器就能连续工作,这对于实用化规模等级的太阳能塔式发电而言是切实可行的。该 10MW$_e$ 电站在夏至日每天可发电 8h,接近冬至日时每天可发电 4h。Solar One 成功验证塔式发电技术的可行性,但也暴露出了水/蒸汽系统的不足,例如,因为缺乏有效的蓄热系统,乌云遮挡会造成汽轮机运行的间断。

2. Solar Two 塔式太阳能电站

美国在 Solar One 基础上研发了更为先进的第二代塔式电站,其设计技术取得了显著进展。第一代(Solar One)采用水/蒸汽作为工质,而第二代采用熔盐为工质。熔盐塔式电站将太阳能集热和发电部分解耦,还可采用更具成本优势的蓄热系统,故该系统性能要优于水/蒸汽系统,其系统设计流程如图 2-18 所示。蓄热系统可以对太阳能发电进行负荷调节,能够提高太阳能热发电的经济性。Solar Two 电站的装机容量为 10MW$_e$,并使用了原 Solar One 电站中的部分设备,包括:①集热塔;②EPGS(汽轮机,发电机,凝汽器和给水加热器);③定日镜场;④分散过程控制系统。电站中主要新安装的部件有:①蓄热系统,包括两个蓄热罐;②吸

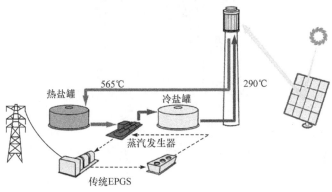

图 2-18　熔盐塔式电站系统示意图(来源:Romero)

热系统,包括 24 面板的圆柱形吸热器;③蒸汽发生器,包括过热器、蒸发器和预热器;④熔盐管道、阀门和伴热装置;⑤紧急备用内燃机,用于驱动吸收器上的熔盐泵;⑥108 块 95.1m² 的定日镜,并对原有部分定日镜进行维护。

　　Solar Two 塔式电站的系统流程如图 2-19 所示。在熔盐塔式发电系统中,290℃的冷熔盐由熔盐泵从低温蓄热罐输送到位于高塔顶部的换热器,亦称为吸收器,太阳光经过定日镜反射后聚集到吸收器的表面,将熔盐加热到 565℃,高温熔盐依靠重力作用返回到地面,存储在高温蓄热罐中。发电时,用泵将热熔盐从高温蓄热罐中抽出,输送至蒸汽发生器,并将内部的给水加热成 510℃/100bar 的过热蒸汽,换热后的冷熔盐再返回到低温蓄热罐中。产生的高温高压过热蒸汽进入常规的朗肯循环系统进行做功发电。这种双罐熔盐蓄热系统可在夜晚或阴天等条件下发电。

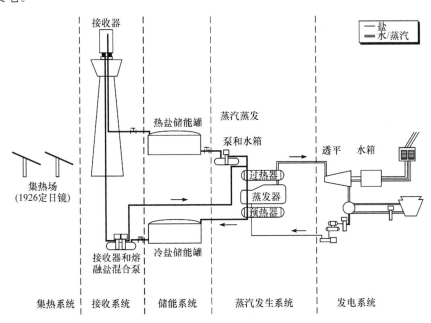

图 2-19　Solar Two 塔式电站的系统流程示意图

2.3　太阳能与化石燃料热互补发电技术

　　目前,利用蓄热系统的单纯太阳能模式下运行的太阳能热电站存在许多问题,特别是太阳能热发电系统的投资大和发电成本高,以及目前的蓄热技术还不够成熟等,将聚光太阳能技术与传统化石燃料电站结合起来是解决上述问题的有效途径。与太阳能独立热发电不同,太阳能互补发电可以充分利用已有传统电站的发电设施,从而减少设备初投资,并降低发电成本;同时,避免了太阳能独立热发电由于太阳能资源不连续所导致的发电并网困难;此外,利用太阳能互补发电技术降低了化石燃料消耗,并能够减少温室气体的排放。太阳能与化石燃料互补发电已成为近中期扩大太阳能热发电技术应用规模的切实可行的技术路线。

太阳能与化石燃料互补发电主要包括两类:热互补与热化学互补。热互补技术主要利用太阳能来加热锅炉给水,产生饱和或过热蒸汽。而热化学互补技术指利用聚光太阳能来为吸热的化学反应提供反应热,以提高燃料热值,从而产生清洁燃料,并进一步导入动力循环以生产电能。目前,太阳能与化石燃料热互补发电技术已经在工业生产中得到应用,而热化学互补技术目前还在试验和示范阶段。本节主要介绍热互补技术,而热化学互补技术则在第 5 章中进行阐述。

太阳能与化石燃料有着多种类型的热互补形式,根据所集成的常规化石燃料电站的不同,可以分为三类:第一类是将太阳能简单地集成到朗肯循环(汽轮机)系统中,例如,太阳能集成到燃煤电站中,可以有效地减少燃料量,节约常规能源和减少污染物排放。第二类是将太阳能集成到布雷敦循环(燃气轮机)系统中,例如,利用太阳能来加热压气机出口的高压空气(图 2-20),以减少燃料量。这类电站的典型代表为 REFOS 工程(Bräuning et al.,2002),太阳能将空气加热到 800℃,然后进入燃烧室再经过燃料燃烧加热到 1300℃,最后进入燃气透平膨胀做功,实现太阳能向电能的转化,该系统的太阳能净发电效率高达 20%,对应的太阳能份额为 29%。第三类是将太阳能集成到燃气蒸汽联合循环中,即 ISCC 系统,如图 2-21 所示。

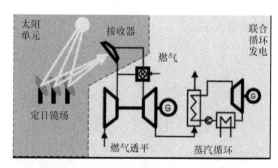

图 2-20　太阳能预热空气的热互补发电系统示意图(来源:Romero)

当前,以上三种热互补方式研究得较为广泛,其中太阳能与燃气蒸汽联合循环热互补发电系统和太阳能与燃煤蒸汽电站热互补发电系统较为成熟。下面就对这两种热互补方式进行简要介绍。

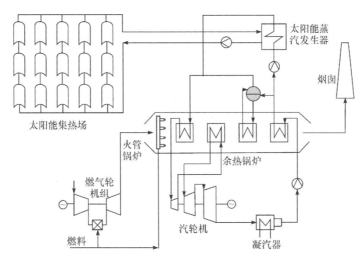

图 2-21　ISCC 电站流程示意图

2.3.1　太阳能与燃气蒸汽联合循环热互补系统

　　太阳能与燃气蒸汽联合循环热互补发电(ISCC)系统是利用聚光太阳能发电技术来辅助燃气蒸汽联合循环电站的蒸汽动力循环产生蒸汽,从而实现太阳能和化石能源向电能转化都能达到最高效率(洪慧等,2016)。ISCC 系统的概念最初由建造 SEGS 太阳能电站的 Luz 公司提出,用以实现抛物槽式太阳能电站与联合循环电站的集成。ISCC 技术针对不同类型的太阳能集热技术和集热温度,可以采用不同方式注入传统的联合循环系统中,其中两种典型互补方式是将太阳能注入余热锅炉中或者直接产生蒸汽注入汽轮机做功。

　　ISCC 技术的主要特点是联合循环中的蒸汽动力循环无需燃烧额外的燃料就可以实现发电,即联合循环中的底循环从燃料角度看是"免费"的(林汝谋等,2013)。ISCC 电站主要采用节省燃料式和增大功率式这两种运行模式。前一种模式即保持系统的输出功基本不变,且不受太阳能输入的影响,这意味着在太阳能可以利用之时,顶部循环的燃料将减少,而顶部和底部的功率之和维持不变,系统实现燃料节省。后一种模式是指燃气轮机满负荷运行,太阳能所产生的蒸汽加入到底部循环从而增大系统的输出功率。ISCC 技术的原理流程图如图 2-22 所示。

　　ISCC 系统由传统的联合循环电站、太阳能集热场和太阳能蒸汽发生器所组成。在太阳辐照充足时,给水从联合循环中的余热锅炉中抽出进入太阳能蒸汽发生器并加热为饱和蒸汽。继而,该饱和蒸汽又回到余热锅炉中,与联合循环中产生的蒸汽一起在余热锅炉中被加热为过热蒸汽。蒸汽流量的增大将增加朗肯循环的出功。而在阴天或者晚上,ISCC 电站则在传统的联合循环模式下运行。

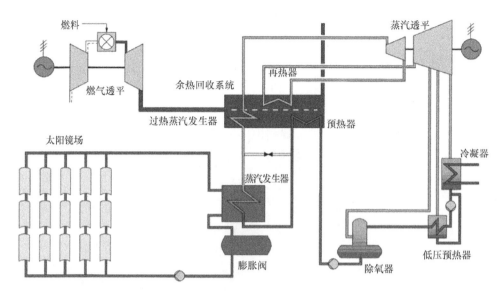

图 2-22　ISCC 系统原理流程图

　　根据工质的温度区间，ISCC 技术可分为三类，高温：工质温度高于 500℃；中温：工质温度在 400℃左右；低温：工质温度在 250～300℃。下面分别进行讨论。

　　(1) 高温太阳能技术。塔式太阳能集热系统可以产生高温高压过热蒸汽，温度高达 565℃。这种状态下的蒸汽可以直接进入蒸汽轮机的高压级中做功。此外，蒸汽在塔式吸收器中的加热量可以与在余热锅炉中的加热量相当，这样过热和再热过程都可以在太阳能锅炉里进行，对余热锅炉的影响很小。

　　(2) 中温太阳能技术。应用最多的 ISCC 中温太阳能技术使用抛物槽式集热器实现太阳能聚光集热。抛物槽式集热系统能够产生 380℃的蒸汽，而在联合循环发电系统中将太阳能产生的高压饱和蒸汽整合进入余热锅炉是容易实现的，也可利用太阳能加热给水并送入余热锅炉中，如图 2-23 所示。与美国的 SEGS 系列电站类似，在中温太阳能 ISCC 系统，蒸汽发生器的传热工质温度约为 290℃，锅炉给水温度维持在 260℃，从而可以使得给水在余热锅炉中被加热程度最大化，并降低在太阳能集热场中的加热程度。需要强调的是，将太阳能产生的蒸汽注入蒸汽动力循环的注入位置是很重要的，其中，注入底循环最简洁的位置是在高压给水泵的出口处。

　　(3) 低温太阳能技术。低温太阳能技术多采用菲涅耳式集热系统，这类集热系统可以产生参数为 270℃/55bar 的蒸汽。由于蒸汽压力较低，难以直接注入汽轮机的高压级中，为此低温太阳能技术产生的蒸汽在整合方式上主要有两种选择：①产生 30bar 的饱和蒸汽，进入再热阶段；②产生 5bar 的蒸汽，进入汽轮机低压级。

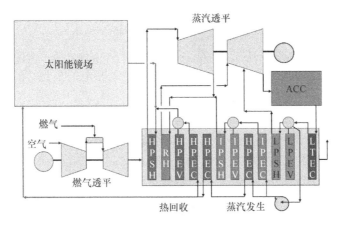

图 2-23　中温太阳能 ISCC 系统

与现有的朗肯循环电站相比,ISCC 系统有三个主要的优势:①太阳能可实现以较高效率转化为电能;②在 ISCC 系统中因采用容量更大的蒸汽透平,同时所增加的设备投资也少于太阳能独立热发电站中的整体设备投资;③ISCC 电站不会因为蒸汽透平频繁的启停而造成系统热效率的降低。

ISCC 技术的发展和推广还需要面临很多实际问题,例如,当太阳能不能利用时,ISCC 底部汽轮机必须在部分负荷下运行,相应的效率较低,因此,需要对 ISCC 电站进行进一步优化,以降低系统底部循环在部分负荷运行条件下的效率下降幅度。此外,太阳能蒸汽发生系统在没有配备蓄热装置时全年运行 2000h 左右,即对于承担基本负荷的联合循环电站而言,太阳能的年贡献仅为 10%。但综合来看,ISCC 发电技术在近期仍然具有广泛的应用前景和巨大的市场潜力。

2.3.2　太阳能与燃煤电站热互补系统

太阳能与燃煤电站热互补系统利用聚光太阳能集热器收集热量,为燃煤机组做功工质提供部分加热热源,这也是目前太阳能热发电在实际工程应用中一种可行的技术方案(赵雅文,2012)。将太阳能与常规燃煤火电厂相结合,可以利用燃煤火电机组增大负荷调整范围,并省去太阳能热发电中的蓄热系统和透平系统,达到降低太阳能热发电系统投资发电成本和实现连续稳定发电的目的。同时,与其他可再生能源相比,太阳能热发电系统以热能作为中间能量的载体,使之可相对容易地实现与燃煤发电方式的耦合。此外,太阳辐射的峰值在夏季及白天,正好与用电的峰值相对应,从而可以有效降低电网的调峰压力。由此可见,太阳能与燃煤电站热互补系统是一种高效、环保、切实可行的技术方案,将具有良好的发展前景。

当前,研究这类发电技术的主要意义在于:就燃煤发电而言,这种发电技术为进一步实现燃煤电站的深度节能提供了方向,可有效减少燃煤电站的污染物及温室气体排放,可用以增加燃煤电站的峰值功率,为我国太阳能资源丰富地区中小机组的升级改造提供了思路;就太阳能热发电而言,这类发电技术不仅可降低太阳能热发电的投资成本及相应的投资风险,而且减少了太阳能热发电的运行维护费用,可提高太阳能的热电转换效率及改善太阳能热发电的电能质量,为太阳能热发电的规模化创造了条件。

在中国,一些研究部门和公司正在将这种太阳能燃煤电站互补发电技术作为实用清洁燃煤技术推向产业化,包括中国科学院工程热物理研究所、华北电力大学等科研单位和高校,大唐、华电、国电等电力企业对系统的集成技术开展了研究,并已经开始在中国西北地区建设热互补电站进行可行性研究。总之,在近期,尤其在中国,这种互补电站技术具有产业化规模应用前景。

2.4　太阳能热化学互补发电系统

鉴于多能源互补和多功能联产是可持续能源系统发展的两大特征和趋势,太阳能与不同能源的输入整合和功能整合对太阳能能源动力系统开拓创新而言,具有非常重要的意义。经过百余年的发展,迄今太阳能热发电动力系统仍旧未能摆脱储能难和能量转化效率低等技术难题,从而造成太阳能发电技术成本高等瓶颈。如以单纯太阳能和汽轮机为核心的朗肯热力循环系统,其太阳能年净发电效率不高于20%,严重限制和阻碍了太阳能热发电系统的大规模工程应用。从表面上看,太阳能热发电系统储能难和发电效率低是由于太阳能能量密度低、时空不连续的自身特点,但从深层次的能的品位利用的科学角度去考虑,是由于太阳能集热品位与转化能量品位不匹配。因此,寻求实现能的品位梯级利用的太阳能集热与能量传递转化的新途径,是解决当前太阳能热发电成本高、效率低等问题的一个突破口(王艳娟,2015)。

图 2-24 是太阳能热化学能量转换过程示意图。分散的太阳能被聚光集热装置聚集,而通过相应的吸收器接收并转化为太阳热能,太阳热能将以反应热的形式驱动吸热型化学反应,从而将太阳热能转换为燃料化学能,太阳能热化学发电技术就是利用该过程的新型太阳能与化石能源互补利用模式。它可以在太阳能资源丰富的地方进行太阳能热化学过程并用于动力循环等,也可以将太阳能运输到需要的地方用于动力循环、燃料电池及交通运输等。这样,就解决了太阳能间歇性、不连续性、能流密度低的固有缺陷,实现了太阳能的化学储能。

太阳能热化学技术通常需要聚焦型的太阳能集热器与之相匹配,由聚光器以反射或折射的方式将投射到光口的太阳能光集中到吸收器上形成焦面,吸收器将光能转换为热能,再由吸收介质带走。由于吸收器的能流密度很高,能够达到比普通平板集热器等高得多的温度,为太阳能热化学利用提供了更为有利的条件,根据

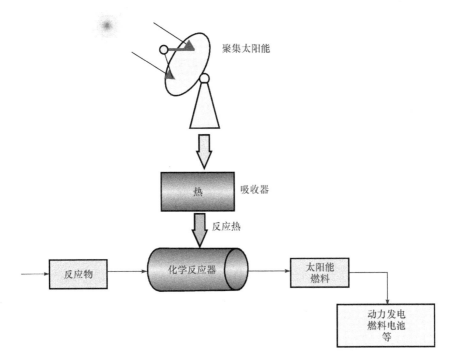

图 2-24　太阳能热化学能量转换过程示意图

太阳能热化学反应过程所需的热能温区不同,需要匹配不同形式的聚焦型集热器。

　　当前,太阳能与化石燃料互补的热化学能量转化系统研究受到国际学者广泛的关注,代表了太阳能能量利用系统发展的主要方向(Pachauri et al.,2015)。太阳能与化石燃料互补的热化学能量转化系统主要是利用热化学反应过程,将所聚集的太阳能转化为碳氢燃料的化学能。例如,2003 年德国启动了国家能源计划,提出太阳能重整天然气联合循环示范项目,该发电系统能够使太阳能净热转功效率达到 30%。瑞士国家研究中心开展了更具广泛性的太阳能-天然气-氧化锌能源环境系统研究。其基本思路是利用高温太阳热能作为热源,将天然气重整和氧化/还原锌的化学过程有机集成,可以同时实现天然气重整生产合成气和燃料锌的制取。锌可以作为金属燃料电池原料或冶金利用,合成气可用作联合循环发电的燃料,或采用物理、化学方法分离出氢气。目前太阳能与化石能源相互结合的热化学能量转化系统研究多集中在 900~1200℃ 的高温太阳热能的转化和利用。相关成果多侧重于高温太阳热化学反应器研制、催化剂研制,或复杂太阳能集热器阵列汽阻、高直接吸收式真空管材料等。然而,从能的综合梯级利用和不同能源品位互补方面看,太阳能热化学利用能量系统的热力学基础研究尚未深入探索,尤其是太阳能与化石能源的品位互补耦合的能量转化、释放机理,太阳能与化石能源互补的多功能系统集成原理等方面缺乏研究。这些将在第 4 章进行详细阐述,特别是本研究团队提出的中低温太阳能热化学互补发电系统。

2.5　其他太阳能热发电系统

除了上述三类太阳能热发电分类外,太阳能热发电系统还可以热力循环方式进行分类,如朗肯循环、布雷敦循环、超临界 CO_2 循环等。本节将简要介绍日益受关注的太阳能热发电与超临界 CO_2 耦合系统。

对超临界 CO_2 动力循环的研究可追溯至 1968 年,Feher 提出了利用超临界 CO_2 作为动力循环的循环工质(Feher,1968),至此超临界 CO_2 循环得到广泛的关注,被视为是新一代核电、太阳能热发电等系统中最具潜力的利用方式。超临界 CO_2 动力循环的主要优势如下:

(1) CO_2 的热稳定性和物理性质良好,相比于传统的布雷敦循环,在压缩过程中密度变化小,这种近似不可压缩的特性使得 CO_2 作为循环工质,压缩功耗低。

(2) CO_2 在室温条件下为气态,其超临界状态易于实现,又由于在循环运行过程中不存在工质的相变,因此超临界 CO_2 与热源温度的匹配更具优势。

(3) 超临界 CO_2 循环工质密度高,以超临界 CO_2 作为循环工质的压缩机和透平等设备结构紧凑,由此可降低设备造价。

由于超临界 CO_2 循环与传统循环相比更具优势,并且该循环所需的 $500\sim850℃$ 的温度区间与现有塔式太阳能聚光集热器的温度相契合,因此将太阳能与超临界 CO_2 动力循环耦合能够实现系统高效运行。简单超临界 CO_2 布雷敦循环是其他循环的基础,与太阳能耦合的简单超临界 CO_2 布雷敦循环的系统流程如图 2-25 所示。在该循环中,工质始终处于超临界状态,即高于临界点参数:30.98℃、7.38MPa。在透平入口温度为 $500\sim850℃$ 时,该循环的热效率为 $39\%\sim50\%$(透平效率 93%、压缩机效率 89%、最高压力 25MPa)。

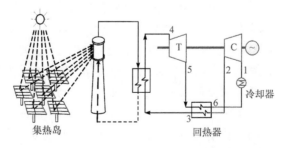

图 2-25　太阳能与超临界 CO_2 布雷敦耦合的简单循环系统示意图

简单超临界 CO_2 布雷敦循环由太阳能集热单元和简单超临界 CO_2 动力循环组成,主要包括塔式太阳能集热器、工质泵、加热器、透平、回热器、冷却器和压缩机,循环的基本过程如下:

(1) 过程 1-2:压缩机对工质加压,当工质的参数由 32℃、7.38MPa 升至 101℃、20MPa 时,其密度值由 313.96kg/m³ 升至 476.47kg/m³,较高的密度值及近似不可压的特点使压缩功耗降低。

(2) 过程 2-3:工质在回热器中的定压吸热过程,以减少透平出口的热量损失。

(3) 过程 3-4:加热器中工质的定压吸热过程,吸收太阳能,温度进一步升高。

(4) 过程 4-5:工质在透平中膨胀做功,并驱动发电机运转发电。

(5) 过程 5-6:回热器处工质的定压放热过程,回收工质热量。

(6) 过程 6-1:工质的冷却过程,在冷却器中对外放热。

在简单超临界 CO_2 系统中,受工质本身物性的影响,CO_2 在临界点附近比热容变化较大。在回热器中,吸热侧流体的比热容大于放热侧流体比热容,因此,在传递相同热量的情况下,回热器放热侧需较大的温差才能使吸热侧产生较小的温升,从而使换热器可能出现夹点,令传热恶化,同时工质在热源处需更多的热量才能达到设计的循环最高温度,因而简单超临界 CO_2 循环的效率较低。为优化回热器温度匹配,进一步提升循环的效率,对简单超临界 CO_2 循环进行改进,构建了多种循环方式,主要包括:再压缩超临界 CO_2 布雷敦循环、部分冷却超临界 CO_2 布雷敦循环以及主压缩间冷超临界 CO_2 布雷敦循环等。

对于再压缩超临界 CO_2 布雷敦循环,如图 2-26(a)所示,采用分离流的循环方式,增设低温回热器与再压缩机 RC。在循环中,工质离开低温回热器后被分为两部分:一部分经冷却后进入主压缩机 MC;另一部分直接进入再压缩机 RC,其出口与预热后流体混合。通过分离流的方法调节流量,能够将温度的夹点控制在低温回热器的一侧,优化回热器中温度的匹配。同时,采用分离流,可减小进入冷却器中的工质流量,降低排入环境的热量损失,进一步提升循环效率。当透平入口温度为 500~850℃ 时,再压缩超临界 CO_2 布雷敦循环的热效率可达 45%~56%(透平效率 93%、压缩机效率 89%、最高压力 25MPa),高于简单超临界 CO_2 动力循环。

对于部分冷却超临界 CO_2 布雷敦循环,如图 2-26(b)所示,可认为是一种采用两级压缩中间冷却的再压缩布雷敦循环,相比于再压缩循环而言,在低温回热器放热侧出口与分离点之间增设预冷装置和预压缩机。同样,主压缩间冷超临界 CO_2 布雷敦循环也是再压缩布雷敦循环的一种变形方式,如图 2-26(c)所示,该动力循环是在分流后主压缩部分采用两级压缩、中间冷却的方式。上述两种循环方式与再压缩循环相比,都是在增加冷却器热量损失的同时,降低了压缩功耗。

通过比较上述四种超临界 CO_2 循环方式发现,再压缩超临界 CO_2 布雷敦循环表现出最佳的热力性能。Sandia 国家实验室针对再压缩超临界 CO_2 循环建立测

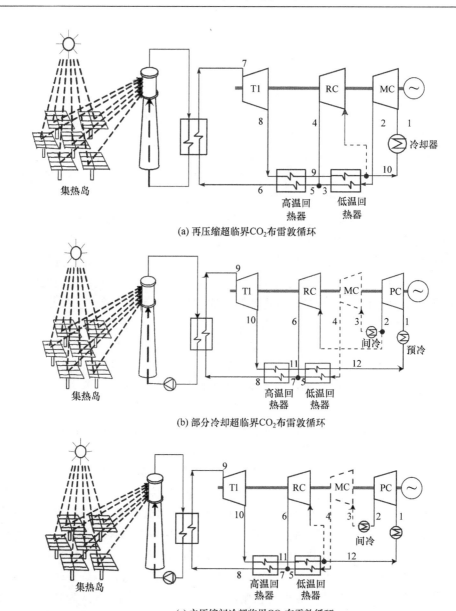

(a) 再压缩超临界CO₂布雷敦循环

(b) 部分冷却超临界CO₂布雷敦循环

(c) 主压缩间冷超临界CO₂布雷敦循环

图 2-26 太阳能与超临界 CO₂ 布雷敦循环耦合系统的结构示意图

试回路,对动力循环关键部件以及循环的瞬态响应进行研究(Iverson et al.,2013)。此外,对于超临界 CO₂ 布雷敦循环的研究,在上述四种结构的基础上,增加再热部分,进一步提升循环热力性能;以及在冷却器处,利用有机工质与超临界 CO₂ 进行换热,即用有机工质加热器替换冷却器,进而在底部构建有机朗肯循环,实现太阳能驱动超临界 CO_2 与有机朗肯循环的联合循环。

参 考 文 献

高志超. 2011. 抛物槽式太阳能集热技术系统集成研究[D]. 北京:中国科学院.

洪慧,彭烁,徐超. 2016. 基于聚光太阳能热发电的联合循环发电系统[J]. 科技资讯,
　　14(4):172.

黄湘,王志峰,李艳红,等. 2012. 太阳能热发电技术[M]. 北京:中国电力出版社.

李晶. 2011. 太阳能有机朗肯循环中低温热发电系统的数值优化及实验研究[D]. 合肥:中国
　　科学技术大学.

林汝谋,韩巍,金红光,等. 2013. 太阳能互补的联合循环(ISCC)发电系统[J]. 燃气轮机技术,
　　26(2):1-15.

宋健,徐俊杰,李艳,等. 2014. 太阳能中低温有机朗肯循环系统的设计与分析[J]. 工程热物理
　　学报,35(7):1309-1312.

王艳娟. 2015. 聚光太阳能与热化学反应耦合的发电系统研究[D]. 北京:中国科学院.

许璐. 2014. MW 级光煤互补发电系统变辐照变工况性能研究[J]. 中国科学院工程热物理所
　　2010 年前,34(20):3347-3355.

叶依林. 2012. 基于太阳能的有机朗肯循环低温热发电系统的研究[D]. 北京:华北电力大学.

赵雅文. 2012. 中低温太阳能与煤炭热互补机理及系统集成[D]. 北京:中国科学院.

Abengoa. 2015. [OL]. http://www. abengoa. com/web/en/innovacion/.

Areva. 2015. Areva Solar[OL]. http://www. new. areva. com/EN/solar-220/areva-solar. html.

Avila-Marin A L. 2011. Volumetric receivers in Solar Thermal Power Plants with Central Re-
　　ceiver System technology:a review[J]. Solar Energy,85(5):891-910.

Barlev D, Vidu R, Stroeve P. 2011. Innovation in concentrated solar power [J]. Solar Energy
　　Materials and Solar Cells,95 (10): 2703-2725.

Bräuning T,Denk T,Pfänder M,et al. 2002. Solar-hybrid gas turbine-based power tower sys-
　　tems (REFOS)[J]. Journal of Solar Energy Engineering,124(3):21.

Brosseau D,Edgar M,Kelton J W,et al. 2004. Testing of thermocline filler materials and molten-
　　salt heat transfer fluids for thermal energy storage systems in parabolic trough power plants
　　[C]. ASME 2004 International Solar Energy Conference. American Society of Mechanical En-
　　gineers:587-595.

Duan L,Yu X,Jia S,et al. 2017. Performance analysis of a tower solar collector-aided coal-fired
　　power generation system[J]. Energy Science & Engineering,5(1):38-50.

Eck M,Steinmann W D. 2002. Direct steam generation in parabolic troughs:first results of the
　　DISS project[J]. Transactions-American Society of Mechanical Engineers Journal of Solar En-
　　ergy Engineering,124(2):134-139.

Edenhofer O,Pichs-Madruga R,Sokona Y,et al. 2011. IPCC Special Report on Renewable Ener-
　　gy Sources and Climate Change Mitigation[M]. Cambridge:Cambridge University Press.

Feher E G. 1968. The supercritical thermodynamic power cycle[J]. Energy Conversion, 8:

85-90.

Fernandez-Garcia A, Zarza E, Valenzuela L, et al. 2010. Parabolic-trough solar collectors and their applications[J]. Renewable and Sustainable Energy Reviews, 14(7):1695-1721.

International Energy Agency (IEA). 2014. Technology roadmap: Solar Thermal Electricity.

Iverson B D, Conboy T M, Pasch J J, et al. 2013. Supercritical CO_2 Brayton cycles for solar-thermal energy[J]. Applied Energy, 111:957-970.

Jin H, Sui J, Hong H. 2007. Prototype of middle-temperature solar receiver/reactor with parabolic trough concentrator[J]. Journal of Solar Energy Engineering, 129(4):378-381.

John Ad, William A B. 2013. Solar Engineering of Thermal Processes[M]. Canada.

Li Y, Choi SS, Yang C, et al. 2015. Design of variable-speed dish-Stirling solar – thermal power plant for maximum energy harness[J]. IEEE Transactions on Energy Conversion, 30(1): 394-403.

Liu Q, Wang Y, Gao Z, et al. 2010. Experimental investigation on a parabolic trough solar collector for thermal power generation [J]. Science in China Series E: Technological Sciences, 53(1):52-56.

NREL. Andasol-1 [OL]. https://www. nrel. gov/csp/solarpaces/project_detail. cfm/projectID =3

NREL. Solar Electric Generating Station III [OL]. https://www. nrel. gov/csp/solarpaces/project_detail. cfm/projectID=30.

Reddy K S, Kumar K R, Ajay C S. 2015. Experimental investigation of porous disc enhanced receiver for solar parabolic trough collector[J]. Renewable Energy, 77:308-319.

Romero M, Buck R, Pacheco JE. 2002. An update on solar central receiver systems, projects, and technologies[J]. J Sol Energ-T ASME, 124:98-108.

Romero M, Steinfeld A. 2012. Concentrating solar thermal power and thermochemical fuels [J]. Energy & Environmental Science, 5:9234-9245.

Sun J, Liu Q, Hong H. 2015. Numerical study of parabolic-trough direct steam generation loop in recirculation mode: characteristics, performance and general operation strategy [J]. Energy Conversion and Management, 96:287-302.

Weinstein L A, Loomis J, Bhatia B, et al. 2015. Concentrating solar power[J]. Chemical Reviews, 115(23):12797-12838.

Zhu G, Wendelin T, Wagner M J, et al. 2014. History, current state, and future of linear Fresnel concentrating solar collectors[J]. Solar Energy, 103:639-652.

第3章　太阳能独立热发电

太阳能热发电是将太阳辐射能转换成热,再将热转换成电能的技术,它已成为人类开发利用太阳能的主要手段之一。太阳能热发电主要包括两大类型:一是太阳热能间接发电,即先将太阳辐射能转换成做功工质内能,再通过热机产生机械功带动常规发电机发电;二是太阳热能直接发电,即太阳热能借助半导体或金属材料的温差发电、或者真空器件的热电子和热离子发电等实现热电直接转换。前者已有一百多年的发展历史,而后者尚处于原理性试验阶段,通常所说的太阳能热发电技术主要是指太阳热能间接发电。本章主要介绍太阳能独立热发电系统的研究进展,独立太阳能热发电是指太阳能作为主要能量来源,仅有少量或没有化石燃料(15%以下)作为辅助能量来源。

太阳能能量密度低,高效热利用技术仍然不完善,发电成本居高不下,是目前限制太阳能热发电大规模利用的关键因素。太阳能集热场投资成本很高,占太阳能热发电站总投资的40%~50%。太阳能高温集热将水转化成过热蒸汽或饱和蒸汽,再输送给汽轮机做功发电,由于水的蒸发是一个相变过程,传热过程有较大的不可逆损失,导致太阳集热向电的转化效率偏低,进一步提高了太阳能热发电成本。

蓄热是解决太阳能不连续、不稳定缺陷的主要手段,大规模高温蓄热研究成为当今太阳能热发电研究的热点之一。高温熔盐蓄热是目前商业化的大规模蓄热成熟技术,位于西班牙的 Andasol 1 号和 2 号槽式太阳能电站额定发电功率为49.9MW,配备了 7.5h 蓄热容量的间接熔盐蓄热器,该电站分别于 2007 年和2008 年开始商业化运行。位于西班牙的 Gemasolar 塔式太阳能电站额定发电功率为17MW,配备了17h 蓄热容量的直接熔盐蓄热器,该电站于 2011 年春季开始商业运行。熔盐蓄热技术存在的主要问题是蓄/释能过程工艺复杂,蓄热系统投资高,蓄热系统蓄能和释能的传热过程不可逆损失大,蓄存能量的利用效率有待提高。降低蓄热系统的投资成本,提高蓄存能量的利用效率是目前研究的重点。

综上所述,制约太阳能热发电技术大规模应用的关键因素在于太阳能集热系统和蓄热系统投资成本高和太阳能热发电效率偏低。本章主要阐述在太阳能集热与蓄能、太阳热能热功转化方面的最新研究进展,为未来太阳能热发电技术的发展提供理论支撑。

3.1 太阳能独立热发电系统研究进展

独立太阳能热发电系统按照聚光方法不同可以分成三类,包括碟式、槽式(菲涅耳式)、塔式太阳能热发电系统(黄湘等,2012;Romero and Steinfeld,2012)。碟式太阳能热发电系统一般采用碟式集热系统和斯特林发动机,发电效率可达30%以上,但单机发电容量较小,受到系统投资高和斯特林发动机寿命制约,还没有进行大规模工业化应用。槽式(菲涅耳式)太阳能发电系统的太阳能聚焦方法包括抛物面槽式集热器和菲涅耳式集热器,其中抛物面槽式集热器应用最为普遍;槽式太阳能热发电技术最为成熟,已经工业化应用,全球装机容量最大。塔式太阳能热发电系统,与槽式太阳能热发电系统相比,具有集热温度高的特点,具有提高发电效率、降低成本的潜力,目前国际上已经有多座太阳能塔式电站进入商业化运行。下面主要对槽式太阳能热发电系统和塔式热发电系统的发展进行简要介绍。

3.1.1 太阳能塔式热发电系统进展

太阳能塔式热发电系统在地面建立一座集热塔,塔顶安装吸热器,集热塔周围布置一定数量的定日镜,定日镜将太阳光聚集到集热塔塔顶吸热器表面,将太阳辐射能转换成传热工质热能;传热工质将热能转换成高温、高压蒸汽,推动汽轮机组发电。传热工质一般为水、熔盐和空气等,以水和熔盐为主。

1. 以水为吸热工质的塔式太阳能热发电系统

位于西班牙塞维利亚市的 Plantation Solar 10(简称 PS10)塔式太阳能热发电站于 2007 年投入运行,是世界上第一座商业运营的塔式太阳能热电站(王康等,2014)。电站为单塔结构,集热塔高 150m,吸热器为腔体结构,624 面定日镜(120m²/面)位于塔北侧,额定发电功率为 11MW。图 3-1 为 PS10 太阳能塔式电站系统流程示意图。发电介质为水/蒸汽,来自凝汽器的凝结水经过给水泵加压后

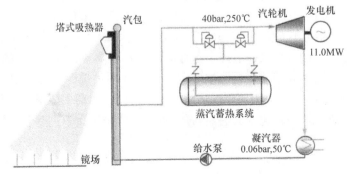

图 3-1　西班牙 Sevilla PS10 电站系统流程示意图

进入位于塔顶的腔体式吸热器,太阳能辐射转变成压力为 4.0MPa、温度为 250℃ 的饱和水蒸气,主蒸汽流量为 100t/h。饱和蒸汽进入汽轮机做功和发电,汽轮机排气进入凝汽器冷凝,完成循环。电站还配置了蒸汽蓄热系统,蓄热介质为饱和水,蓄热能力为汽轮机 50% 负荷下运行 50min。电站备用发电方式为燃气补燃,燃料掺烧比 12%~15%,在当地太阳能资源条件下(年直射辐射量为 2012kW·h/m²),年发电量 2300 万 kW·h,电站设计点效率为 21.2%,年均效率约为 13.41%。

PS10 电站投入商业运行后,下相邻地块建设了 Plantation Solar 20(简称 PS20)塔式太阳能热发电站,其系统流程结构与 PS10 相同,集热塔提高到 165m,吸热器性能得到了显著改善,热效率提高了近 10%,定日镜 1255 面,每面 120m² (许璐,2014)。为了降低设计、制造和运行难度,PS10 和 PS20 电站设计较为保守,吸热器采用饱和蒸汽吸热器,相应采用了饱和蒸汽汽轮机,热功转换效率低,使得太阳能发电效率偏低。

针对 PS10 和 PS20 的缺陷,2009 年 BrightSource 公司申请的 Ivanpah 太阳能塔式电站项目开始建设,2014 年 2 月开始并网投运,是目前世界上最大的太阳能热发电站,图 3-2 为 Ivapah 太阳能塔式电站图片(许璐,2014)。该电站采用过热蒸汽作为做功介质,主蒸汽温度达 566℃,压力为 16MPa。该电站是多塔结构,包含三座 140m 高的太阳能集热塔,三座装机容量分别为 133MW、133MW 和 126MW 的空冷型汽轮机。得益于采用了过热蒸汽和较大的发电容量,电站设计点太阳能热发电效率达到 28.72%,年综合效率达到 17.3%。由于过热蒸汽蓄存困难,因此 Ivapah 电站没有装备蓄能系统,容易受到气候变化的影响。

图 3-2　Ivapah 太阳能塔式电站

以水为吸热工质的塔式太阳能热发电技术成熟,结构简单,投资相对较低;但存在着蓄能困难的问题,虽然 PS10 采用的蒸汽蓄热器通过示范工程证明满足要求,但蒸汽蓄热器仅适用于饱和蒸汽的存储,对于过热蒸汽无能为力。另外,采用饱和蒸汽的发电系统由于蒸汽温度较低,太阳能发电效率低,采用过热蒸汽虽然可以提高发电效率(Ivapah 电站),但由于缺乏蓄能系统,电站运行受气候变化影响而不够稳定。

2. 以熔盐为吸热工质的塔式太阳能热发电系统

以水为吸热工质的塔式太阳能热发电系统存在蓄能困难、蓄热容量难以突破的问题,有必要寻找其他吸热工质来替代水。20 世纪 90 年代,各国开始进行以熔盐为吸热工质的太阳能热发电系统研发。

美国 Solar Two 太阳能塔式电站采用了熔盐作为吸热和蓄热工质,图 3-3 为 Solar Two 太阳能塔式电站流程示意图(Craig et al.,1995;Pacheco,2002)。冷熔盐罐中热熔盐经过熔盐泵加压后送入吸热塔顶部的吸热器中,吸收聚光太阳辐射,温度升高到 565℃,存入热熔盐罐,蓄热量为 110MW·h(满负荷运行约 3h)。来自热熔盐罐的熔盐进入熔盐/水换热器,加热给水,生成过热蒸汽,蒸汽进入汽轮机发电做功,汽轮机排气在凝汽器冷凝后经过给水泵加压,进入熔盐/水换热器,完成发电循环。Solar Two 电站机组装机容量为 10MW,于 1996 年投产,此后成功运行了 3 年时间,积累了丰富的运行经验,为后来建设新的塔式太阳能电站奠定了基础。该电站在 1998 年夏季 39 天的测试中,运行天数达到 32 天,仅有 2 天因设备故障停机,可见以熔盐为吸热工质的塔式太阳能热发电技术运行稳定。此后由于技术所有权和电价问题,Solar Two 电站关闭。

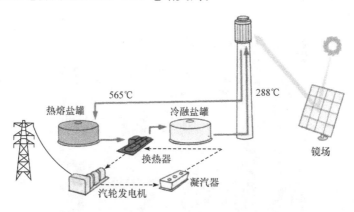

图 3-3　Solar Two 太阳能塔式电站流程示意图

2005 年,西班牙开始设计和建造 Gemasolar 塔式太阳能电站,如图 3-4 所示(Zhao et al.,2017),该电站与 Solar Two 电站的原理相同。太阳能镜场面积 304750m^2,定日镜 2650 面,集热塔高 140m,发电机组为 19.9MW 水冷汽轮机,单罐存储熔盐 6250t,蓄热系统总容量为 647MW·h,可供电站在设计出力工况下运行 15h。Gemasolar 电站与 Solar Two 电站相比,减少了熔盐管道系统阀门的数量,在事故等紧急情况下,吸热器中熔盐能够顺利自流回熔盐罐中,防止熔盐在管道中冻结;采用了高效再热汽轮机,额定工况下汽轮机热效率达到 39.4%,每天启停情况下机组寿命大于 30 年;采用大容量蓄热系统,保证夏季连续 24h 发电,年设备利用率大于 64%。

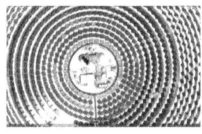

图 3-4　Gemasolar 太阳能塔式电站

塔式太阳能热发电系统集热温度高、蓄热容量大,可以实现 24h 运行,具有非常好的应用前景。对于蒸汽轮机而言,装机容量越大,内效率越高,汽轮机发电效率进一步提高的潜力还很大。但塔式电站受到集热方式的制约,单塔的镜场效率随镜场规模的扩大会迅速降低,因此单塔电站发电装机容量一般小于 20MW,单塔电站进一步提高汽轮机发电效率的空间越来越小。发展多塔电站可以克服装机容量的制约,但需要增加高温熔盐和低温熔盐的输送距离,这会增加发电系统的成本和运行难度。

3.1.2　太阳能槽式热发电系统进展

太阳能槽式热发电系统利用槽式抛物面聚光镜将太阳光聚焦到带有真空玻璃罩的管状集热器上,加热管内介质,介质可以是水、导热油或熔融盐等。太阳能集热转换成过热蒸汽后进入汽轮机做功发电,槽式集热系统可以采用并联方式,将加热的介质集中,因此,单机容量可以较大,不足之处是聚光比相对较低,系统总效率略低。槽式聚光系统的聚光比一般为 50～150,集热温度随介质不同有所不同,以导热油为介质时,真空集热器出口油温在 400℃ 以下,采用熔融盐为介质时,温度达到 550℃。

1. 以导热油为介质的无蓄热槽式发电

1985 年至 1991 年,美国 Luz 公司在加州建造了总容量为 354MW 的抛物面槽式太阳能热发电站,统称为 SEGS 电站(Fernandez-Garcia et al.,2010;Hong et al.,2011)。电站共 9 台机组,其中单机最小容量为 14MW,最大容量为 80MW,

目前 1、2 号机组已经停运。SEGS 电站没有配备储热系统,依靠天然气弥补太阳能不足,年输入量按照 75% 太阳能、25% 天然气配比。

SEGS 电站 3~5 号机组采用双缸再热汽轮机,单机容量 30MW,集热器进出口油温分别为 307℃ 和 390℃。经过换热器产生 350℃ 高压过热蒸汽进入高压缸,做功后从高压缸排出蒸汽,再进入换热器再热到 350℃,进入低压缸做功,乏汽排入凝汽器。系统原理图见图 3-5。

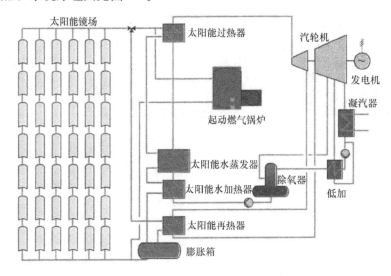

图 3-5　太阳能槽式热电站原理图(3~5 号机组)

SEGS 电站 6~9 号机组采用单缸汽轮机,一部分给水经过燃气锅炉加热后转换成 530℃ 过热蒸汽,集热汽轮机入口膨胀做功,另外一部分给水经过导热油加热成 350℃ 过热蒸汽,进入汽轮机中部膨胀做功,做功后的乏汽进入凝汽器。系统原理图如图 3-6 所示。

2. 导热油为介质的蓄热槽式发电

Andasol 1 号和 2 号电站位于西班牙,采用导热油作为传热介质,熔融盐作为储热介质,水蒸气作为做功介质,电站系统原理图如图 3-7 所示(Zhao et al., 2014)。导热油经过集热镜场加热到 393℃,经过阀门切换分别送到蓄热系统和发电系统,太阳能热量不足时,直接进入导热油/水换热系统,产生过热蒸汽进入透平膨胀做功;当热量多余时,多余的导热油进入导热油/熔盐换热器,加热低温熔盐并存储起来。白天由导热油提供热量,夜晚由熔融盐提供热量加热导热油,导热油再通过油/水换热系统,产生过热蒸汽,进入透平膨胀做功。蓄存的热量需要经过两次换热才能转换成蒸汽做功,每次换热都会带来不可逆损失,系统效率会有所降低。

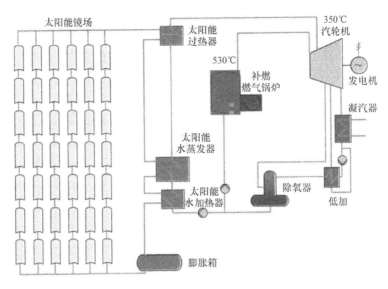

图 3-6　太阳能槽式热电站原理图(6～9 号机组)

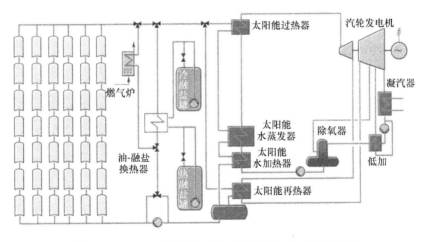

图 3-7　Andasol 太阳能槽式熔融盐储热电站系统原理图

Andasol 1 号机组装机容量为 50MW,蓄热量为 7.5h 的额定负荷发电量。汽轮机入口蒸汽压力 10MPa,采用湿冷方式,强制循环冷却塔。朗肯循环额定负荷下发电效率为 38.1%,太阳能电站效率为 16%,燃料备用方式为天然气,备用量为12%。电站设有高、低温两个熔盐罐,储热介质采用 60%硝酸钠和 40%硝酸钾混合盐,总容量为 28500t,熔融盐罐为直径 36m、高 14m 的钢制罐体。

导热油为介质的蓄热发电系统的主要弱点是:传热/蓄热介质形式多,系统复杂,可靠性和安全性降低;两次换热使蓄存能量的热转功效率降低;导热油油温上限仅 400℃,没有发挥熔融盐的高温储热优势。

3. 熔融盐为介质的蓄热槽式发电

意大利 Archimede 电站位于西西里岛,是世界上首座采用熔融盐同时作为传热介质和储热介质的太阳能热发电站(Liu et al.,2017)。图 3-8 为 Archimede 电站原理图,290℃的低温熔融盐在槽式集热器的真空集热管加热后,温度达到550℃,经阀门控制分别送入蓄热系统和发电系统。当太阳能集热不足时,熔融盐全部进入熔盐/水换热系统,产生 510℃左右的过热蒸汽,进入汽轮机膨胀做功;当太阳能集热多余时,多余部分的熔融盐进入高温熔盐储罐。夜晚发电机组完全依赖蓄热系统工作,来自高温熔融盐储罐的高温熔融盐进入熔盐/水换热系统,产生过热蒸汽,进入汽轮机膨胀做功。

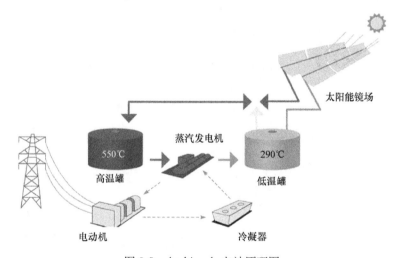

图 3-8　Archimede 电站原理图

槽式集热系统真空集热管的长度很长,散热快,而目前熔融盐的凝固温度很高,给运行带来很大风险,熔融盐作为传热工质的槽式发电的经济性和可靠性还需要经过摸索和验证,才能确定系统是否成熟,是否值得推广。

3.2　太阳能独立热发电系统热力性能分析与系统集成原则

3.2.1　太阳能独立热发电系统热力性能分析

利用太阳能进行热发电的能量转换过程,首先是将太阳辐射能转换为热能,然后是将热能通过热机转换为机械能,最后再将机械能转换为电能。因此,整个系统的效率也是由这三个部分的效率组成。

　　太阳能集热器吸收太阳辐射能转换为工质的热能。太阳能集热器的集热效率定义为单位时间内集热器吸收的太阳辐射能量与入射至集热器表面的太阳辐射能之比,即

$$\eta_{\text{col}} = \frac{IA\eta_A\alpha - a\varepsilon\sigma T_{\text{H}}^4}{IA} \tag{3-1}$$

式中 I 是太阳辐射的强度, A 是集热器面积, η_A 是考虑集热器的光学效率, α 和 ε 是吸收器的有效吸收率和发射率, σ 是玻尔兹曼常量, a 是吸收器的有效辐射面积。分子中第一项是吸收器吸收的能量,第二项是吸收器向环境辐射的能量损失。分母是太阳辐射到达集热器表面的能量。实际中为简化处理,通常使吸收器的吸收率和发射率均接近 1,并忽略光路缺失的影响,得到集热器的效率为

$$\eta_{\text{col}} = 1 - \left(\frac{\sigma T^4}{IC}\right) \tag{3-2}$$

式中 $C = A/a$ 是聚光集热装置的聚光比。

　　根据式(3-2)可以得到不同聚光比下的集热效率 η_{col} 与温度 T 的变化关系如图 3-9 所示。可以看出,当集热温度不变时,集热效率随聚光比的增大而增大。主要原因是聚光比增大,表明吸收器有效辐射面积减小,当集热温度一定时可以有效地减少吸收器的辐射损失。另外,当聚光比一定时,集热效率随温度的升高而降低。这是因为吸收器的辐射与集热温度的四次方成正比,当温度升高时,吸收器的辐射损失迅速增大(闫月君等,2012)。

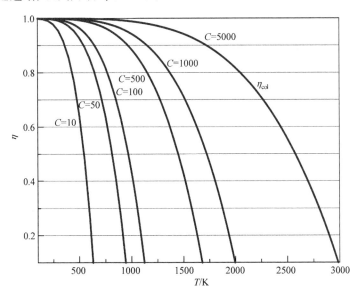

图 3-9　集热器理想集热效率与聚光比、集热温度的关系

将热能通过热机转换为机械能最大效率为在相同的高温和低温之间运行的卡诺热机效率,即卡诺循环效率。卡诺循环效率的定义为卡诺热机的做功 W,除以热机在高温 T_H 下吸收的热量 Q_H,即

$$\eta_{\text{Carnot}} = \frac{W}{Q_H} = \frac{T_H - T_L}{T_H} \tag{3-3}$$

太阳能热发电系统从高温热源吸收的热量就是集热器输出的能量

$$Q_H = IA\eta_A\alpha - a\varepsilon\sigma T_H^4 \tag{3-4}$$

太阳能热发电系统发电效率定义为系统单位时间内发电量与入射到集热器表面的太阳能辐射量之比,即

$$\eta_{\text{system}} = \frac{E}{IA} \tag{3-5}$$

忽略机械能转化为电能的过程中的机械损失,则 $E=W$,就可以得到系统的发电效率是装置的集热效率和卡诺循环效率的乘积。

$$\eta_{\text{system}} = \eta_{\text{col}} \times \eta_{\text{Carnot}} \tag{3-6}$$

为简化系统,假设 η_A、α、ε 都等于 1,则

$$\eta_{\text{system}} = \left(\frac{T_H - T_L}{T_H}\right)\left(\frac{IC - \sigma T_H^4}{IC}\right) \tag{3-7}$$

根据简化公式(3-7)可以得到不同的聚光比下,太阳能热发电效率随集热温度的变化曲线,如图 3-10 所示,最顶部的曲线是卡诺循环效率。太阳集热效率是随着集热温度的上升逐渐降低的,而热功转换效率受制于卡诺定理,是随着集热温度的上升而逐渐增加的。太阳能发电效率先随集热温度增加而提高,达到最大值后又逐渐下降。

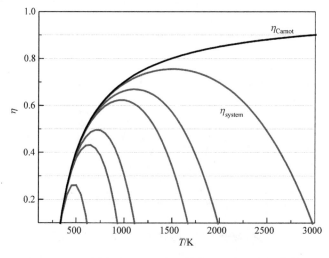

图 3-10　不同聚光比下系统的效率随温度的变化曲线

由以上分析可以看出,太阳能热发电效率由于集热效率与卡诺效率的双重限制,低于卡诺循环效率,存在最佳值。

3.2.2　太阳能独立热发电系统集成与设计原则

太阳能热发电系统是以太阳能为输入,输出电能的能源动力系统。其集成与设计原则总结如下:

(1) 集热方式与集热温度匹配。

根据所需要的温度和品位协调,选择对应的聚光器形式与之匹配。聚光比 C 是衡量太阳能聚光装置的一个重要指标,聚光比越大,最佳集热温度越高。点聚焦的塔式吸热器的聚光比一般为 $300\sim1500$,集热温度一般在 $500\sim1000℃$,线聚焦的槽式集热器聚光比通常为 $10\sim100$,集热温度 $120\sim500℃$。非聚焦的太阳能集热器如平板式集热温度通常在 $100℃$ 以下。

因此,对于一个需要的温度,选择太阳能聚光形式和其他参数。对于 $300\sim350℃$,选择槽式集热方式较合适,$500℃$ 以上的则选择塔式集热方式更合理。

(2) 温度对口,梯级利用。

不同的传热介质的最佳工作温度不同,基于各自的特点将它们有机结合起来,将给水预热蒸发段和过热段用两级集热场进行梯级加热,例如,太阳能集热场以水或低温导热油为传热介质将给水经预热蒸发,产生饱和蒸汽,构成低温太阳能集热场,使熔盐或高温导热油等高温传热介质工作在高温区域组成高温集热场,其作用是将饱和蒸汽加热至过热状态。

(3) 突破槽式、塔式的技术瓶颈。

蒸汽温度越高,动力循环热转功的效率越高。动力循环中,根据规模、压力的不同,水的蒸发温度一般在 $250\sim370℃$,塔式聚光比为 1000 时,集热器受光面温度可达 $800℃$ 以上,传热不可逆损失很大,而槽式太阳能热发电中集热温度一般在 $250\sim390℃$。通过槽-塔集热方法的耦合,依据温度的梯级利用原理,中低温的槽式太阳能用于水的预热和蒸发,将高温的塔式太阳能用于蒸汽过热和再热。

槽式太阳能热发电单机容量较大,但其初参数较低;塔式聚光效率受余弦损失影响大,随着集热镜场规模的增大而镜场效率降低,但初参数高有利于提高热转功效率。可以考虑将不同的太阳能集热方式结合在一起,发挥各自优势,同时利用槽式单机容量大和塔式初参数高的优点,为实现低成本的规模化太阳能热发电提供一种新的途径。

3.3 太阳热能发电系统集成

3.3.1 以水为吸热工质的塔式太阳能热发电系统

针对 PS10 和 PS20 太阳能塔式电站用饱和汽轮机导致热功转换效率偏低的问题,提出了以过热蒸气为工作介质的太阳能塔式电站集成思路,借鉴 Ivanpah 太阳能塔式电站无储能系统,系统受到气候影响大的问题,提出了双级蓄热思路,集成了一个双级蓄热的塔式太阳能热发电系统集成方案。

1. 双级蓄热的热发电系统集成方案简介

1) 系统方案流程介绍

在进行太阳能热发电系统设计时,依据温度对口、梯级利用的系统集成原则,采用双级蓄能,实现太阳能的合理高效利用。目前,塔式太阳能热发电系统,如 Solar One、Solar Two 中均采用单级蓄热的方式,这种蓄热方式在能量利用过程中存在能的品位损失大的问题。与之相反,双级蓄热流程结构将收集到的太阳能根据能量品位进行分级存储,高温能量由高温蓄热器存储,中温部分由低温蓄热器存储;蓄存能量释放时,高温蓄热器用于蒸汽的过热过程,而低温蓄热器用于蒸汽的发生过程,两者相互独立,实现温度对口、梯级利用的合理用能方式。双级蓄热的优势主要有:①蓄热工质选择更加合理,高温蓄热器可以选择熔盐、矿物油、混凝土等作为蓄热工质,低温蓄热器可以选择中温相变材料或高压饱和水作为蓄热工质;②高、低温蓄热器功能独立,两个蓄热器工作条件稳定,避免了单一蓄热器中蓄热和放热过程中复杂的控制环节;③技术风险小,高温蓄热器的热容量仅为低温蓄热器热容量的 20%~40%。

双级蓄热的塔式太阳能热发电系统以水蒸气为吸热工质,聚光集热子系统、蓄热子系统与蒸汽动力子系统可以采用解耦与耦合的双运行模式,即在太阳辐射强度高时,吸热器生产高压过热蒸汽,一部分直接驱动汽轮机,富余部分进入高、低温蓄热器中进行蓄热;当太阳能辐射强度低或没有太阳能时,蓄热子系统启动,同时产生蒸汽进入汽轮机做功,以延长汽轮机高效运行时间,提高发电效率。双运行模式不仅提高了系统对太阳能不连续、不稳定的适应性,更为今后太阳能热发电效率的提高和成本的降低奠定了宽广的基础(Wang et al.,2007;宿建峰,2008;韩巍等,2009;宿建峰等,2009)。

A. 双级蓄热的塔式太阳能热发电系统方案一

图 3-11 为双级蓄热的塔式太阳能热发电系统方案一的系统流程图,系统主要由两个蒸汽回路和蓄热回路组成,蒸汽回路包括高压蒸汽回路和中压蒸汽回路,两

个蒸汽回路通过蓄热装置连接起来。高压蒸汽回路由太阳能吸热器、三个换热器以及泵等组成。太阳能吸热器用于生产高压过热蒸汽,产生的蒸汽先进入高温换热器 a,加热高温蓄热装置的蓄热工质(导热油或熔盐),将大部分蒸汽的高温显热存储于高温蓄热装置的热罐;经换热后的蒸汽进入低温换热器 b,加热低温蓄热装置的相变蓄热工质,将蒸汽的中温热量存储于低温蓄热罐中;最后高压过冷水进入低温换热器 c,热交换后的过冷水,经泵加压后回到太阳能吸热器吸收太阳能,完成太阳能侧的蒸汽产生过程。蓄热回路由高温蓄热单元和低温蓄热单元组成,高温蓄热单元的蓄热工质为耐高温矿物油(或熔盐),来自冷罐的矿物油(或熔盐)在高温换热器 a 吸热后流入高温蓄热单元的热罐中,热罐中的矿物油(或熔盐)进入蒸汽过热器 d 放热后回到冷罐。低温蓄热装置的蓄热工质为高压水(或其他相变材料),来自冷罐的低温高压水(或其他相变材料)在中温换热器 b 中被加热后流入低温蓄热装置的热罐,热罐中的高温水(或其他相变材料)进入蒸汽发生器 e,放热后又回到冷罐。中压蒸汽回路由蒸汽过热器、汽轮机、发电机、凝汽器、蒸汽发生器、凝结水循环泵及辅助锅炉等设备组成。汽轮机排汽经过凝汽器冷凝,再经过给水泵加压后,进入低温换热器 c 被加热;然后进入蒸汽发生器 e,吸收低温蓄热装置所蓄热量,产生饱和蒸汽;饱和蒸汽进入蒸汽过热器 d 吸收高温蓄热装置所蓄热量,产生过热蒸汽;最后过热蒸汽进入汽轮机做功,实现热功转换的目的,输出电能。当太阳能中断较长时间时可启动辅助锅炉(燃油或燃气),生产或补充过热蒸汽供给汽轮机使用。在技术成熟、积累一定的运行经验后,可以将太阳能吸热器产生的高压过热蒸汽经过调温减压处理后直接送入汽轮机做功,输出电能。

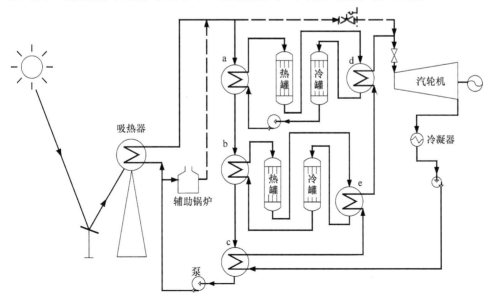

图 3-11　方案一的系统流程图

B. 双级蓄热的塔式太阳能热发电系统方案二

图 3-12 为双级蓄热的塔式太阳能热发电系统方案二的系统流程图,与方案一类似,系统也主要由两个蒸汽回路和蓄热回路组成,蒸汽回路包括高压蒸汽回路和中压蒸汽回路。两个蒸汽回路通过蓄热装置连接起来,高温蓄热工质为导热油(或高温熔盐),低温蓄热工质为饱和水(或其他相变材料)。方案二区别于方案一的主要不同点在于低温蓄热单元的处理上,方案二采用相变蓄热器 b 蓄存经导热油(或高温熔盐)换热器 a 换热后的蒸汽能量。在太阳能输入不足或太阳能与蓄热系统完全解耦后,蒸汽蓄热器 b 与部分或全部的汽轮机的凝水进行换热,产生相应压力的蒸汽,蒸汽再经导热油(或高温熔盐)换热器 c 加热后进入汽轮机做功,输出电能。其他循环如方案一所述。同样,在技术成熟、积累一定的运行经验后,可以将太阳能吸热器产生的高压过热蒸汽经过调温减压处理后直接送入汽轮机做功,输出电能。

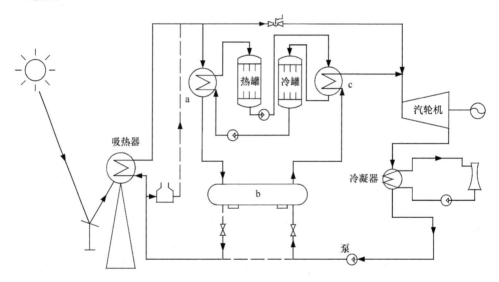

图 3-12　方案二的系统流程图

C. 双级蓄热的塔式太阳能热发电系统方案三

图 3-13 为双级蓄热的塔式太阳能热发电系统方案三的系统流程图,该方案与方案一类似,方案三中针对方案一的汽轮机部分进行了改进,将原来的汽轮机分成两部分,分别为高压汽轮机和低压汽轮机。太阳能吸热器产生的高温高压蒸汽进入高压汽轮机做功,高压汽轮机排出的蒸汽再进入低压汽轮机;当吸热器产生的蒸汽量不足或完全没有太阳辐射时,蓄热回路产生低压蒸汽,与高压汽轮机排出的蒸汽混合或直接进入低压汽轮机做功。由于在汽轮机方面做了改进,太阳能吸热器产生的高压过热蒸汽可以直接进入高压汽轮机做功,而不必再经过减压过程,避免

了节流损失,系统效率有了进一步的提高。然而这种方案的汽轮机为高、低压汽轮机两部分串联,且在吸热器产生蒸汽量不足、蓄热子系统并入运行时,高、低压汽轮机的蒸汽流量不同,其控制相对复杂,对汽轮机提出了更高的要求。

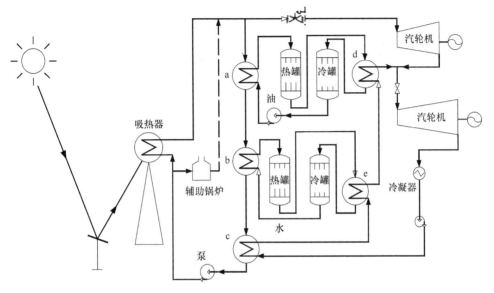

图 3-13　方案三的系统流程图

D. 系统集成方案比较

通过对上面三个系统方案的论述可以看出,三个方案各有优缺点,适合于不同的技术水平。对三个方案的总体评估如表 3-1 所示。在系统复杂性方面,方案一的低温蓄热系统比方案二复杂;方案三的不同之处在于汽轮机分为高、低压两部分,对汽轮机提出了更高的要求;这三个方案相比较而言方案二的系统复杂性最低。在系统热力性能方面,方案三的汽轮机更加灵活、更适合低压蒸汽的变工况运行,使得方案三的变工况特性好于方案一、二,因此方案三的热力性能最优。方案一和三的吸热器运行压力较高,而且低温蓄热系统的蓄热压力也高于方案二,因此,方案二的安全性在这三个方案中最高。如前所述,方案二的吸热器工作压力较低,因此方案二的吸热器设计制造难度在三个方案中最小。由于方案二的低温蓄热系统采用单罐蓄热,系统流程相对简单,蓄热设备和吸热设备在相对较低的压力下运行,因此方案二的系统投资相对最低。综合比较,方案二在三个方案中实现的技术难度最小,较适合我国现有的技术水平。

表 3-1　太阳能热发电方案的总体评估表

项目	方案一	方案二	方案三
系统复杂性	中	低	高
系统热力性能	中	低	高
系统安全性能	低	高	低
吸热器设计制造难度	高	低	高
方案大型化潜力	小	大	中
系统投资	大	小	中

经过以上分析比较,尽管方案二的热力性能并不是最高的,但是它在系统复杂性、安全性、投资等方面具有较大的优势。下面以方案二为例,介绍塔式太阳能热发电站的建模、热力经济性能估算等工作。

2) 以水为吸热工质的塔式热发电系统建模

由以上分析可以看出,双级蓄热与双运行模式的塔式太阳能热发电系统的蓄热子系统采用熔盐作为高、低温蓄热工质,蓄热子系统所蓄存的能量得到了充分利用,发电效率有了进一步提高。然而,国内熔盐相变蓄热装置在设计制造、保温及设备安全性方面还存在不足之处,达不到工程应用的要求。为了尽快建设太阳能示范电站,确定了以导热油和高压饱和水作为高、低温蓄热工质的系统方案,其系统流程如图 3-12 所示(宿建峰,2008)。

A. 吸热器模型

某一时刻下,吸热器吸收到的经定日镜场聚集的向吸热工质传递的太阳能量为 Q_f,吸热器的内部热效率为 η;从除氧器输入太阳能吸热器的水的质量流量为 m,进入吸热器的水的初始压力为 P_i;吸热器出口的蒸汽压力为 P_o,模型的建立过程中考虑了管路压力损失。由吸热器的能量守恒方程,得

$$m = \frac{Q_f \times \eta}{h_{t1}^g - h_{t9}^l} \tag{3-8}$$

式中 h_{t1}^g 为吸热器出口蒸汽的焓值,h_{t9}^l 为吸热器入口水的焓值。

双级蓄热与双运行模式的塔式太阳能热发电系统中,采用变频调节泵调节流量,以保持吸热器出口蒸汽的压力不变,因此 P_o 在某一运行工况下可以认为是定值。在模型建立过程中考虑压力损失,因此,吸热器入口的水的压力需考虑管路与吸热器内部的压力损失,其大小取决于管路中介质的质量流量、管材的表面粗糙程度、管路的长度及吸热器内部结构等因素,其阻力损失 ΔP 为

$$P_i = P_o + \Delta P = P_o + \psi \left(\xi_d + \sum \xi \right) m^2 \tag{3-9}$$

式中 ξ_d 为当量局部阻力系数,ξ 为部件的局部阻力系数,m 为水的质量流量,ψ 为常数,太阳能吸热器入口水的压力为 P_i,P_o 为吸热器出口的蒸汽压力。

B. 高温蓄热单元热力学模型

高温蓄热单元在系统中起到蓄存蒸汽显热,加热低温蓄热器所产生的饱和蒸汽到过热态的作用。高温蓄热器所蓄存和释放的这部分能量,在系统中属于高品位的能量,下面分蓄热过程及放热过程对高温蓄热单元进行建模。

a. 蓄热热力学模型

吸热器产生高压过热蒸汽,除了供汽轮机发电外,富余部分蒸汽在热交换器中放出大部分显热与导热油进行换热,以实现能量的蓄存过程。在这个过程中,蒸汽的放热量等于导热油的吸热量与过程的热损失之和,对图 3-12 中的高温蓄热换热器 a 的能量守恒方程,得

$$m_s(h_{t2}^g - h_{t3}^g) = m_o C_{po}(t_{350} - t_{240}) + Q_{l1} \tag{3-10}$$

式中 m_s 为高压过热蒸汽流量,m_o 为导热油流量,h_{t2}^g 为进入高温蓄热换热器的蒸汽焓值,h_{t3}^g 为高温蓄热换热器出口的蒸汽焓值,C_{po} 为导热油在 $240\sim350℃$ 的平均定压比热,t_{350} 为导热油进入高温蓄热换热器的温度,t_{240} 为导热油出高温蓄热换热器的温度,Q_{l1} 为高温蓄热过程的热损失。蒸汽在高温蓄热换热器中的压力损失以入口蒸汽压力的 2% 计算,计算过程中,热损失取为换热量的 5%。

b. 放热热力学模型

高温导热油在图 3-12 中的高温放热换热器 c 中与低温蓄热器产生的饱和蒸汽进行热交换。导热油温度由 $350℃$ 降到 $240℃$,放出高品位的热量,将某一闪蒸压力下的饱和蒸汽加热成为具有一定过热度的过热蒸汽。低温蓄热器中产生饱和蒸汽的瞬时量为 $dm_1 = M\dfrac{h_h' - h_1'}{h_1'' - h_1'}$,对高温蓄热器的放热过程列瞬时能量守恒方程,得

$$dm_o = \left(M\frac{h_h' - h_1'}{h_1'' - h_1'}(h_{t10}^g - h_1'') - Q_{l2}\right)/C_{po}(t_{350} - t_{240}) \tag{3-11}$$

式中 Q_{l2} 为高温蓄热单元放热过程的热损失,其大小为换热量的 5%。对式(3-11)进行积分,可以得到系统中高温蓄热器所需的高温导热油的质量。考虑工程安全性,导热油用量的余量系数可取 $5\%\sim10\%$。

c. 低温蓄热单元热力学模型

出于对国内相变蓄热的水平和示范项目安全性考虑,本书中的低温蓄热装置采用高压饱和水的形式。当吸热器产生的蒸汽量大于汽轮机所需的蒸汽量时,富余部分蒸汽所含的高品位能量经高温蓄热器蓄存后,流入低温蓄热器中,在低温蓄热器中同时通入未饱和水,使其进行混合换热,最终达到规定压力下的饱和状态。当吸热器产生的蒸汽量低于汽轮机所需的蒸汽量时,低温蓄热器进行滑压过程,不断闪蒸出相应压力下的饱和水蒸气,饱和水蒸气经高温蓄热器加热后与吸热器产生的蒸汽混合进入汽轮机膨胀做功,以保证汽轮机长时间处于高效率的运行状态,

以克服 Solar One 系统在太阳直射辐射突然降低时汽轮机掉线的问题。下面对低温蓄热单元进行热力学分析,分别建立低温蓄热器蓄热和放热两个过程的动态热力学模型。

假设进入低温蓄热器中的蒸汽瞬时量为 dm_s,进入低温蓄热器中蒸汽的焓值为 h_{t4}^g,低温蓄热器中的低温未饱和水的初始温度为 t_0,焓值为 h_0,质量为 M',换热后的终温为 t,焓值为 h。对低温蓄热器列瞬时的能量守恒方程,得

$$t = \frac{dm_s h_{t4}^g + M' h_0}{C_{pw}(M' + dm_s)} \qquad (3\text{-}12)$$

式中 dm_s 为低温蓄热器的蒸汽注入量,C_{pw} 为水的比热。式(3-12)表示了低温蓄热器在蓄热过程中蓄热器温度与蒸汽注入量之间的关系。

当吸热器产生的蒸汽量小于汽轮机所需的蒸汽量或没有太阳辐射时,低温蓄热器滑压产生相应压力下的饱和蒸汽,低温蓄热器处于放热阶段。低温蓄热器产生的蒸汽量受汽轮机滑压时的运行压力与低温蓄热器中饱和水压力之差及低温蓄热器中饱和水量的影响。设低温蓄热器的瞬时蒸汽产生量为 dm_1,蓄热器初始饱和水的质量为 M,焓值为 h_h';汽轮机的滑行压力下的饱和水的焓值为 h_1',饱和水蒸气的焓值为 h_1''。由低温蓄热器放热时的能量守恒方程得到

$$dm_1 = M \frac{h_h' - h_1'}{h_1'' - h_1'} \qquad (3\text{-}13)$$

由比焓的定义式 $h = u + pv$,代入麦克斯韦关系式 $\left(\frac{\partial s}{\partial p}\right)_T = -\left(\frac{\partial v}{\partial T}\right)_p$,得

$$dh = c_p dT - \left[T\left(\frac{\partial v}{\partial T}\right)_p - v\right]dp \qquad (3\text{-}14)$$

对于饱和水,其体积膨胀系数可近似忽略,因此,$dh = C_{pw} dT$。

目前高压饱和水蓄热容器的压力承受范围一般为 $0.5 \sim 4\text{MPa}$,其饱和温度为 $150 \sim 250℃$。对这一区间段内的水蒸气潜热用多项式进行拟合,得到

$$\begin{aligned} r &= 2327.07202 + 0.09325t - 0.01014t^2 \\ &= B + k_1 t - k_2 t^2 \end{aligned} \qquad (3\text{-}15)$$

式中 B 为 2327.07202,k_1 为 0.09325,k_2 为 0.01014,均为常数。

水的饱和压力 p 与饱和温度 T 之间的关系符合克劳修斯-克拉珀龙方程,即 $\ln p = \alpha - \frac{\beta}{T}$,得到 p 与 T 的关系

$$T = \frac{\beta}{\alpha - \ln p} - 273.15 \qquad (3\text{-}16)$$

式中 T 为水饱和温度，α、β 为常数。

对式(3-13)进行积分计算，得到低温蓄热器在由压力 p_1 滑压到 p_2 时所产生的蒸汽量 m 为

$$m=K\times\ln\left|\frac{\left(\left(\frac{\beta}{\alpha-\ln p_2}-273.15\right)-c-\sqrt{R}\right)\left(\left(\frac{\beta}{\alpha-\ln p_1}-273.15\right)-c+\sqrt{R}\right)}{\left(\left(\frac{\beta}{\alpha-\ln p_2}-273.15\right)-c+\sqrt{R}\right)\left(\left(\frac{\beta}{\alpha-\ln p_1}-273.15\right)-c-\sqrt{R}\right)}\right|$$

$$(3-17)$$

式中，$K=\frac{M\times c_{pw}}{2\sqrt{R}k_2}$，$c=\frac{k_1}{2k_2}$，$R=\frac{k_1^2}{4k_2^2}+\frac{B}{k_2}$。

3) 典型气候条件下系统热力性能模拟

典型天的太阳直射辐射(DNI)和镜场效率(JCXL)分别如图 3-14、图 3-15 所示。这一天的最大直射辐射和镜场效率均发生在中午 12:00，分别为 861.3W/m² 和 80.2%，天平均辐射强度和天平均镜场效率分别为 562.9W/m² 和 72.9%。基于上述太阳辐射和定日镜场效率，对典型天的耦合/解耦两种运行模式进行模拟，得到典型天的不同运行模式下的能量匹配关系，如图 3-16、图 3-17 所示。现在对典型天耦合运行的程序输出结果(图 3-16)中的曲线走势进行说明(袁建丽等，2010)。

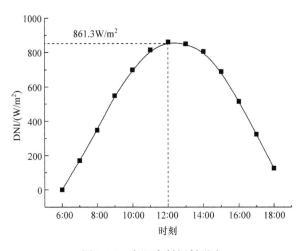

图 3-14　太阳直射辐射强度

(1) 在 7:30 左右，DNI 达到 250W/m²，聚光集热子系统开始启动，启动后蓄热子系统开始蓄热，其蓄热器量达到额定蓄热量的 1/2 时，动力子系统开始暖机，其中暖管时间为 0.5h，且假定这段时间内镜场所提供的能量完全用于汽轮机暖

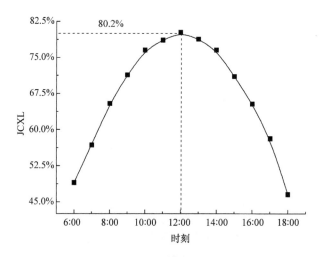

图 3-15　定日镜场的光学效率

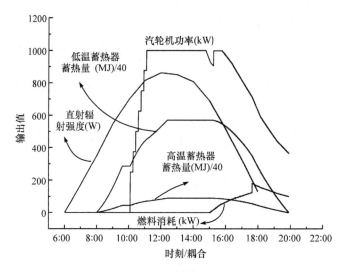

图 3-16　典型天耦合运行结果

管,随后汽轮机开始低速暖机。因定日镜场提供的能量大于汽轮机所需的能量,高、低温蓄热器所需存的能量值随之增加。

(2) 在 10:50 左右,汽轮机达到额定功率,因镜场所提供的能量仍有富余且蓄热子系统未达到额定蓄热量,因此,高、低温蓄热器的蓄热量仍有所增加。

(3) 在 12:20 左右,蓄热子系统达到额定蓄热量,蓄热线变为一条水平线,汽轮机以额定功率运行。

(4) 在 15:10 左右,聚光集热子系统所提供的蒸汽量低于汽轮机的额定蒸汽量,汽轮机开始滑压运行,至额定功率的 90% 后蓄热子系统并入。此后聚光集热

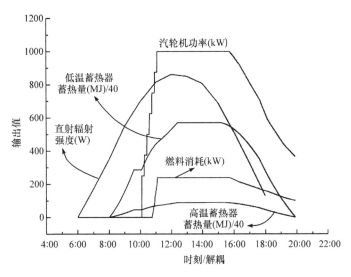

图 3-17　典型天解耦运行结果

子系统与蓄热子系统耦合运行,此时,蒸汽过热器开始工作。由于 DNI 处于下降阶段,因此,需要低温蓄热器产生的蒸汽量随之增加,蒸汽过热器的功率随之增加。同时因蓄热子系统的并入释放能量,高、低温蓄热器的蓄热量随之减少。

(5) 在 15:40 左右,低温蓄热器的压力低于 2.354MPa,汽轮机再次进入滑压工况运行,系统输出的电功率有所降低,此时,聚光集热子系统与蓄热子系统仍然耦合运行,其他线的趋势不变。

(6) 在 18:00 时,聚光集热子系统停止运行,此时,蓄热子系统独自运行,即汽轮机所需要的蒸汽完全由低温蓄热器滑压产生,汽轮机功率下降趋势加快,蒸汽过热器的功率会有一个突越。随后,由于汽轮机滑压运行所需的蒸汽量越来越小,因此,蒸汽过热器的功率随之减小。当低温蓄热器中的压力减少到 1MPa 时,蓄热与动力子系统停止运行,典型天的运行过程结束。

当系统采用解耦运行模式运行时,程序的输出结果如图 3-17 所示。系统采用耦合与解耦的模式运行时,二者主要在蒸汽过热器中燃料功率方面有所差别。系统采用解耦的运行模式,因汽轮机所需要的蒸汽完全由蓄热子系统提供,因此蒸汽过热器始终处于运行阶段,其燃料消耗量远大于耦合运行模式中的燃料消耗量;同时解耦运行模式中,导热油泵始终处于运行过程,电厂的自用电率比耦合运行模式大 2.9%,因此,解耦运行模式的净输出电能略低于耦合运行模式。由表 3-2 可以看出,系统采用耦合模式运行时,系统的发电效率比解耦运行模式高 0.52%,因此,下面的工作均采用耦合的运行模式进行讨论。

表 3-2 耦合/解耦两种运行模式下的天性能比较

比较项目	耦合运行	解耦运行
辐照量/(kW·h)	66767.8	66767.8
燃料量/MJ	1764.6	6736.3
发电量/(kW·h)	6752.7	6534.4
自用电率/%	11.2	14.1
净发电效率/%	10.04	9.52

4）年系统热力性能模拟

北京地区的年均辐照强度取 $5712MJ/m^2$，利用上述假设对北京地区的塔式太阳能热发电系统进行计算，得到北京地区太阳能热发电系统耦合运行模式下的电厂年均性能如表 3-3 所示，同时本节将 Solar Two 的性能列于表 3-3 中进行对比（宿建峰，2008）。

表 3-3 太阳能热发电系统年均性能对比

项目	本节系统	Solar Two
电厂规模/MW	1	10
单镜面积/m²	100	40/95
镜场面积/m²	10000	81400
蓄热量/h	1	3
运行温度/℃	400	565
运行压力/MPa	2.8	10
年均场效率/%	68.7	50.3
吸热器效率/%	85	76
汽轮机效率/%	22.3	32.6
厂自用电率/%	12	17
系统年均电效率/%	8.35	7.9

在单塔形式的太阳能热发电系统中，决定定日镜场效率的一个关键因素是定日镜场规模的大小，由于本节系统的定日镜场面积（$10000m^2$）远小于 Solar Two 系统（$81400m^2$），因此，本节系统中定日镜场的年均效率比 Solar Two 系统的定日镜场年均效率高 36.6%；本节系统的吸热器采用空腔受光方式，这种吸热器与 Solar Two 中的外部受光型吸热器相比，其保温性能好，热损失小，同时本节系统中吸热器出口蒸汽温度低，由太阳能向蒸汽热能转化过程的能量损失小，因此本节吸热器的光热转化热效率比 Solar Two 系统中的外部受光方式高 11.8%；本节系统中单片定日镜反射面积（$100m^2$）高于 Solar Two 系统（$40/95m^2$），因此，驱动定日

镜跟踪太阳位置的电机数量有所减少,使得电厂的自用电率比 Solar Two 减少了
29.4%。但是,本节系统的最高运行温度(400℃)比 Solar Two 系统(565℃)低,造
成同类型的汽轮机的热转功效率有所降低,本节系统比 Solar Two 的汽轮机效
率低 31.6%。同时,本节系统的蓄热量低于 Solar Two 系统,不利于调节系统的
富余能量。综合考虑上面的几条因素,利用上述假设,经计算模拟,得到本节系
统在北京地区太阳辐照条件下的年发电效率为 8.35%,比 Solar Two 系统
高 0.45%。

本系统在年辐照总量为 15.86×10^6 kW·h 的条件下,年发电总量为 1.33×10^6 kW·h,系统补燃所提供的热量为 0.14×10^6 kW·h,年发均发电效率为
8.35%。系统在一年中各月份的发电量及发电效率统计分别如图 3-18、图 3-19
所示。

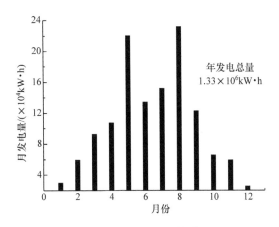

图 3-18 月发电量统计

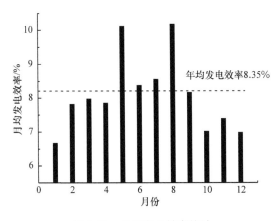

图 3-19 月均发电效率统计

在太阳能热发电场中，DNI 和镜场效率影响到动力子系统的运行状态和系统的发电量，由于在 5 月份和 8 月份的 DNI 和镜场效率相对于其他月份均处于较高的水平，因此，正如图 3-18、图 3-19 所示，5 月份的发电量和月均发电效率为 22.0×10^4 kW·h 和 10.11%，8 月份的发电量和月均发电效率为 23.2×10^4 kW·h 和 10.17%，二者均处于较高水平。

5）系统热力性能优化

A. 定日镜场面积优化

定日镜场面积的优化是在动力子系统与蓄热子系统固定的情况下进行的。合理选择定日镜场的面积对于塔式太阳能热发电系统性能的优化至关重要，在汽轮机选型确定的情况下，定日镜场规模决定了蓄热子系统的容量。如果蓄热容量和汽轮机选型确定的情况下，存在一个优化的定日镜场面积，使系统的热力学性能达到最优。因此，合理选择定日镜场面积对系统的热力学性能与经济性能有着非常重要的意义。图 3-20 显示了定日镜场面积对系统热力学性能的影响。图 3-20 表达了汽轮机功率为 1MW，不同低温蓄热容积时定日镜场面积与系统年平均发电效率的关系，在定日镜场面积低于 7500m² 左右时，五种低温蓄热容积相对于定日镜场面积来说是足够大的，蓄热子系统处于未蓄满阶段，此时低温蓄热容积对系统的年平均发电效率没有影响，即五条曲线在低于 7500m² 时重合。随着定日镜场面积的增加，蓄热子系统所蓄存的能量增加，汽轮机运行时间延长，因此，电厂的年平均发电效率有所增加；当定日镜场面积进一步增加时，在低温蓄热器的容积一定的情况下，蓄热子系统不能将富余的能量全部蓄存，因此，系统的年平均发电效率会出现降低的趋势。从图 3-20 中可以看出，随着低温蓄热容积的增加，蓄热子系统能够蓄存更多的热量，蓄热子系统的发电量增加，因此，系统达到优化的年平均发

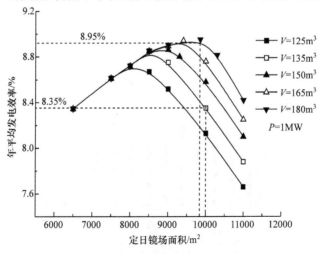

图 3-20　定日镜场面积与年平均发电效率关系

电效率时所需要定日镜场面积逐渐增大。本节系统的设计参数下(低温蓄热器的容积为 $135m^3$，汽轮机功率为 1MW)，对应的优化定日镜场面积在 $8500m^2$ 左右，年平均发电效率达到优化值，为 8.8%，比设计参数下系统的年发电效率(8.35%)高了 0.45%。

B. 低温蓄热器体积优化

低温蓄热器体积的优化是在聚光集热子系统与动力子系统固定的情况下进行的。低温蓄热器在蓄、放热压力差一定的情况下，其体积决定了蓄热子系统产生蒸汽量的多少，从而影响到汽轮机的运行时间和运行效率。在优化过程中，动力子系统中汽轮机功率及入口蒸汽参数确定，因此，在一定的定日镜场面积的条件下，不同的蓄热容积将对年平均发电效率产生影响。图 3-21 表明了在不同定日镜场面积的情况下，低温蓄热器体积与系统年平均发电效率的关系。从图 3-21 中可以看出，在定日镜场面积和汽轮机选型确定的条件下，随着低温蓄热器体积的增加，蓄热子系统产生蒸汽量在增加，汽轮机运行时间相应延长，因此，系统的年平均发电效率增加。由于定日镜场面积及汽轮机功率确定，因此，定日镜场所能够提供用于蓄存的能量是一定的，当低温蓄热容积增加到一定程度后，系统的年平均发电效率将不发生变化，此时对应的低温蓄热器体积是相应定日镜场面积和汽轮机条件下的优化结果。

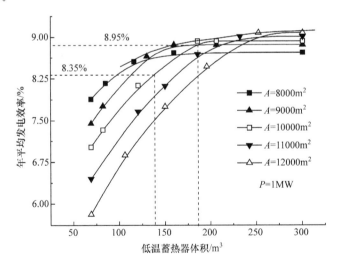

图 3-21　低温蓄热器体积与年平均发电效率的关系

在低于这个优化蓄热器体积的情况下，低温蓄热器不能完全蓄存系统中富余的太阳能，随着定日镜场面积的增加，系统的年发电效率会有所减小。同时随着低温蓄热体积和定日镜场面积的增加，汽轮机高负荷运行的时间延长，系统达到优化时的年发电效率有所增加,如图 3-21 所示。本节系统的设计参数中(定日镜场面积为 10000m²,汽轮机功率为 1MW),电厂年平均发电效率达到优化值时的低温蓄热器体积在 180m³ 左右,其年平均发电效率为 8.95％,比设计参数下系统的年平均发电效率(8.35％)高 0.6％。

C. 汽轮机功率优化

汽轮机功率优化是在聚光集热子系统与蓄热子系统固定的情况下进行的。汽轮机是塔式太阳能热发电系统中的动力输出端,其功率的大小对定日镜场面积提出了要求。定日镜场面积一定时,聚光集热子系统为动力提供的能量是一定的,随着汽轮机功率的增加,在一定的范围内,有更多的太阳能转化为电能,电厂的年平均发电效率增加。当汽轮机功率过大时,聚光集热子系统提供的能量值不足,汽轮机长时间处于部分负荷的运行状态,电厂的年平均发电效率会有所降低,且汽轮机功率越大,系统的年平均发电效率降低得越快。图 3-22 显示了低温蓄热器体积为 135m³、在不同的定日镜场面积条件下汽轮机功率与电厂年平均发电效率的关系,由图 3-22 可以看出,随着汽轮机功率的增加,电厂的年发电效率出现先增加后减少的趋势。在定日镜场面积为 10000m²,低温蓄热器体积为 135m³ 的情况下,系统的年平均发电效率达到优化时的汽轮机功率约为 1.15MW,其年平均发电效率约为 9％,比设计参数下系统的年发电效率(8.35％)高 0.65％。

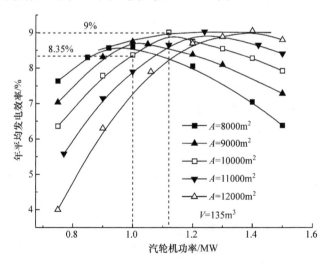

图 3-22　汽轮机功率与年平均发电效率关系

通过上述分析,可以看出,塔式太阳能热发电系统中的聚光集热、蓄热与动力三个子系统之间相互影响,在太阳能热发电系统初始的参数设计及各部件的容量选取时,应充分考虑它们的关系,以使系统达到优化的热力学性能和经济性能。对于定日镜场面积为 10000m² 的塔式太阳能热发电系统,当低温蓄热器体积约为

$135m^3$,汽轮机功率为 1.15MW 时,系统的年平均发电效率达到最优,约为 9%。

D. 蓄热子系统控制方式优化

塔式太阳能热发电系统是涉及多个子系统的复杂能源动力系统,其运行的控制方式多样化,从理论上分析,在系统各个关键部件容量确定的情况下,应该对应优化的控制模式,以达到优化的热力学性能和经济性能。在各种控制模式中动力子系统启动前蓄热子系统的蓄热量是一个十分重要的参数。在汽轮机启动前,如果蓄热子系统蓄热量过多,必然使动力子系统的启动时间滞后,虽然能保证启动后汽轮机满负荷运行,但是不利于调节高峰 DNI 时系统的富余能量,不利于系统效率的提高;蓄热量过少时,动力子系统的启动时间提前,这时吸热器产生的蒸汽量可能低于汽轮机的额定蒸汽量,汽轮机在初始阶段可能更多时间处于滑压低效率运行阶段,不利于系统年平均发电效率的提高。总之,动力子系统启动前蓄热子系统蓄热量的多少影响到动力子系统启动后能否正常运行和汽轮机高效率运行的时间,从而影响到系统的年平均发电效率和发电成本。本节系统中蓄热子系统的额定蓄热量为 22.8GJ,以动力子系统启动前的蓄热量与额定蓄热量的比值(SP)作为蓄热子系统运行控制优化的变量,借助于系统的年模拟程序,在相同的定日镜面积($10000m^2$)与相同的汽轮机功率(1MW)的情况下对 SP 进行优化,以提高系统热力学性能和经济性能。

在相同定日镜面积和汽轮机功率的情况下,SP 与年平均发电效率的变化关系如图 3-23 所示。从图 3-23 可以看出,不同的低温蓄热器体积时,随着 SP 的变化,系统出现了优化的年平均发电效率。由于系统中的定日镜场面积与汽轮机功率不变,在同一运行模式下,系统的富余能量是不变的,因此随着低温蓄热器体积的增加,达到优化的年平局发电效率时 SP 有减小的趋势。本节的塔式太阳能热发电系统中,定日镜场面积为 $10000m^2$,低温蓄热器容积为 $135m^3$,汽轮机功率为

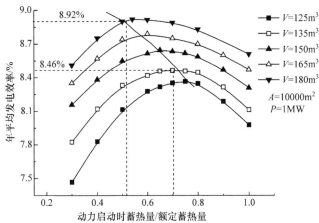

图 3-23　蓄热运行控制模式与年平均发电效率关系

1MW,采用 SP 为 0.7 时启动汽轮机的控制方式,系统的年发电效率达到最大,约为 8.46%。

6) 塔式太阳能电站环保性能分析

人类社会进入 20 世纪后半叶以来,社会经济飞速发展,随之也带来了区域性的环境污染和大规模的生态破坏,而且出现了温室效应、臭氧层破坏、土地沙漠化、森林锐减等全球性环境危机,严重威胁着全人类的生存和发展。而太阳能以其储量的无限性、开发利用的清洁性成为 21 世纪解决开发利用化石能源所带来上述问题的有效途径之一。太阳能利用的研究不仅仅是前瞻性的研究课题,而且是急需解决的重要任务。太阳能热发电系统正是以太阳能为输入,经过光热转化、热功转化,最终输出电能的清洁绿色能源系统,被认为是太阳能大规模开发利用的最有效途径之一。本节以常规的煤发电系统为基准线,对塔式太阳能热发电系统的环境友好性作出评估,其性能参见表 3-4。由于本节所研究系统的蓄热子系统中有消耗天然气的蒸汽过热器,当系统采用耦合的运行模式时,消耗一定的天然气,相应产生一部分二氧化碳、硫氧化物和氮氧化物。与常规的发电系统相比,本节所研究的双级蓄热与双运行模式的塔式太阳能热发电系统在一年中减排 1413.87t 二氧化碳。

表 3-4　塔式太阳能热发电系统的环保性能评估

对比项	太阳能热发电系统	常规发电系统
辐照量/($\times 10^4$kW·h/a)	1586.00	0.00
发电量/($\times 10^4$kW·h/a)	132.00	132.00
燃料量/(GJ/a)	503.50	14400.00
SO_x年排放量/t	0.05	1.18
NO_x年排放量/t	0.01	1.03
粉尘年排放量/t	0.00	0.22
CO_2年排放量/t	28.10	1441.97
CO_2年减排放量/t	1413.87	

2. 双级蓄热的塔式太阳能热发电实验电站建设

双级蓄热的塔式太阳能热发电实验电站系统方案受到了"十一五"863 计划"太阳能热发电技术及系统示范"重点项目总体组专家的好评,被采纳作为我国首套塔式太阳能热发电实验电站的原则性热力系统方案,并在此方案的基础上进行实验电站的详细设计和建设。图 3-24 为示范电站的外景图。2012 年 8 月 9 日,我国第一次用太阳能产生的蒸汽驱动汽轮发电机组发电运行,全系统贯通。目前实验电站仍然进行科学实验研究。

图 3-24　塔式太阳能电站外景图

3.3.2　槽-塔结合的太阳能热发电

3.3.1节主要介绍了以水为吸热工质的塔式太阳能热发电系统集成研究进展,目前的太阳能热发电系统都是以单一集热方式为主,针对不同集热方法的热力和经济性特性,将不同的太阳能集热方法联合利用具有提高太阳能热发电系统效率、降低投资的巨大潜力。下面将详细介绍一种新的槽-塔结合太阳能热发电系统,该系统为规模化太阳能热发电提供了一种新途径。

1. 槽-塔结合的太阳能热发电系统方案

槽-塔结合的主要特点有:利用低聚光比的槽式太阳能提供蒸汽的预热和蒸发,利用高聚光比的塔式过热和再热蒸汽。这样,太阳能利用过程的㶲损失减小,很好地利用了槽式太阳能具有规模化和塔式太阳能具有高参数的特点。图 3-25为槽-塔结合的太阳能热发电系统流程示意图,该系统主要由一个蒸汽回路和两个蓄热回路组成,槽式集热部分传热工质为导热油,而塔式集热部分采用熔融盐。

太阳辐射经定日镜场 2 和抛物槽镜场 10 聚集到吸热器 3 和吸热管 22 上,吸热器 3 和吸热管 22 分别以熔盐和导热油为吸热工质。高温熔盐流经高温蓄热器的热罐 5 后进入蒸汽过热器 8,放热后进入高温蓄热器的冷罐 7;从吸热管 22 流出的导热油经低温蓄热器的热罐 11 后进入蒸汽发生器 15,放热后进入低温蓄热器的冷罐。放热后的熔盐和导热油分别经泵提压后进入吸热器 3 和吸热管 22 中,吸收定日镜场和抛物槽镜场收集到的太阳能。

动力子系统中的凝结水经泵 20 升压后在蒸汽发生器中与导热油进行换热,产生饱和水蒸气,饱和水蒸气进入蒸汽过热器 8,与熔盐进行换热,产生的过热蒸汽经调温减压器 16 调整后进入汽轮机 17 中,过热蒸汽在汽轮机中放热后通过发电

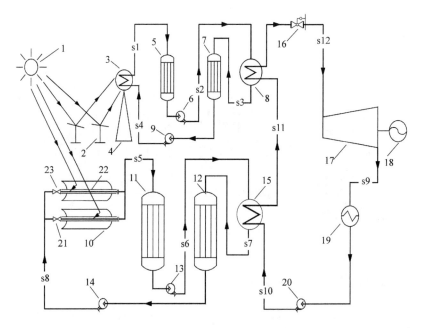

图 3-25　槽-塔结合的太阳能热发电系统的流程示意图

机 18 输出电能,乏汽经凝汽器 19 后冷凝,凝结水经泵 20 升压后进入蒸汽发生器,完成动力子系统循环,输出电能。

通过对两个系统方案的论述可以看出,两个方案适合于不同的技术水平,方案一集热是直接产生蒸汽,方案二是基于目前成熟的槽式与塔式集热技术。从系统复杂性来看,由于方案二采用导热油和熔融盐为传热工质,比方案一直接采用蒸汽复杂;在蓄热方面,由于方案一采用水蒸气为传热工质,对蓄热提出了更高的要求;从长远来看,待直接产生蒸汽(DSG)技术成熟后,方案一具有较大的潜力。

2. 系统模拟分析

1) 系统热力性能分析

本节对方案二的槽-塔太阳能热发电系统进行了模拟计算,模拟过程中忽略系统主要传热单元向环境的散热损失和管路的压力损失。聚光子系统中定日镜参数考虑西班牙 Solar Tres 系统的相关设计数据;蓄热子系统采用熔盐(60％NaNO₃,40％KNO₃)为蓄热工质;动力子系统中采用135MW 的中间再热、六级抽汽的凝汽式汽轮机。电站设计点为西班牙塞维利亚。汽轮机进汽压力为 13.24MPa,进汽温度为 535℃。槽-塔结合与参比系统比较结果如表 3-5 所示。

表 3-5　槽-塔结合与参比系统比较

项目	槽-塔结合	槽式	塔式
电厂规模/MW	120	50	14
设计点辐照值/(W/m²)	850	850	850
年辐照量/(kW·h/m²)	2067	2067	2067
镜场面积/m²	1012160	423000	152720
蓄热量/h	5.5	5.5	5.5
太阳能倍数(SM)	1.7	1.7	1.7
设计点集热效率	63.4%	70.23%	57.0%
汽轮机循环效率	44.1%	37.5%	38.0%
自耗电率	12.0%	10.1%	14.9%
设计点电厂峰值效率	24.6%	23.7%	18.5%
年效率	16.1%	14.0%	13.6%
年发电量	399.0	122.4	43.1

2) 系统㶲平衡分析

表 3-6 为在相同的总㶲输出条件下联产与分产系统的㶲平衡比较。

表 3-6　联产系统与分产系统㶲平衡比较

项目	槽-塔结合				槽式(分产)		塔式(分产)	
	槽	塔	总和	比例		比例		比例
	MW	MW	MW	%	MW	%	MW	%
太阳能输入	446.6	369.3	816.0		358.7		123.1	
镜场光学损失	128.4	128.0	256.4	31.4	103.1	28.8	42.7	34.7
接收器损失	150.4	100.0	250.3	30.7	118.4	33.0	33.9	27.5
换热损失	3.4	2.8	6.2	0.8	2.8	0.8	0.8	0.7
蓄热损失	0.7	0.6	1.3	0.2	0.6	0.2	0.2	0.1
透平损失			74.7	9.2	44.6	12.4	19.5	15.8
厂用电	10.2	12.2	22.4	2.8	5.0	1.4	2.5	2.0
输出电			207.8	25.5	84.2	23.5	23.6	19.2
			816.2	100.0	358.7	100.0	123.1	100.0

3.3.3 双级集热场的抛物槽式太阳能热发电系统

1. 系统方案介绍

太阳能集热方法与热需求品位匹配的思路,不仅可以应用于不同太阳能集热方式的耦合,还可以用于相同集热方式、不同集热温度镜场的耦合。双级集热场的抛物槽式太阳能热发电系统的主要特征是根据给水加热过程的特点,采用不同的传热介质集热场与之匹配。以水或低温导热油为传热介质的集热器可以组成低温集热场负责为给水提供热能,使其经过预热、蒸发后成为饱和蒸汽;然后利用以熔盐(MS)或高温导热油(OIL)为传热介质的集热场进行饱和蒸汽的过热(再热),来达到动力子系统所需要求(高志超,2011)。

双级集热场的槽式太阳能热发电系统集成方案如下。图 3-26 为双级集热场的槽式太阳能热发电系统方案一的系统流程图。系统特点是由以导热油为传热介质的低温太阳能集热场和以熔盐为传热介质的高温太阳能集热场构成的槽式太阳能热发电系统(以下简称 MS-OIL 电站);抛物槽式太阳能集热场用于聚集太阳辐射能量,低温太阳能集热场负责将给水加热至饱和状态,高温太阳能集热场将饱和蒸汽加热至过热,过热蒸汽进入动力子系统进行发电。动力子系统的凝结水经给水泵再次依次进入预热器、蒸发器和过热器吸收热量,完成预热、蒸发、过热过程,如此实现往复循环。

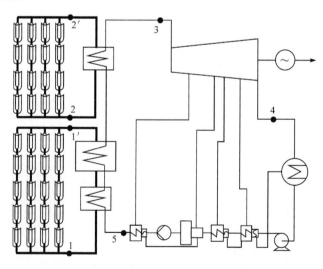

图 3-26　双级集热场的槽式太阳能热发电系统流程图

2. MS-OIL 系统模拟和分析

选取以导热油为传热介质的太阳能热发电站(OIL 电站)、以熔盐为传热介质的太阳能热发电站(MS 电站)为参比系统。对集成了导热油集热场和熔盐集热场的双集热场太阳能热发电站(MS-OIL)及参比系统等三种抛物槽太阳能电站的年运行性能进行分析。

1) 系统设计工况性能分析

MS-OIL 系统和参比系统在设计工况下关键点参数如表 3-7 所示。如前所述,MS-OIL 系统的特点是太阳能集热场由以导热油为传热介质的低温太阳能集热场和以熔盐为传热介质的高温太阳能集热场构成,以导热油为传热介质的低温太阳能集热场负责将给水预热蒸发到饱和状态,饱和蒸汽进入再热器后由来自以熔盐为传热介质的高温太阳能集热场热能进一步过热到动力子系统所需参数状态;因 MS-OIL 系统集热场出口温度可达 500℃,动力子系统与 MS 电站相同,比 OIL 电站主蒸汽参数要高。

表 3-7　MS-OIL 系统与参比系统关键点参数

节点	MS-OIL		OIL		MS	
	温度/℃	压力/bar	温度/℃	压力/bar	温度/℃	压力/bar
1	300	30	293	32	290	8.5
1′	380	22.5	—	—	—	—
2	340	8.4	393	23	530	7.1
2′	520	7.5	—	—	—	—
3	500	100	370	100	500	100
4	39	0.07	42	0.08	39	0.07
5	245	104	235	104	245	104

依据本节建立的太阳能热发电系统模型,对三种太阳能热发电系统进行了性能分析,表 3-8 为设计点状态的性能参数。在设计点状态,OIL 集热场的集热效率最高,约 66.17%,MS 集热场效率较低,约 62.39%,这是因为它们的工作温度区间不同。MS-OIL 集热场当量效率为 64.96%,处于两者之间。因 MS 和 MS-OIL 电站动力子系统主蒸汽参数达到 500℃,高于 OIL 电站的 370℃,动力子系统热功转换效率得以提升,镜场面积比 OIL 电站节省约 7%,比 MS 电站节省约 4.9%。

表 3-8　MS-OIL 系统与参比系统设计点性能

项目	OIL	MS-OIL	MS
电站规模/MW	50	50	50
集热场面积/m²	296110	275400 (192000/83400)	289530
集热场效率	66.17%	64.96%	62.39%
动力子系统效率	37.10%	39.02%	39.02%
设计点效率	22.65%	23.61%	22.50%

2）系统典型天热力性能

为了衡量电站的输出特性随太阳能的变化关系，在典型年数据库中选取太阳辐射条件较好的夏季 6 月 6 日和冬季 12 月 26 日进行分析。图 3-27 和图 3-28 分别展示了 MS-OIL 电站夏季和冬季一天运行过程中能量变化情况，冬季太阳入射角变化幅度很大，导致中午时分的有效太阳辐射较低，在图 3-23 中表现为"凹槽"状曲线，比较两幅图可以看出，电站夏季性能明显优于冬季。

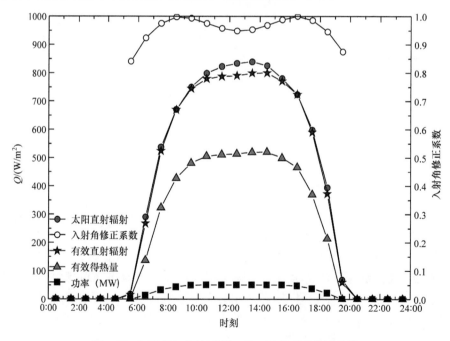

图 3-27　MS-OIL 电站夏季 6 月 6 日典型天特性曲线

3）系统典型年性能分析

因气象条件的不确定性，太阳能热发电系统的工作状态也随之改变，为了更好地评价系统的性能，需要对系统进行全年工况热力性能计算，对槽式太阳能电站来

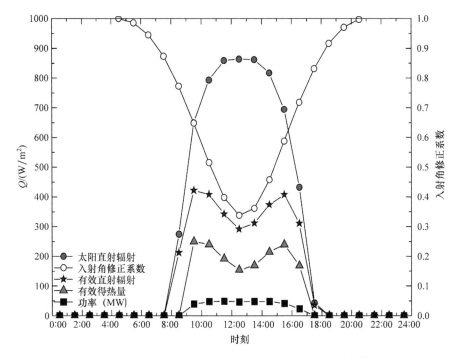

图 3-28　MS-OIL 电站冬季 12 月 26 日典型天特性曲线

讲,设计参数确定后,组成槽式电站的太阳能集热场、蓄能系统和动力子系统的规模容量随之确定,系统年性能最终可以得到,经济性分析是在电站系统层面上进行研究的,在得到系统年性能结果的基础上,基于一定的经济参数和模型可以对系统进行经济性评估。由于太阳能热发电的能量终端来自不收任何费用的太阳能,因此在很大程度上太阳能的利用存在的最大问题是投资大、成本高,对太阳能热发电系统经济性能的研究显得尤为重要。

4) 系统年热力性能分析

在太阳能热发电系统中,电站的年平均发电效率是表征电站性能的一个关键因素。由表 3-9 可知,OIL 和 MS 电站的年平均效率分别为 15.00% 和 13.46%,OIL 电站年平均效率略高于 MS 电站,这是因为尽管 OIL 电站动力系统初参数比 MS 电站低,但是 OIL 太阳能集热场的集热效率高于 MS 集热场,如图 3-29 所示,在变工况运行条件下,MS-OIL 电站集热场的性能均高于 MS 集热场,尤其是在低辐射条件下,MS 集热场集热效率下降明显,说明 MS 集热场的变负荷性能较差。而 MS-OIL 电站集成了 MS 和 OIL 单集热场电站的优势,较 MS 电站,集热场效率得到提升,变工况性能得到改善,动力子系统参数增加,使得年平均发电效率到达 15.86%,比 MS 电站提高 17.83%,比 OIL 电站提高 5.73%。

表 3-9　MS-OIL 新系统与参比系统年性能比较

项目	OIL	MS-OIL	MS
满负荷运行小时数	1455	1431	1277
容量因子	16.61%	16.33%	14.58%
净发电量/(MW·h)	72762	71545	63857
年平均发电效率	15.00%	15.86%	13.46%

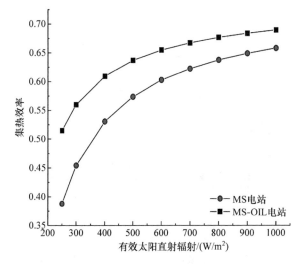

图 3-29　太阳能集热场变工况性能

　　图 3-30 给出了 MS-OIL 电站发电量统计值,因太阳辐射资源在 4、5 月份较好,在该时间段内发电量较高,年总发电量约 71550kW·h,电站年容量因子约 16.33%,性能参数表现均优于 MS 电站。图 3-31 为 MS-OIL 电站的能量流动情况,从图中可以看出,在太阳辐射能转换为集热场输出能量过程中能量差值较大,表现为该过程的能量损失较多,其次是在动力子系统的热功转换过程。

　　5) 系统经济性能初步分析

　　对传统的导热油槽式太阳能热发电站(OIL)、熔盐槽式太阳能热发电站(MS)和双级镜场槽式太阳能热发电站(MS-OIL)进行了经济性分析,电站投资估算中的假设参数见表 3-10。表 3-11 给出了三种系统的经济性能。分析可知,与 OIL 和 MS 电站成本构成基本相同,MS-OIL 电站中太阳能集热场投资所占比例最大,约 48.96%,其次是动力子系统,占总投资的 33.26%。MS-OIL 电站比投资约 2294 欧元/kW,与 MS 电站基本持平,然而比 OIL 电站比投资下降约 6.26%,因此 MS-OIL 电站投资成本比 OIL 电站要小,降低了系统的投资成本。MS-OIL 电站的年发电成本约 0.142 欧元/(kW·h),比 OIL 电站下降 5.33%,比 MS 电站下降 9.55%。

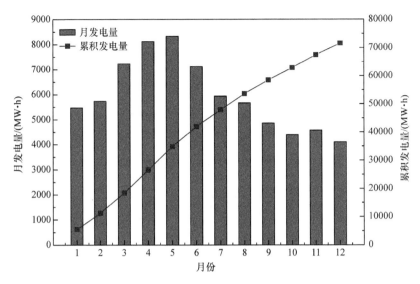

图 3-30 MS-OIL 电站发电量统计

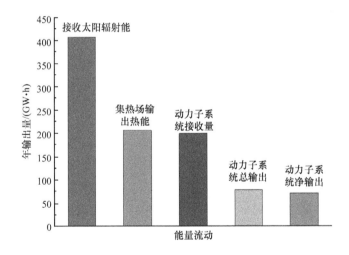

图 3-31 MS-OIL 电站能量流动图

表 3-10 基本经济参数假设

投资	
导热油太阳能集热场比投资/(欧元/m²)	206
熔盐工质太阳能集热场比投资*/(欧元/m²)	190*
动力子系统比投资/(欧元/kW)	700
预热器比投资/(欧元/kW)	1.54

续表

投资	
蒸发器比投资/(欧元/kW)	10.45
过热器比投资/(欧元/kW)	1.625
再热器比投资/(欧元/kW)	4.221
土地费用/(欧元/m²)	2
不可预计费用（占直接投资的百分比）	20%
运行和维护费用	
运行和维护费用（占总投资的百分比）	4%
财务参数	
年保险率	1%
电站寿命/a	30
贴现率	8%

表 3-11　系统经济性能比较

项目	OIL	MS-OIL	MS
投资回收系数(CRF)	9.88%	9.88%	9.88%
太阳能集热场投资/百万欧元	61.00	56.17	55.01
换热子系统/百万欧元	0.97	0.74	0.74
动力子系统/百万欧元	38.23	38.16	38.16
土地费用/百万欧元	1.78	0.53	1.74
不可预计费用/百万欧元	20.4	19.12	19.13
总投资/百万欧元	122.38	114.72	114.78
比投资/(欧元/kW)	2448	2294	2296
年发电成本/(欧元/(kW·h))	0.15	0.142	0.157

3.3.4　槽式太阳能集热性能实验研究

1. 设计目标和思路

设计并建立 200kW 槽式集热器实验系统，提供高温槽式集热器原理、功能、方法、系统流程图；提供高温槽式集热器热工试验台方案设计中的详细热工设计方案。

主要指标如表 3-12 所示。

表 3-12　槽式太阳能集热器主要指标

1	集热器工作温度(在太阳直射辐射≥800W/m² 下)	300℃
2	光学效率	70%
3	集热效率(在太阳直射辐射≥800W/m² 下)	40%
4	环境温度	−20~50℃

总体思路如下:

首先确定槽式太阳能集热系统的设计原则,提出系统设计思路和基本流程后,建立太阳能集热系统理论模型,开发模拟分析软件,对系统进行模拟。再通过小规模试验验证,校核模拟分析软件的正确性。然后利用修正后的模拟软件,模拟分析和设计关键设备。

太阳能集热系统需要达到的技术指标为:集热效率 40%,集热温度 350℃,集热功率 200kW。

设计的 200kW 太阳能集热器应适合开展以下研究:

(1) 考察关键参数对集热系统性能的影响,包括集热器结构参数(吸收器尺寸、聚光镜开口宽度、聚光比等),环境参数(太阳能辐照强度、风速等),运行参数(工质进口温度、工质流速)等。

(2) 获取太阳能全工况运行规律,不同时间、不同气象条件下的槽式太阳能运行规律,为太阳能热发电站太阳能岛的设计提供支撑。

为此,设计系统为聚光比在 70~100 的槽式太阳能聚光镜,集热管采用能够在 350℃下稳定工作的直通式金属-玻璃真空集热管,选择工作温度达到 400℃的导热油为传热介质。集热器双排布置,便于灵活考察串、并联两种集热系统流程。设置蒸汽发生器和辅助加热器,通过冷却水量和加热功率调节太阳能集热器入口导热油温度,通过泵调节导热油流量以控制集热器出口导热油温度。设置导热油储罐和膨胀罐,实现导热油系统的稳定运行。设置气体稳压系统,维持导热油在高温下的稳定工作(高志超等,2010;高志超等,2011;高志超,2011)。

2. 太阳能集热系统方案

槽式太阳能集热系统流程如图 3-32 所示。

工质(如导热油)首先进入预热器①被预热到一定温度,然后在泵②的驱动下,经过太阳能集热器③吸收太阳能后,高温工质进入蒸汽发生器④,工质被冷却到一定温度后进入储油罐,进入下一个循环。通过蒸汽发生器④可以将太阳能岛的热量交换到动力岛,产生蒸汽,进入动力循环。

设计的集热系统可以进行三种工况的试验:

(1) 工质预热运行工况;

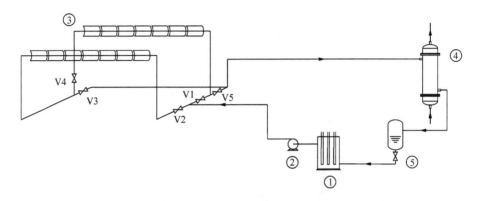

图 3-32　槽式太阳能集热系统流程

并联运行时,V5 关,V1~V4 开;串联运行时,V1、V3 关,V2、V4、V5 开

(2) 串联集热器运行工况;

(3) 并联集热器运行工况。

工况(1):通过阀门,将太阳能集热器管路断开,工质反复在预热器加热,达到一定温度。

其目的:①可以在无太阳情况下进行集热器散热损失测试试验;②可以在早上太阳辐照强度不高的情况下,使工质提前进入试验工况状态,满足太阳能集热试验要求。

工况(2)与(3)可以实现集热器的串联运行与并联运行,开展太阳能集热性能测试试验,同时可以研究工质流路布置对集热器集热性能的影响。

3. 系统建模

1) 槽式太阳能集热器能量传递过程模型

太阳光向太阳能热的转换,涉及光-热、辐射-对流-导热的复杂过程。以太阳能真空吸收器的能量传递为核心,开发太阳能集热器的模拟软件,研究槽式太阳能集热器的热力性能。

槽式太阳能集热器光热转换模型:

槽式太阳能集热器是利用抛物面的聚光镜将低能流密度的太阳光能聚集放大,投射到吸收器上。由于吸收器的吸收与发射特性,将太阳光能转化为太阳热能。再通过热传导,由吸收器内的传热介质吸收,转化为可以利用的能量。

槽式集热器真实的集热能力用聚光比来衡量,定义为采光口能流密度 q_{ape} 与太阳直射辐照强度 I 之比,即

$$C = \frac{q_{ape}}{I} \tag{3-18}$$

若用光学聚光比作为设计聚光-吸热系统的初步依据,它定义为聚光镜的采光口面积 A_a 与吸收器面积 A_r 之比,即

$$C = \frac{A_a}{A_r} \tag{3-19}$$

对于抛物槽式线性集热器,聚光比最大为

$$\left(\frac{A_a}{A_r}\right)_{\text{linear,max}} = \frac{1}{\sin(\theta_s/2)} \tag{3-20}$$

其中 θ_s 为太阳能光的最大夹角,为 $32'$,因此槽式太阳能集热器最大聚光比约为 212。

太阳能真空管吸收器是槽式集热器的核心设备,图 3-33 为真空管吸收器的结构示意图,包括不锈钢内管,外面包裹玻璃套管、除气环、波纹管。为了获得更好的光学性能,金属管表面外镀有选择性涂层,该涂层对于太阳光谱具有很高的吸收率和低的发射率,从而减少了金属吸收管对外的辐射热损失。玻璃套管通常由耐热玻璃制成,在高温下具有优良的强度与光透过率。在玻璃套管与金属吸收管之间抽成真空以抑制对流换热。在玻璃套管与金属管封接处,通常使用波纹管,这样可以匹配金属吸收管与玻璃套管的热膨胀。

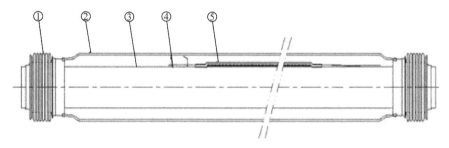

图 3-33　真空管吸收器的结构示意图
①波纹管;②玻璃套管;③吸收管;④吸气器;⑤除气环

槽式太阳能集热器的光热转换与其结构参数、光学参数有关,并随之变化。定义单位面积聚光镜(无阴影)吸收的太阳能 S 为

$$S = I\rho(\gamma\tau\alpha)_n K_{\gamma\alpha} \tag{3-21}$$

式中 I 为太阳直射辐照强度;ρ 为聚光镜的反射率;γ 为截断因子,定义为吸收器接收到聚光镜反射的太阳能的比例;τ 为吸收器外玻璃套管的透过率;α 为吸收器内金属玻璃套管涂层的吸收率;$K_{\gamma\alpha}$ 为修正系数,表示入射到聚光镜的太阳能偏离垂直入射的程度。其中 γ、τ、α 均与太阳光的入射角有关,$\rho(\gamma\tau\alpha)_n K_{\gamma\alpha}$ 可以确定槽式太阳能集热器的光学效率。

截断因子 γ 是槽式太阳能集热器涉及光热转换的一个重要参数,如图 3-34 所示。

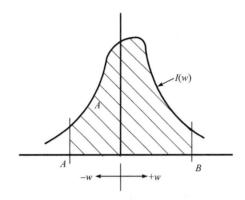

图 3-34　吸收器接收的能量分布(截断因子)

如果太阳能吸收器宽度为 AB,截断因子可以由下式计算:

$$\gamma = \frac{\int_A^B I(w)\,\mathrm{d}w}{\int_{-\infty}^{+\infty} I(w)\,\mathrm{d}w} \tag{3-22}$$

太阳能吸收器宽度应接收绝大部分聚光镜反射的太阳能,但反射的焦平面的边缘能量通常捕集不到,截断因子 γ 通常应大于 0.9。

影响修正系数 $K_{\gamma\alpha}$ 的因素主要包括:太阳能集热器跟踪误差、投射到聚光镜的入射角以及太阳能集热器末端误差(当入射角大于或小于 90°时,焦平面会投射到吸收器外、太阳吸收器阴影)等。

若将太阳能集热器末端误差考虑到太阳能集热面积中,太阳能集热器跟踪误差可以忽略时,修正系数 $K_{\gamma\alpha}$ 主要与投射到聚光镜的入射角有关。

投射到槽式太阳能聚光镜的入射角与集热器的布置方式有关。

若太阳能集热器南北布置,为使入射角最小,集热器平面连续沿着南北向的水平轴调节,入射角计算方法为

$$\cos\theta = [(\sin\varphi\sin\delta + \cos\varphi\cos\delta\cos\omega)^2 + \cos^2\delta\sin^2\omega]^{1/2} \tag{3-23}$$

其中 θ 为入射角,φ 为该地区纬度,δ 为太阳赤纬角,ω 为太阳时角。

若太阳能集热器东西布置,入射角计算方法为

$$\cos\theta = (1 - \cos^2\delta\sin^2\omega)^{1/2} \tag{3-24}$$

由此就可以得到槽式太阳能光热转换过程中,太阳能吸收器所得到的能量为

$$Q = IA\eta_{\mathrm{opt}} = IA\rho(\gamma\tau\alpha)_n K_{\gamma\alpha} \tag{3-25}$$

2) 太阳能吸收器的能量吸收模型

A. 传热介质与金属吸收管内壁间的能量传递

传热介质在管道内的流动分为层流与湍流两大类,其分界准则为:Re 大于 10000 为湍流,而 $2300 \leqslant Re \leqslant 10000$ 的范围为过渡区,Re 小于 2300 时为层流。根

据太阳真空集热器的特点,导热油流态处于湍流时,可以使导热油得到更多的热量,提高集热器的集热效率,同时能够使吸收的太阳能及时导出,降低金属管的壁温,使金属管的工作条件不致恶化。目前金属吸收管的内壁基本上都是光管,没有强化传热的措施。

金属吸收管的管内对流换热表面传热系数采用 Gnielinski 公式:

$$h_i = \frac{\lambda}{d_i} \frac{\frac{\xi}{8}(Re-1000)Pr}{1+12.7\left(\frac{\xi}{8}\right)^{\frac{1}{2}}(Pr^{\frac{2}{3}}-1)}\left[1+\left(\frac{d_i}{L}\right)^{\frac{2}{3}}\right]\left(\frac{Pr}{Pr_w}\right)^{0.11} \quad (3\text{-}26)$$

式中

$$\xi = (1.82\lg Re - 1.64)^{-2} \quad (3\text{-}27)$$

当 $Re \leqslant 10^5$ 时,式(3-27)可用 Blasius 公式代替:

$$\xi = 0.3164Re^{-0.25} \quad (3\text{-}28)$$

式(3-28)适用范围:Re 为 $2300 \sim 10^6$,Pr 为 $0.6 \sim 10^5$。

Gnielinski 公式比传统的 Dittus-Boelter 公式的适用范围更广,尤其适用于 Re 较小时。由于 Gnielinski 公式中有以管内壁温 t_w 为定性温度的 Prandtl 数 Pr_w,需知道 t_w 才能确定其值。这可以用迭代法求出,迭代过程如下:先估计一个管内壁温 t_w,根据 Gnielinski 公式可以求出金属吸收管管内对流换热系数 h_i,然后根据换热量 Q_{12conv}、吸收管内表面积 A_i 算出管内传热温差 Δt_i:

$$\Delta t_i = \frac{Q_{12conv}}{A_i h_i} \quad (3\text{-}29)$$

由此

$$t_w = t_f - \Delta t_i \quad (3\text{-}30)$$

再用求得的 t_w 计算出 Pr_w,进而求出新的 h_i。重复上述步骤,直到前后相邻两次迭代的 t_w 相差不超过 $0.01℃$。

对于层流,Nu 则为 4.36。其对流换热表面传热系数为

$$h_i = \frac{\lambda}{d_i} Nu \quad (3\text{-}31)$$

B. 金属吸收管管壁内部能量传递

在稳定工况时,金属吸收管的导热可视为圆筒壁的稳态导热,金属吸收管管壁内部的导热计算方法如下:

$$Q_{23cond} = \frac{T_{b\_o} - T_{b\_i}}{R_b} \quad (3\text{-}32)$$

$$R_b = \frac{\ln d_{b\_o}/d_{b\_i}}{2\pi\lambda_b l_b} \tag{3-33}$$

式中 R_b 为金属管的导热热阻；d_{b_o}、d_{b_i} 分别为金属吸收管内外直径，m；λ_b 为玻璃套管的热导率，W/(m·K)；l_b 为金属管长度，m。

3）太阳能吸收器的散热模型

A. 玻璃套管与金属吸收管之间的能量传递

玻璃套管与吸收管之间抽成真空后，从吸收管的外壁到真空玻璃套管之间的能量传递包括热辐射（对应 Q_{34rad}）和残余气体的导热（对应 Q_{34conv}）。在真空度较高的情况下，吸收管内的对流换热可以忽略。下面分别对这两种传热方式进行具体分析。

a. 吸收管外壁与真空玻璃套管之间的热辐射

吸收管和玻璃套管之间的辐射换热按下式给出：

$$Q_{34rad} = \frac{\sigma(T_{b\_o}^4 - T_{g\_i}^4)}{\dfrac{1}{\varepsilon_{ab}} + \left(\dfrac{1}{\varepsilon_g} - 1\right)\dfrac{d_{b\_o}}{d_{g\_i}}} A_{b\_o} \tag{3-34}$$

其中 σ 为斯特藩-玻尔兹曼常量，T_{b_o}、T_{g_i} 分别为金属管外壁和玻璃套管内壁之间的辐射换热，A_{b_o} 为金属管外壁表面积，d_{b_o} 为金属管外径，d_{g_i} 为玻璃管内径，ε_{ab} 为金属表面镀膜发射率，ε_g 为玻璃套管表面发射率。

b. 吸收管外壁与真空玻璃套管之间的导热

吸收管和玻璃套管之间的残余气体导热换热按下式给出：

$$Q_{34conv} = h_d(T_{b\_o} - T_{g\_i})A_{b\_o} \tag{3-35}$$

式中 h_d 是低密度残余气体的换热系数，由下式给出：

$$h_d = \frac{k_{air}}{(d_{b\_o}/2)\ln(d_{g\_i}/d_{b\_o}) + B\lambda[(d_{b\_o}/d_{g\_i}) + 1]} \tag{3-36}$$

其中 k_{air} 是空气在标准大气压下的导热系数。B 按下式给出：

$$B = \frac{2-C}{C}\left[\frac{9\gamma - 5}{2(\gamma+1)}\right] \tag{3-37}$$

为气固表面相互影响的调节系数；除非表面非常干净时 $C=1$。

在环形区域内的低压气体平均自由程 λ 由下式给出：

$$\lambda = 2.331 \times 10^{-20} \times \frac{T_m}{P\delta^2} \tag{3-38}$$

式中 T_m 和 P 分别是平均温度（K）和压力（mmHg）。空气分子直径 δ 等于 2.32×10^{-8} cm，比热比 γ 在 300K 时为 1.4，在 600K 时为 1.37。平均温度按下式计算：

$$T_\mathrm{m}=\frac{T_\mathrm{ab\_o}+T_\mathrm{g\_i}}{2}。$$

B. 玻璃套管管壁内部换热

玻璃套管管壁内部传热可认为是圆筒壁的稳态导热。为简化,做如下假设:

(1) 玻璃套管的长度与外径的比值(L/d)大于 10,因此可将玻璃套管看作是无限长圆筒壁;

(2) 导热过程简化成只沿半径方向的一维导热,忽略管壁轴向导热;

(3) 玻璃套管内无内热源,只对稳定工况进行分析研究;

(4) 玻璃套管的物性参数按常物性处理。

如图 3-35 所示,为玻璃套管管壁内部的具体传热过程,内外壁温度分别是 $T_\mathrm{g\_i}$、$T_\mathrm{g\_o}$,R_g 为玻璃套管管壁导热热阻。计算方法如下:

$$Q_\mathrm{45cond}=\frac{T_\mathrm{g\_i}-T_\mathrm{g\_o}}{R_\mathrm{g}} \tag{3-39}$$

$$R_\mathrm{g}=\frac{\ln d_\mathrm{g\_o}/d_\mathrm{g\_i}}{2\pi\lambda_\mathrm{g}l} \tag{3-40}$$

式中 $d_\mathrm{g\_o}$、$d_\mathrm{g\_i}$ 分别为玻璃套管内、外直径,mm;λ_g 为玻璃套管的导热系数,W/(m · K);l 为玻璃套管长度,m。

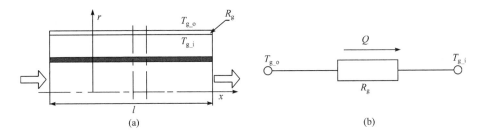

图 3-35　玻璃套管管壁传热示意图(a)和玻璃套管导热的热阻图(b)

C. 玻璃套管与周围环境的能量传递

(1) 玻璃套管和环境之间的对流换热:由于抛物槽聚光装置对太阳能的聚集作用,直接将强度比较大的阳光照射到玻璃-金属真空集热管上,并且严格来讲,实际情况中热量在集热管表面分布不均匀,抛物槽聚集的光线不是全部照射在集热管上,于是在真空集热管的周围会形成温度比环境温度高的区域,对流效果加强。对于实际运行工况,由于风速的影响,自然对流换热的情况很难出现,以强制对流换热为主。做如下简化。

(2) 玻璃套管与周围环境的散热为强制对流方式。

(3) 考虑到风等因素的影响,将风速按管的布置方向分解为轴向和径向两个分风速。对径向风速,选取流体横掠单管的模型;对轴向风速,选取流体横掠平板的模型。

（4）换热壁面上的流动边界层与热边界层自由发展，不会受到邻近通道壁面存在的限制。在外部流动中存在的边界层区域，速度边界层和温度梯度都可以忽略。

在分析模型当中，最重要的是确定玻璃套管表面的对流换热表面传热系数。在真空集热管的径向方向是流体横掠圆管模型，流体横掠圆管的平均表面传热系数的基本关联式为

$$Nu = CRe^m Pr^n (Pr_{atm}/Pr_{T_{g\_o}})^{1/4} \tag{3-41}$$

Re	C	m
1~40	0.75	0.4
40~1000	0.51	0.5
1000~200000	0.26	0.6
200000~1000000	0.076	0.7

其中 $n = 0.37, Pr \leq 10; n = 0.36, Pr > 10$。

式（3-41）中，除 Pr_{atm} 的定性温度为环境温度外，其他参数的定性温度均为玻璃套管外表面温度。

由此计算玻璃套管与环境之间的对流换热 Q_{56conv}。

D. 在玻璃套管和环境之间的辐射换热

辐射换热占集热系统的热损失比重较大，其计算方法如下：

$$Q_{57rad} = \sigma\varepsilon(T^4 - T_{sky}^4)A \tag{3-42}$$

式中 T_{sky} 称为等效天空温度，其值与天气条件有关：寒冷的晴朗的天空此值可达 230K，而暖和有雾的天空可达 285K。具体来讲，天空温度 T_{sky} 与干球温度 T_a 和环境露点温度 t_{dp} 有关：

$$T_{sky} = (\varepsilon_{sky})^{0.25} T_a \tag{3-43}$$

式中

$$\varepsilon_{sky} = 0.711 + 0.56(t_{dp}/100) + 0.73(t_{dp}/100)^2 \tag{3-44}$$

4）集热系统的能量平衡模型

基于能量平衡，集热单元的能量传递模型如图 3-36 所示。包括入射到聚光镜上的太阳直射辐射能、光学损失，吸收器的热损失，以及传热介质吸收的能量。模型如下所述。

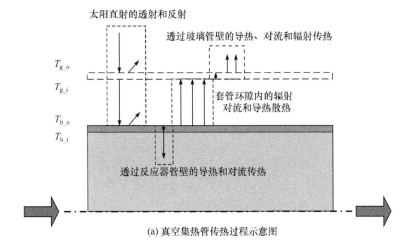

(a) 真空集热管传热过程示意图

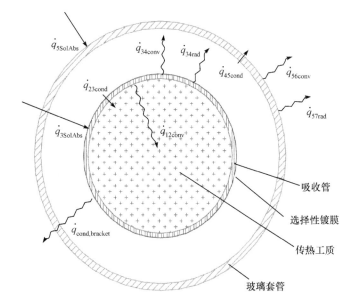

(b) 稳态能量平衡模型

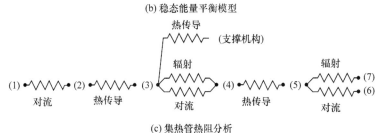

(c) 集热管热阻分析

图 3-36　真空集热器能量传递模型

(1)传热介质;(2)吸收管内表面;(3)吸收管外表面;(4)玻璃套管内表面;

(5)玻璃套管外表面;(6)周围空气;(7)天空

由图 3-36 可以得到真空管吸收器能量分布关系,并由此可以得到以下能量平衡关系式:

$$\dot{q}_{12\text{conv}} = \dot{q}_{23\text{cond}} \tag{3-45}$$

$$\dot{q}_{3\text{SolAbs}} = \dot{q}_{34\text{conv}} + \dot{q}_{34\text{rad}} + \dot{q}_{23\text{cond}} + \dot{q}_{\text{cond,bracket}} \tag{3-46}$$

$$\dot{q}_{34\text{conv}} + \dot{q}_{34\text{rad}} = \dot{q}_{45\text{cond}} \tag{3-47}$$

$$\dot{q}_{45\text{cond}} + \dot{q}_{5\text{SolAbs}} = \dot{q}_{56\text{conv}} + \dot{q}_{57\text{rad}} \tag{3-48}$$

$$\dot{q}_{\text{HeatLoss}} = \dot{q}_{56\text{conv}} + \dot{q}_{57\text{rad}} + \dot{q}_{\text{cond,bracket}} \tag{3-49}$$

槽式太阳能集热系统除了自身的集热效率外,还应考虑太阳能集热侧与动力侧、蓄热系统的耦合匹配,这是太阳能热发电站系统设计最为关键的技术之一。由于目前仅涉及蒸汽发生器,因此可以简化如下:

传热介质在槽式太阳能集热器吸收太阳热能为

$$Q_{\text{eff}} = IA\eta_{\text{opt}} - Q_{\text{HeatLoss}} \tag{3-50}$$

传热介质经过管道输运,其散热损失为 Q_{TubeLoss},蒸汽发生器的能量损失为 Q_{EvaLoss},则太阳能集热系统交换到动力侧的能量 Q_{power} 为

$$Q_{\text{power}} = Q_{\text{eff}} - Q_{\text{TubeLoss}} - Q_{\text{EvaLoss}} \tag{3-51}$$

计算方法可根据具体管道与蒸汽发生器形式确定。

5) 槽式太阳能集热(200kW)的热力系统设计

在本章中,针对华电-中科太阳能实验基地的 200kW 槽式太阳能集热系统进行详细的热工设计,并制订详细的试验方案。采用所开发的模拟软件 PTC/HES 1.0,以 200kW 的槽式太阳能集热系统为对象,进行了模拟。主要研究太阳能特征参数、集热器结构特征参数、传热介质特征参数等对集热器集热性能的影响,确定了 200kW 槽式太阳能集热系统的集热器管径、集热温度区间、传热介质流量。进一步优化集热器系统的流程,为太阳能热发电站太阳能侧的设计提供依据。

4. 槽式太阳能热力系统的设计

1) 聚光镜-吸收管的匹配

槽式太阳能集热器作为吸收太阳能并将其转化为热能的关键部件,其结构设计主要考虑集热管尺寸、开口宽度、边缘角大小三个参数,如图 3-37 所示。

集热管开口宽度影响光学效率和聚光比,开口宽度越小,几何因素对光学效率的影响就越小。对于管径一定的吸收器,聚光比随着开口宽度的减小而减小,散热损失随之增大,使得系统集热效率降低。因此,当接收器管径和集热面积一定时,存在一个最佳的开口宽度。但由于散热损失与环境和集热管本身的性能(影响散热损失系数)有关,在给定的环境条件下,就可对开口宽度进行优化。

对于同样的开口宽度,可以得到各种不同的边缘角。当开口宽度一定时,集热器表面积应随着边缘角的减小而减小。同时在光学效率损失不大的情况下,可采

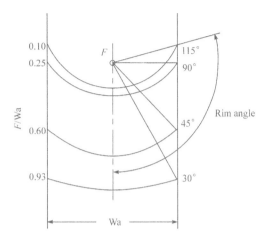

图 3-37　焦距与聚光镜开口宽度的关系

用较小的边缘角,这样可以节省聚光镜面积。由于边缘角减小对性能的影响比节省镜子面积带来收益所付出的代价更大,因此,边缘角选择应尽可能接近 90°,这样的设计同时能减少吸收器表面能流分布不均对集热器性能的影响。

由于太阳的平行光线夹角为 32′,可以得到以下几何关系:

$$\phi_r = \arctan\left[\frac{8(F/\text{Wa})}{16(F/\text{Wa})^2 - 1}\right] = \sin^2\left(\frac{\text{Wa}}{2r_r}\right) \tag{3-52}$$

若吸收器完全采集聚集的太阳能,则需满足 $D \geqslant W$,D 为吸收器直径,W 为槽式吸收器焦线直径。

由于太阳能方位角的影响,槽式集热器的焦线直径随其变化,集热器焦线宽度为

$$D = 2r_r\sin0.267 = \frac{\text{Wa}\sin0.267}{\sin\phi_r} \tag{3-53}$$

令正午集热器焦线宽度为 W_0,则任意时刻的焦线宽度与正午焦线宽度之比为

$$\frac{W}{W_0} \approx \frac{1}{\cos\theta} \tag{3-54}$$

对于华电-中科槽式太阳能基地槽式集热器,集热器开口宽度 Wa 为 5.77m,吸收器与聚光镜垂直距离 F 为 1.71m,其正午焦线直径为 27.2mm。其余时刻其焦线直径应为 $(27.2/\cos\theta)$mm。

为了吸收管尽可能将集热器的能量完全采集,需满足 $D \geqslant W = (27.2/\cos\theta)$ mm。若按北京地区冬至日 12 月 22 日算,槽式太阳能集热器运行时间为 8 点至 16 点,入射角最大为吸收热器直径应大于 45.9mm。

对于吸收器,随着金属吸收管管径的增加,散热面积增大,集热效率下降。因此吸收器尺寸需要优化,考虑吸收器规格,华电-中科太阳能实验基地槽式太阳能吸收器尺寸选定为金属管外径为 63.5mm,边缘角为 80.2°,聚光比为 91。目前太阳能热发电集热系统结构常用类型如表 3-13 所示。

表 3-13　典型的太阳能热发电系统结构参数

	开口宽度/m	焦距/m	接收器直径/m	边缘角/(°)	聚焦直径/m	正午焦斑宽度/m	聚光比
LS-1	2.55	0.94	0.042	68.3	0.01278	0.03497	61
LS-2	5.00	1.49	0.07	80.0	0.02365	0.13972	71
LS-3	5.76	1.71	0.07	80.2	0.02723	0.16442	82
New IST	2.30	0.76	0.04	74.3	0.01113	0.04162	50
Euro-Trough	5.76	1.71	0.07	80.2	0.02723	0.16442	82
Duke Solar	5.00	1.49	0.07	80.0	0.02365	0.13972	71
北京通县	2.50	2.25	0.0635	31.1	0.02258	0.02643	39
河北廊坊	5.77	1.71	0.0635	80.2	0.02723	0.13912	91

2) 集热温度的设计

图 3-38 和图 3-39 为导热油流量 3.0m³/h、一定太阳辐照强度条件下,集热效率与导热油入口温度及管内平均温度的变化关系。集热管集热效率随导热油入口温度的增加而下降,这是因为,在导热油入口温度增加的同时,管壁与导热油的温差传热效果变差,导热油得热量的份额减小,从而表现为集热效率下降。

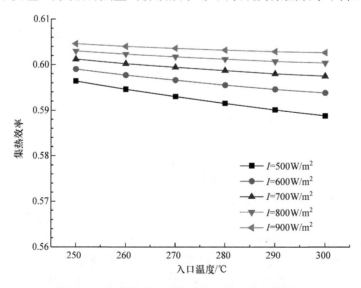

图 3-38　集热效率与导热油入口温度的变化关系

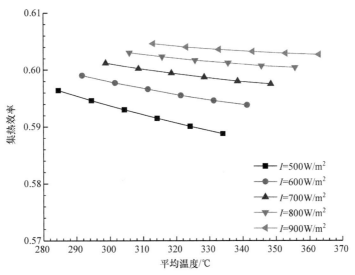

图 3-39　集热效率与导热油管内平均温度的变化关系

图 3-40 为入口温度为 250℃时,导热油出口温度与太阳辐照强度的变化关系。随着太阳辐照强度的增加,导热油出口温度近似呈线性增加,但是在不同的流量下增加趋势有所不同,较小流量下变化趋势较大;在相同太阳辐照强度下,导热油流量小比流量大时出口温度变化大。

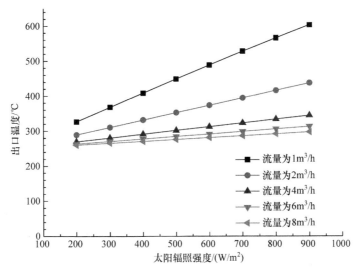

图 3-40　导热油出口温度与太阳辐照强度的变化关系

图 3-41 为集热系统热损失与流体平均温度之间的关系,若风速为 3m/s,热损失包括玻璃套管与大气环境的对流和热辐照,金属支架和波纹管的导热损失。由图中可以看出,散热损失与流体平均温度近似呈线性关系。

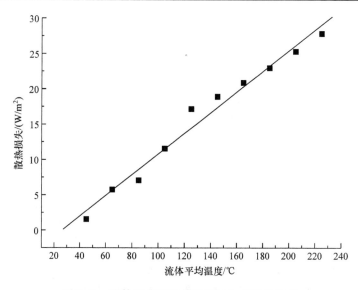

图 3-41　流体平均温度与散热损失之间的关系

图 3-42 展现了保持入口温度为 250℃时,集热效率与太阳辐照强度的变化关系。仅增加太阳辐照强度的情况下,集热效率随之增加,变化幅度不断减小。值得注意的是,在流量为 1m³/h 和 1.5m³/h 时,集热效率随太阳辐照强度先增大后减小,这是因为随着太阳辐照强度的不断增加,管内的导热油得热量不断增加,当太阳辐照强度继续增加时,尽管导热油的得热量仍然不断增加,但管内导热油对流传热能力增加有限,导热油得热量占总太阳辐射能的份额不断减小,集热效率相应减小。

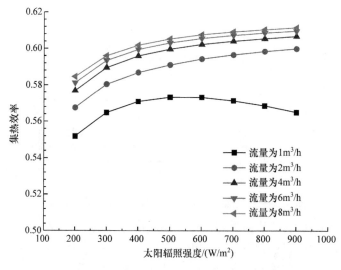

图 3-42　集热效率随太阳辐照强度的变化关系

3）导热油流量的设计

假定环境温度为 25℃、风速为 2m/s 情况下,考察太阳辐照强度、导热油流量与导热油出口温度和集热效率的变化关系。

图 3-43 为导热油入口温度 250℃、一定太阳辐照强度下,集热效率与导热油流量的变化关系。随着导热油流量的增加,集热效率不断增加;流量较大时,相同流量下太阳辐照强度越大,集热效率相对越高,但是流量在 1m³/h 和 1.5m³/h,太阳辐照较小时,集热效率反而较大,这是因为,流量很小时,对流传热不能使吸收管吸收的热量传递给导热油,导致集热效率下降。

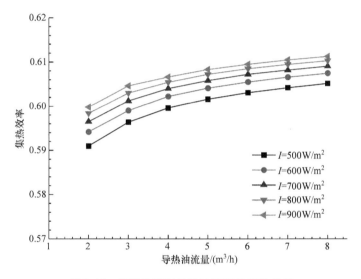

图 3-43　集热效率与导热油流量的变化关系

由以上分析可以看出:①集热效率随入口温度升高而降低;②集热效率随着太阳辐照强度升高先升高,后降低,具有最优值;③集热效率随流量的增大而增大。因此,为了获得最高的集热效率,入口温度、太阳辐照强度、流量存在优化设计,这在槽式太阳能集热装置运行时具有重要的作用。

在同一导热油流量下,当辐照由 200W/m² 增加到 900W/m² 时,集热效率提高约 4.5%,当辐照为 900W/m²(设计峰值),导热油流量由 1m³/h 增加到 4m³/h 时,集热效率提高约 3%。

在集热器结构尺寸参数确定的情况下,再对系统进行优化分析,在满足进出口温度的情况下,提高循环流量,以提高集热效率。从换热角度来考虑,通过改善集热管内部的结构,提高换热系数,从而达到优化。由于在特定的地区,风速对集热性能也有一定的影响,也应考虑。

3.4　发展方向(关键技术与瓶颈、突破)

太阳能发电以清洁、资源无限的优点,成为未来替代化石燃料的主要发电技术之一。与光伏发电相比,太阳能热发电技术调控电力输出的能力更强,通过蓄热系统可以较大幅度地降低太阳辐射变化对系统输出电功率的影响,因此,太阳能热发电具有承担电网基本负荷的潜力,成为可再生能源研究的重点,也受到工业界的广泛重视。

太阳能热发电技术经过了半个多世纪的发展,取得了很大的突破,槽式太阳能热发电系统、塔式太阳能热发电系统已经有多个商业化示范项目正在运行。但太阳能热发电技术在世界范围内仍然没有大规模推广利用,主要原因是发电成本高。导致太阳能热发电成本居高不下的原因与太阳能资源特性有关,太阳能资源的特点是能量密度低,直射辐射受气候条件影响大、不稳定,昼夜交替、不连续。由于太阳辐照能量密度低,太阳能热电站一般装备大型集热镜场,占地面积大,镜场投资高,目前镜场投资占整个电站投资的 40% 左右。蓄热是解决太阳能不稳定、不连续问题的主要方法,但蓄热系统投资大,运行控制困难,蓄热装置投资偏高。另外,太阳能高温集热通过蒸汽电站做功发电,存在着对太阳能集热利用不合理,太阳能热发电站年平均效率较低的问题。对于太阳能电站,汽轮机发电效率随机组容量的增加而增大,为了降低发电成本,太阳能热电站的规模较大,因此,太阳能电站的初投资大,风险高。

太阳能热发电技术的发展方向主要集中于提高太阳能热发电系统的适应性、提高太阳能热发电效率、降低发电成本等方面,主要发展趋势包括:

(1) 集成大容量、低成本蓄热系统的太阳能热发电系统。低成本高温蓄热工质和蓄热流程是目前的研究热点,以熔盐为代表的蓄热工质和蓄热工艺流程已经取得突破,大容量的熔盐蓄热系统已经在商业化太阳能电站中应用,如西班牙 1.7MW 的 Gemasolar 塔式太阳能电站,采用直接熔盐蓄热方式,蓄热量满足发电机组额定工况运行 17h;总装机容量为 49.9MW 的 Andasol 1 号、2 号槽式太阳能电站,采用间接熔盐蓄热方式,蓄热量满足发电机组额定工况运行 7.5h。该项太阳能热发电技术可以很好地解决太阳能不连续、不稳定问题,提高太阳能热发电技术的适用性,是近期太阳能热发电技术的主要发展方向之一。

(2) 太阳能与化石燃料热互补利用的发电系统。利用太阳能集热替代部分化石燃料,如燃煤电站和联合循环,借助化石燃料电站大规模的发电设备,提高了小规模太阳能集热的热功转换效率。该项技术可很好地解决太阳能热发电效率低、投资风险大的问题,是太阳能热发电近期的主要发展方向之一。

(3) 多种集热方式互补利用的太阳能热发电系统。常规太阳能热发电系统都采用单一集热方法,槽式太阳能热发电方法存在集热温度低的问题,即使采用蒸汽再热循环,热转功效率仍然较低。塔式太阳能热发电方法虽然集热温度高,但单塔镜场集热量小,不满足大型汽轮机需求;采用多塔镜场,高温熔盐输送距离远,能量损失大,输送管网投资高。需要特别注意的是水蒸气发生过程对热源温度的要求不同,蒸汽预热和蒸发过程要求的热源温度低,过热和再热过程要求的热源温度高。将多种太阳能集热方法互补利用,例如,槽-塔集热方法耦合的太阳能热发电系统,水的预热和蒸发过程的热量来自槽式集热器,蒸汽过热和再热过程热量由塔式集热器提供,不但可以避免单一太阳能集热方法的缺陷,还可以提高集热过程效率和减少蒸汽发生过程的不可逆损失,从而提高太阳能热发电效率,降低发电成本。该项技术是太阳能热发电中期的主要发展方向之一。

(4) 分布式太阳能热发电系统。目前小容量余热发电技术逐渐成为研究热点,随着技术的进步,未来基于多重循环的小型发电装置的热转功效率有望达到大型汽轮机组水平。分布式太阳能热发电技术能够很好地解决太阳能热发电系统规模庞大、投资风险高、占地面积大、厂址选择困难的问题,是太阳能热发电中期的主要发展方向之一。

(5) 太阳能热化学发电系统。将太阳能集热与化石燃料综合利用,通过热化学反应转化成二次燃料的化学能,或者将高温集热分解水,制取氢气。太阳能热化学发电技术不用将太阳能集热转化成水蒸气发电,而是通过燃气轮机或内燃机等发电设备转化成电力,在很小的发电规模条件下,发电效率高于太阳能大规模电站。热化学互补技术可以解决太阳能发电效率低的问题,但热化学互补利用技术不成熟,相关的基础研究正在进行,是太阳能热发电远期的主要发展方向之一。

本章主要介绍了太阳能热发电系统方面的研究进展,包括国内首座塔式太阳能热发电实验电站的系统集成研究,槽式和塔式集热方法互补的槽-塔结合的太阳能热发电系统集成研究,双级集热镜场的槽式太阳能热发电系统集成研究,槽式集热器的热力性能实验研究等内容。分析了目前太阳能热发电方法的关键技术与瓶颈,提出了太阳能热发电系统在近期、中期和远期的发展方向。

参 考 文 献

高志超. 2011. 抛物槽式太阳能集热技术系统集成研究[D]. 北京:中国科学院.

高志超,刘启斌,隋军,等. 2011. 抛物槽式太阳能蒸汽发生系统研究[J]. 工程热物理学报,
　　32(5):721-724.

高志超,隋军,刘启斌,等. 2010. $30m^2$ 槽式太阳能集热器性能模拟研究[J]. 工程热物理学报,
　　31(4):541-544.

黄湘,王志峰,李艳红,等. 2012. 太阳能热发电技术[M]. 北京:中国电力出版社.

宿建峰. 2008. 塔式太阳能热发电系统集成及性能优化[D]. 北京:中国科学院.

宿建峰,韩巍,林汝谋,等. 2009. 双级蓄热与双运行模式的塔式太阳能热发电系统[J]. 热能动

力工程,24:132-137.

王康,张娜,韩巍. 2014. 太阳能化石燃料热互补发电系统[J]. 太阳能,12:28-34.

许璐,彭硕,洪慧,等. 2014a. 330MW 光煤互补发电系统变辐照变工况性能研究[J]. 中国电机工程学报,34(20):3347-3355.

许璐,赵雅文,洪慧,等. 2014b. 太阳能与燃煤互补系统变工况热力性能研究[J]. 工程热物理学报,35(9):1675-1681.

闫月君,刘启斌,隋军,等. 2012. 甲醇水蒸气催化重整制氢技术研究进展[J]. 化工进展,31(7):1468-1476.

袁建丽,韩巍,金红光,等. 2010. 新型塔式太阳能热发电系统集成研究[J]. 中国电机工程学报,30 (29):115-121.

Craig E,Tyner J,Sutherland P,et al. 1995. Solar Two:A Molten Salt Power Tower Demonstration[R]. Report SAND95-1828C,Sandia National Laboratories,Livermore,CA.

Fernandez-Garcia A,Zarza E,Valenzuela L,et al. 2010. Parabolic-trough solar collectors and their applications[J]. Renewable and Sustainable Energy Reviews,14:1695-1721.

Han W,Jin H,Lin R,et al. 2012. A novel concentrated solar power system hybrid trough and tower collectors[C]. GT-2012-68991,June 11-15,Copenhagen,Denmark.

Han W,Jin H,Lin R,et al. 2014. Performance enhancement of a solar trough power plant by integrating tower collectors[J]. Energy Procedia,49:1391-1399.

Han W,Jin H,Su J,et al. 2009. Design of the first Chinese 1MW solar power tower demonstration plant[J]. International Journal of Green Energy,6(05):414-425.

Hong H,Zhao Y,Jin H. 2011. Proposed partial repowering of a coal-fired power plant using low-grade solar thermal energy[J]. International Journal of Thermodynamics,14(1):21-28.

Liu F,Sui J,Liu T,et al. 2017. Energy and exergy analysis in typical days of a steam generation system with gas boiler hybrid solar-assisted absorption heat transformer[J]. Applied Thermal Engineering,115:715-725.

Pacheco J E. 2002. Final Test and Evaluation Results from the Solar Two Project[R]. SAND2002-0120,USA:Solar Thermal Technology Sandia National Laboratories.

Romero M,Steinfeld A. 2012. Concentrating solar thermal power and thermochemical fuels[J]. Energy Environ. Sci. ,5:9234-9245.

Wang Z,Wang Z,Dong J,et al. 2007. The design of a 1MW soalr thermal tower plant in Beijing,China[C]. Proceedings of ISES World Congress:1729-1732.

Zhao Y,Hong H,Jin H. 2014. Evaluation criteria for enhanced solar-coal hybrid power plant performance[J]. Applied Thermal Engineering,73(1):577-587.

Zhao Y,Hong H,Jin H. 2017. Optimization of the solar field size for the solar-coal hybrid system[J]. Applied Energy,185:1162-1172.

第4章　太阳能与化石能源热互补发电系统

4.1　概　述

如前所述,目前太阳能单独热发电投资成本是常规化石燃料发电的5～6倍,其中大面积的聚光镜场约占成本的50%,高成本的聚光镜场是导致太阳能热发电投资居高不下的重要核心因素。另外,由于太阳辐照瞬息变化和余弦效应,聚光集热能量损失严重,从而造成太阳能年均发电效率低下。尽管储热可以缓解太阳辐照不稳定性,但储热装置约占太阳能热发电总投资的25%,且成本随储热时间的增加而增加。从减小太阳能热发电投资和提高太阳能热转功效率的双重角度来看,太阳能与化石能源热互补发电是解决当前太阳能热发电技术瓶颈的重要途径之一。

太阳能与化石燃料的热互补发电主要包括太阳能与天然气互补(ISCC)和太阳能与燃煤互补(ISST)。如前所述,太阳能与天然气互补主要是利用太阳热与天然气联合循环互补,通过太阳热替代低循环的余热锅炉,产生饱和蒸汽或低压过热蒸汽,再通过联合循环实现太阳热转功。太阳能与煤互补主要是太阳集热与蒸汽朗肯循环互补,主要利用300℃以下中低温太阳热,替代汽轮机抽汽,加热锅炉给水,减少蒸汽汽轮机的回热抽汽量。基于这两种太阳能与化石燃料热互补发电技术,一方面可以增加热力循环的出功,提高发电功率;另一方面太阳能借助高温、高压的热机可以实现高效热转功。另外,可以不需要储热设备,减小投资,同时还能克服高温聚光集热技术瓶颈的制约,如高温条件下槽式真空集热管的玻璃管与金属管的焊接问题。

从国内外示范和运行电站经验总体来看,相对单一太阳能热发电,在经济上、汽轮机扩容和提高太阳能热转功性能方面都有潜力和优势。但也发现,当太阳能辐照强度、气象条件不断变化时,总是使发电系统在偏离设计基准的变辐照工况运行,引起变辐照时互补发电的汽轮机处于部分负荷运行状态,机组扩容越大,部分负荷运行情况越严重。虽然可以通过在余热锅炉中补充燃烧天然气,弥补阴天或夜间不足的太阳能,同时安装蓄能装置以使补燃量降至最小。但天然气在联合循环底循环的余热锅炉中燃烧发电效率低于在燃气轮机中的效率,并且化石燃料直接燃烧加热给水产生低压蒸汽,不仅对高品质燃料的利用不合理,而且燃料化学能转换不可逆损失严重。另外,从能的"量"角度来看,上述两种技术实现了太阳能与化石燃料的能"量"相互补充,但从能"质"和品位角度上看,太阳能与化石燃料在互补过程的品位变化对系统集成作用还有待发展。为此,从不同能源互补的品位思路入手,探索具有变辐照主动调控的太阳能与化石燃料互补发电关键技术,将会是未来多能源互补利用的前沿方向。

　　本章针对太阳能与天然气互补的联合循环和太阳能与煤互补发电技术,描述不同能源热互补机理,阐明变辐照互补系统热力性能特点,介绍适用于变辐照主动调控的关键技术及应用,以此希望能对近中期解决低成本、规模化太阳能热发电技术瓶颈有所突破。

4.2　太阳能与燃气蒸汽联合循环互补发电

　　20世纪90年代初,国际上提出太阳能与天然气热互补的联合循环发电系统,如图4-1(kribus et al.,1998)所示。按集成方式,聚集的太阳热可以分别集成到顶部布雷敦循环和底部朗肯循环。例如,利用塔式聚光产生1000℃左右太阳热预热燃气轮机压缩空气,或利用槽式聚光集热装置产生350℃太阳热,产生部分蒸汽输入底部朗肯循环的蒸汽轮机。按照集成效果又可以分为与顶循环结合的燃料节省型(fuel saver)和与底循环结合的功率增大型(power booster)。

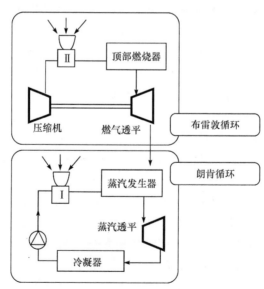

图4-1　太阳能与联合循环热集成方式示意图

4.2.1　太阳能 ISCC 发电

20 世纪 90 年代,Luz 公司进一步研究了功率增大型的太阳能与天然气互补的联合循环发电技术(Johansson et al.,1993)。在顶循环,燃气轮机保证输入燃料量一定,抛物槽式集热装置汇聚太阳光,产生 350℃左右的太阳热能,注入余热锅炉中,提供给水的预热和饱和段吸热热量;或利用太阳热能直接产生低压过热蒸汽,注入蒸汽轮机的低压级。蒸汽轮机扩容改造后可增加系统的总发电功率,这类功率增大型系统又被称为"intergrated solar combined cycle (ISCC)"。其中,将太阳能用于余热锅炉中,提供蒸汽饱和蒸发段热量,对太阳能的利用效率最高。相比于槽式太阳能的单一蒸汽朗肯循环如 SEGS 系统,太阳能的 ISCC 发电系统具有三个显著优势:太阳能借助高效的联合循环,可以实现高效热转功;同样的镜场面积情况下,蒸汽轮机进行扩容改造的成本低于新建太阳能热发电电站动力岛的成本;联合循环电站避免了太阳能热发电日常启停机。

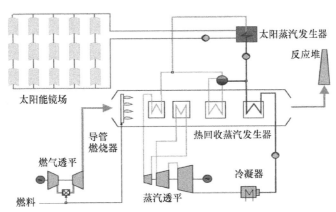

图 4-2　ISCC 系统流程简图

在国际能源署 SolarPACES 组织的支持下,德国宇航中心(DLR)、美国 Sandia 实验室和美国国家可再生能源实验室(NREL)的学者(Jürgen Dersch et al.,2004)比较了 ISCC 系统和单纯太阳能槽式热发电系统的技术经济性能。他们指出,将太阳能集成到三压再热联合循环的底循环中,在辐照良好的条件下,系统满负荷运行,太阳能净发电效率约为 25%,太阳能热转功效率为 37.5%,太阳能新增发电功率占总发电功率的 17.6%。有些学者提出利用直接产蒸汽技术(DSG)替代导热油间接换热方式,通过太阳能集热场直接产生高温高压蒸汽(500℃/90bar)注入蒸汽轮机高压级,可进一步改善 ISCC 系统的热力性能,年平均太阳能净发电效率达 21%以上(Montes et al.,2011)。

近些年,国际上相关 ISCC 示范电站陆续开始建立,伊朗 Yazd 投运的 467MW

太阳能-联合循环热互补电站是世界上最早运行的 ISCC 电站之一,其中太阳能净发电功率为 17MW。美国、以色列在美国加州 Victorville 共同建成的总装机容量达 560MW 的 ISCC 电站已运行,其中太阳能净发电功率为 50MW。意大利国家电力公司(ENEL)和意大利新技术能源与环境委员会(ENEA)在西西里岛共同建造的 Archimede 电站太阳能净增发电功率为 5MW,其抛物槽式集热器以熔融盐为传热介质,可产生 550℃过热蒸汽,避免了导热油热解温度的限制,是世界第一座熔融盐槽式电站。2000 年开始,国际环境基金(GEF)也在发展中国家广泛资助建设 ISCC 电站,引发了各国学者的兴趣和广泛讨论。表 4-1 列出了目前世界上大多数已建或在建的 ISCC 电站,其中,摩洛哥、埃及、墨西哥等地区电站由 GEF 资助。值得说明的是,在摩洛哥的 Ain Beni Mathar 地区,隶属环球环境设备公司的容量为 472MW 的 ISCC 热发电站,年净发电总量 40GW·h,这座电站已经在 2011 年 5 月开始发电。

表 4-1　世界范围主要 ISCC 示范电站(Lovegrove and Stein,2012)

地区	装机容量 /MW	太阳能净增 功率/MW	太阳能出功 份额/%	DNI /(kW·h/(m²·a))
伊朗,Yazd	467	17	3.6	2500
阿尔及利亚,Hassi R'mel	150	25	16.7	2300
摩洛哥,Ain Beni Mathar	472	20	4.2	2300
埃及,Kuraymat	140	40	28.6	2400
美国,Victorville,CA	563	50	8.9	2200~2600
美国,Indiantown,FL	1125	75	6.7	—
意大利,Siracusa	730	30	4.1	2100
美国,Palmdale,CA	570	50	8.8	2200~2600
墨西哥,Sonora State	500	30	6.0	2600
印度,Mathania	150	30	20.0	2250

Abener 是阿尔及利亚 Hassi R'mel 地区的一座 ISCC 电站,总装机容量 130MW,建设有镜场面积达到 183120m² 的太阳能集热场。根据阿尔及利亚法律,该电站成为了北非第一个私人融资的太阳能热发电厂,其在 2011 年 7 月建设完成,已投入使用。埃及建设了一个总容量 140MW 的 ISCC 电站,2012 年 12 月 30 日已开始运行。此外,2010 年美国佛罗里达电力与照明集团(FPL)在"马丁下一代太阳能中心"启动了美国首个太阳能与已有联合循环电厂互补的项目,该项目计划建设的 75MW 太阳能聚光装置将成为世界上最大的太阳能聚光装置,该项目在电厂原址附近 500 多英亩(1 英亩=4046.86m²)土地上将布置约 180000 面反射镜,将原电厂目前年发电量增至 2.8GW。

图 4-3　ISCC 电站(摩洛哥 Ain Beni Mathar)

在我国,一座 ISCC 电站已于 2011 年在宁夏盐池破土动工,规划容量 92.5MW,由宁夏哈纳斯新能源集团投资 22.5 亿元,2013 年建成投产,预估年减少 CO_2 排放量达 21 万吨。2012 年 5 月 8 日,国电新疆艾比湖流域开发有限公司负责开发的新疆 ISCC 发电项目也正式启动,总投资预计达 8 亿元,规划装机容量 59MW,其中光热发电容量约占 20%,天然气发电容量约占 80%。

相关示范电站研究表明,对汽轮机的扩容改造后,太阳能产生的蒸汽可以增大联合循环输出功率,汽轮机最大可以扩容一倍。然而,当太阳能资源不足时,汽轮机只能在部分负荷下运行,没有蓄能情况下全年太阳能热份额不足 10%,机组扩容越大,部分负荷运行情况越严重。为避免汽机被动降负荷,部分 ISCC 电站在余热锅炉中补充燃烧天然气(duck burner),弥补阴天或夜间不足的太阳能,有些电站同时安装有蓄能装置以使补燃量降至最小。但天然气在联合循环底循环的余热锅炉中燃烧发电效率低于在燃气轮机中的效率,此种方式对高品质燃料的利用不合理,蓄能装置的加入更是大大增加了电站投资成本。

4.2.2　典型实例

本小节以阿尔及利亚第一座 ISCC 电站为例,侧重描述其瞬态性能基本特性规律和特征。

1. 电站设计参数

该电站坐落在 Hassi R'mel 沙漠,系统包括两台 47MW 燃气轮机机组,一台 80MW 容量汽轮机机组,以及 183120m^2 的太阳能集热场。系统总容量约为 150MW。主要由以下部分组成:①太阳能集热场由 56 个回路组成,每个回路有 6

列 LS-3 型集热器,集热器为东西轴跟踪,南北水平轴布置。参数如表 4-2 和表 4-3 所示。②系统中两台燃气轮机机组承担电厂运行基本负荷,出功量根据太阳辐照改变。③汽轮机机组中余热锅炉与太阳能蒸汽发生器并联运行。

表 4-2　太阳能集热器参数

参数	数值
开口面积/m^2	545
聚光比	82
光学效率/%	0.80
开口宽度/m	5.76
长度/m	99

表 4-3　太阳能集热场运行参数

参数	数值
每排集热器数量	6
行数	56
传热工质入口温度/℃	290
传热工质出口温度/℃	393
镜场面积/m^2	183120

燃气轮机燃料为天然气,设计排烟温度为 130℃,电厂所在地海拔为 772m。在晴朗的白天,太阳能蒸汽发生器与余热锅炉之间的阀门在传热工质达到正常工作温度以后开启,一部分送往余热锅炉的给水进入太阳能蒸汽发生器,受热变为饱和蒸汽,再进入余热锅炉,加热至过热状态。在晚间或阴天,太阳能辐射强度不足,系统按常规联合循环运行。为避免分解变质,传热工质最高温度控制在 393℃ 以内,太阳能产生蒸汽温度选为 372℃。

2. 典型日热力性能

为了获得典型日 ISCC 互补发电系统性能,需要分析典型日变辐照工况的聚光集热的瞬态性能。四季典型日分别选取了 3 月 21 日,6 月 21 日,9 月 21 日,12 月 21 日。图 4-4(a)～(d)分别分析了四季不同典型日辐照强度、有效聚光太阳能、集热量和聚光集热效率变化特征。从图中可以看出,传热工质质量流量、集热效率和太阳能集热功率随太阳能辐照强度增加而增加。太阳能集热场在夏天输出的热量高于其他季节,这是因为夏季太阳能辐照强度大、时间长。每天的集热场太阳能峰值输出一般在 10 点到 16 点之间。夏季,正午太阳能可达 130MW,此时,传热工质质量流量约为 500kg/s。此时,太阳能集热效率达到 0.80。

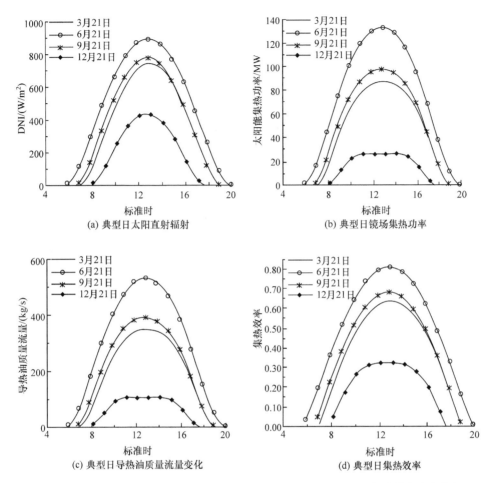

图 4-4 四季不同典型日辐照强度、有效聚光太阳能、集热量和聚光集热效率变化特征

图 4-5(a)～(d)表示四季典型日中互补电站热力性能的变化。从日出到日落，随太阳辐照变化，系统输出的电功率也在变化。夏季，由于太阳能辐射强度大、时间长，在燃气轮机燃料消耗量不变的情况下，系统输出功率增加明显，ISCC 电站输出电功率可达到 157MW，而夜间输出功率降为 134MW。太阳能占 ISCC 系统出功比例也随太阳辐射强度变化而波动。ISCC 系统循环效率也是评价其热力性能的重要指标，有太阳能输入时电站发电效率比夜间高，夏季太阳能直射辐照强度达到最高点时效率可达 67%，夜间系统效率为 57.5%。基于电厂在 ISCC 模式下运行和联合循环模式下运行输出功率的差值计算太阳能净发电效率，夏天可达 15%（赵雅文，2012）。

从上述典型实例可以看出，ISCC 技术的发展和推广还需要面临诸多工程问题。例如，当低辐照或没有太阳能输入时，ISCC 底部汽轮机必须在部分负荷下运

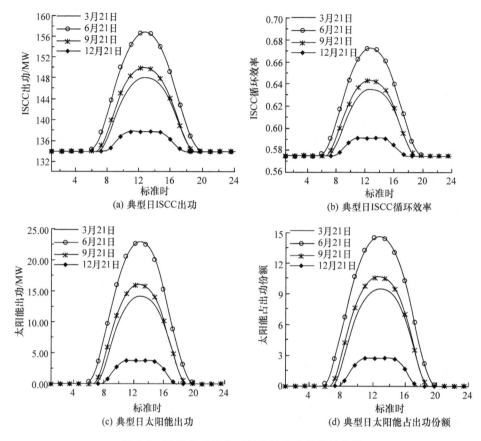

图 4-5　四季典型日中互补电站热力性能的变化

行,相应的效率较低。又如,太阳能蒸汽发生系统每年只能在电厂联合循环全年 6000～8000h 运行时间中运行 2000h,也就是说,对于承担基本负荷的联合循环电站,当没有蓄热系统时太阳能年贡献仅为 10%。围绕工程技术难题的相应科学问题值得探索,如适宜变辐照主动调控的 ISCC 系统集成方法,如何减小蒸汽轮机部分负荷效率降低的关键技术,这都涉及光学、热动力学、热力学等学科的交叉。

4.2.3　太阳能预热燃气轮机压缩空气互补发电

上述介绍的太阳能 ISCC 发电系统,主要是通过槽式聚光集热中温太阳能集成到联合循环底部朗肯循环。20 世纪 90 年代后期,在欧美太阳能项目资助下,德国宇航中心(DRL)的 Buck 等提出太阳能预热压缩空气联合循环发电(REFOS),并研制了太阳能燃气轮机关键部件。采用高聚光比的塔式聚光腔体式集热器,预热燃气轮机中压缩机出口空气,可节省燃烧室燃料消耗,如图 4-6 所示。燃机的燃烧室可将太阳能吸收器出口的空气温度(800~1000℃)继续提高,至燃机透平所需的进口温度(950~1300℃),起到弥补"温度间隙"的作用,同时在太阳能辐照波动时通过调节燃烧室的燃料量来保证系统的稳定出功。国际学者认为 ISCC 系统由于有限的太阳能热份额应是太阳能-化石燃料互补发电技术发展的近期阶段,而太阳能预热空气系统增大了系统总出功中太阳能净增功率所占份额,因而是太阳能热互补技术的中期阶段。

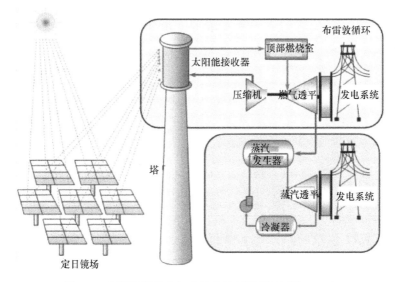

图 4-6　太阳能预热空气系统的流程简图(来源:Peter)

　　太阳能占系统总输入能量的份额随太阳能接收器出口空气温度变化,可通过提高中央接收器出口温度来提高太阳能的热输入份额,太阳能热份额可设计达到40%~90%。Barigozzi 等(2012)模拟了太阳能与简单布雷敦循环互补系统的热力性能,在设计条件下太阳能热份额约为 60%,节约燃料 65%,年均太阳能净发电效率可达 20%(Barigozzi et al.,2012)。太阳能变辐照时,可以通过调节燃料量弥补太阳能不足,保证燃气轮机进口温度不变,实现系统在满负荷状态下连续运行。但在太阳能预热空气过程中,在接收器和管路中会产生额外的压力损失,导致压比减小,最终出功和系统效率比燃机额定工况分别减小 14% 和 3%。
　　太阳能预热空气型互补系统一般采用容积式吸热器,容积式吸热器一般以蜂窝状或密织网状的多孔结构材料为吸热体,用于容积式吸热器的多孔材料主要有蜂窝陶瓷、发泡陶瓷、金属丝编织的多层密网等,聚焦太阳能将多孔结构的吸热体加热,空气被强制通过吸热器,与多孔结构对流换热后被加热至高温。1996 年,由德国的 DLR、西班牙的 CIEMAT 等联合实施的 REFOS 计划中,在西班牙的 PSA 太阳能试验基地测试了由 3 个模块组成的吸热器,每个吸热器模块的设计工作压力为1.5MPa,出口空气温度为800℃,单个模块的吸热功率为350kW。测试研究表明,REFOS吸热器模块的吸热效率可达80%。目前相关研究的试验示范项目还有2001年欧洲委员会资助的SOLGATE和以色列Consolar,两者分别正在研制出口温度能够达到1000℃和1200℃的中央接收器。

　　表4-4对30MW REFOS与310MW三压ISCC系统的技术经济性进行了比较,两者分别以258MW常规联合循环系统为参考系统。可以看出,虽然REFOS发电功率小于ISCC,但是太阳能净发电效率优于ISCC。此外,REFOS的发电成本也可与ISCC相媲美,白天运行时太阳能发电成本为0.1275美元/(kW·h)。

表4-4　REFOS与ISCC技术经济性比较

年均性能	白天		全天	
	REFOS	ISCC	REFOS	ISCC
太阳能集热效率/%	47.3	47.7	47.4	47.7
太阳能占总输入能量份额/%	28.6	12.5	15	7.1
新增太阳能发电功率份额/%	25.4	8.4	11.3	4.1
太阳能净发电效率/%	18.1	16.8	15.3	14.7
太阳能发电成本/(美元/(kW·h))	0.1275	0.1274	0.1367	0.1452

　　太阳能预热空气联合循环可应用于分布式供能领域,具有较好的应用前景。但该类电站发展的难点在于吸热器的设计上:一方面需要耐高温和热冲击的材料;另一方面高压空气经过吸热器时压力损失要小。此外,作为吸热工质的空气比热容小,不仅需要庞大体积的空气吸热器,而且吸热器悬挂在百米多高的塔上。由此,对于塔式聚光的太阳能与联合循环互补系统,在高温空气吸收器研制、吸收器材料、高温太阳能预热空气燃烧等方面还有待进一步突破。

4.3　太阳能与煤互补发电系统

4.3.1　基本概念

　　太阳能与煤互补发电技术近年来受到国际学者的关注,特别是对于中国能源结构而言,发展太阳能与煤互补发电,更具有重要现实意义。太阳能与煤互补发电(又称光煤互补)主要利用槽式聚光集热器产生300℃以下的中低温太阳热,替代汽轮机回热抽汽以加热锅炉给水,从而减少汽轮机回热抽汽量,增加电站出功,降低煤耗。光煤互补发电技术优势在于:第一,中低温聚光太阳能借助高容量高参数的汽轮机高效发电;第二,无需储能设备,变辐照变工况运行时可以通过调节抽汽流量实现系统稳定运行;第三,中低温聚光装置能采用聚光比小的集热器和廉价的

导热油,从而减小镜场投资。光煤互补系统可以分为如下三种集成方式,如图 4-8 所示:

(1) 太阳能引入给水预热过程:给水泵出来的给水被分成两路,一路经过各级给水加热器进行加热,另一路经过太阳能聚光集热系统,两路均被加热至锅炉进口给水参数,然后送入锅炉。

(2) 太阳能引入汽化过程:从给水加热器出来的锅炉给水被分成两路,一路进入燃煤锅炉,另一路经过太阳能集热系统,两路均生成饱和蒸汽,混合后进入汽包。

(3) 太阳能同时引入给水预热和汽化过程:是上述(1)和(2)过程的组合,给水泵出来的给水分两路,一路送入给水加热器,之后进入锅炉产生饱和蒸汽,另一路直接送入太阳能集热系统产生饱和蒸汽。

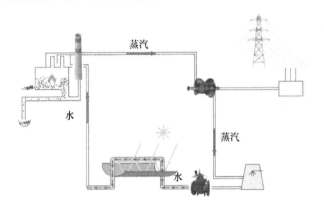

图 4-7　光煤互补发电概念图

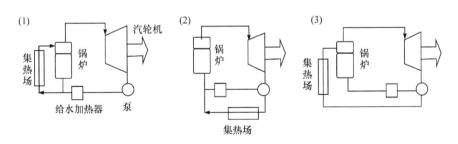

图 4-8　光煤互补的三种集成方式

光煤互补发电也可以分为节煤型和增发型。节煤型是指维持蒸汽轮机发电功率固定,当太阳辐照充足时,减小燃煤煤输入量;增发型是指保持互补前后燃煤的输入量一定,当太阳辐照充足时,互补系统的总出功随之增加。澳大利亚的 Eric Hu 团队最早研究了槽式太阳能驱动的光煤互补发电系统。研究表明:用槽式聚光集热替代汽轮机回热抽汽时,原燃煤电站的出功最高可增加约 30%。美国 Xcel Energy 公司在科罗拉多州建造了全球第一座太阳能与煤互补发电示范电站

（图 4-9）。该电站利用槽式聚光集热器对容量为 44MW 的燃煤机组进行改造，互补系统于 2010 年 6 月成功运行，耗资 450 万美元。该电站太阳能集热面积为 6664m²，集热功率为 4MW，工作时，槽式太阳能聚光集热器将集热管中的导热油加热到 300℃，导热油被油泵运送到燃煤机组处，通过热交换器，将原回热系统两级给水加热器间的给水加热到 200℃左右，然后给水进入锅炉。测试结果表明，采用槽式太阳能聚光集热器对燃煤电站进行改造使得电厂效率提高了 3%～5%，减少了约 2000t 二氧化碳排放。该电站验证了太阳能热与常规火电机组联合发电的可能性，但项目后因其所配套的燃煤机组退役而退役。

图 4-9　科罗拉多光煤互补项目（来源：NREL）

澳大利亚于 2011 年也启动了一项利用太阳能对 750MW 燃煤机组（Kogan Creek）进行改造的示范工程，如图 4-10 所示。该工程采用线性菲涅耳式太阳能聚光集热器直接加热水，产生 270～500℃高压蒸汽，进入原燃煤电站的汽轮机为其

图 4-10　Kogan Creek 火电厂光煤互补项目（来源：Clean Energy）

扩容。该项目耗资约一亿美元,预计运行后原燃煤机组汽轮机出功增加约44MW。该电站是首次采用线性菲涅耳聚光集热与燃煤机组互补发电的示范工程,也是现如今全球规模最大的光煤互补项目,建成后预计每年减排二氧化碳 35600t。

除了上述两座典型的光煤互补示范电站,国际上还有多座已建成或已启动的光煤互补项目。如美国亚利桑那州 Tucson 公司的 Sundt 燃煤电站互补项目,以及澳大利亚新南威尔士州麦格理电力 Liddell 燃煤电站互补项目。

4.3.2　典型实例

对于光煤互补发电系统,太阳能净发电效率受替代抽气级数影响很大。以图 4-11 为实例,采用 300℃以下的中低温太阳能,替代 200MW 再热式亚临界燃煤电站除氧器后的三级高压抽汽。太阳能给水加热器由若干抛物槽式太阳能集热器通过串联或并联组成,产生 300℃以下中低温太阳热能,将除氧器出口的高压给水加热至锅炉进口水温,被替代的高压蒸汽抽汽可以在汽机中继续膨胀做功,增加系统出功。动力循环子系统和太阳能给水加热子系统通过油水换热器衔接在一起。在非设计辐照条件下,启用原有高压给水加热器,系统恢复至互补前的流程结构,太阳能不需要额外的蓄能装置(Zhao et al.,2014)。

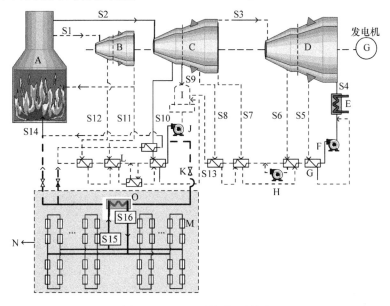

图 4-11　ISST 系统流程简图

A-燃煤锅炉;B-蒸汽轮机高压缸;C-蒸汽轮机中压缸;D-蒸汽轮机低压缸;E-冷凝器;F-凝结水泵;G-低压给水加热器;H-疏水泵;I-除氧器;J-高压给水泵;K-阀门;L-高压给水加热器;M-抛物槽式集热器;N-太阳能给水加热器

表 4-5 ISST 系统状态参数

物流	温度/℃	压力/bar	流量/(t/h)	物流	温度/℃	压力/bar	流量/(t/h)
S1	535.0	130.0	610.0	S9	383.1	6.9	13.9
S2	535.0	22.0	529.1	S10	462.9	12.4	0
S3	259.0	2.46	553.8	S11	316.5	24.9	0
S4	35.9	0.06	496.0	S12	371.1	38.3	0
S5	101.5	0.40	29.8	S13	138.8	6.5	503.5
S6	212.8	1.5	28.0	S14	247.4	165	610
S7	259.0	2.5	15.8	S15	267.4	30.0	1179.0
S8	324.4	4.3	14.0	S16	183.0	30.0	1179.0

　　该互补电站位于宁夏回族自治区石嘴山市,该地区日照时间长(年日照时间达2300~3100h),大气透明度好,年总辐射量为 5000~6100MJ/m²,属于全国太阳能资源五级分类中的一类地区。且石嘴山拥有广阔的沙漠、戈壁和荒地,地势平坦,电网接入便利,具有建设太阳能热发电站优良的气象地理条件。根据中国典型气象年(TMY)数据,石嘴山地区年辐照资源月分布如图 4-12 所示,全年直射辐射总量可达到 2142kW·h/m²,全年有效辐射在 300W/m² 以上的日照时数为 2633h。这里选取晴朗的夏日中午 12 点为设计点(DNI=1000W/m²,余弦角为 16°),镜场平均集热温度分别为 225℃。为确定镜场规模,引入太阳能倍率(SM),定义为太阳镜场实际提供热量与设计工况下动力岛所需热量之比。考虑到 ISST 系统中没有蓄能装置,为避免夏季大多数时段部分镜场的闲置,太阳能镜场不宜过大,这里

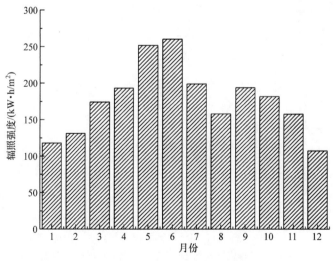

图 4-12　石嘴山全年辐照月分布

SM 取为 1.1。太阳能镜场中采用 Luz 公司的 LS2 型抛物槽式集热器,聚光比为 71,设计点光学效率为 74%。采用导热油 Dowtherm Q 作为传热介质,在温度 425℃以下可正常工作。

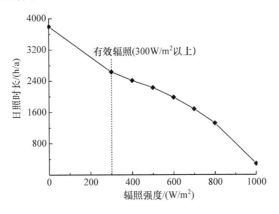

图 4-13　石嘴山日照时长

太阳能作为互补系统输入能量之一,与化石能源共同经历了能量转化为功的过程。为衡量互补系统的能量转化效率,基于热力学第一定律,定义系统的热效率和太阳能净发电效率如下(赵雅文,2012):

系统热效率:
$$\eta_{th} = \frac{W}{m_{coal \cdot LHV}} \tag{4-1}$$

式中 W 是系统总出功,$m_{coal \cdot LHV}$ 是输入系统煤的热值。

太阳能净发电效率:
$$\eta_{sol\text{-}to\text{-}electric} = \frac{W_{ISST}(t) - W_{coal}}{DNI(t) \cdot S} \tag{4-2}$$

式中 $W_{ISST}(t)$ 是互补系统出功,W_{coal} 是燃煤发电系统出功,$DNI(t)$ 是太阳直射辐照强度,S 是集热镜场开口面积。

为衡量太阳能对系统的贡献度,定义太阳能占系统总输入能量的份额为太阳能热份额,$Q_{sol,abs}$ 是导热介质吸收的太阳能,太阳能份额可以表达如下:

$$g_{ss} = \frac{Q_{sol,abs}(t)}{Q_{sol,abs}(t) + m_{coal \cdot LHV}} \tag{4-3}$$

此外,因互补系统同时有化石能源和太阳能两种不同品质的能源输入,基于热力学第二定律,系统㶲效率定义如下:

$$\eta_{ex} = \frac{W_{ISST}(t)}{Q_{sol,abs}\left(1 + \dfrac{T_0}{T}\right) + m_{coal} \cdot \Delta\varepsilon_{coal}} \tag{4-4}$$

其中 $W_{ISST}(t)$ 是系统出功,$m_{coal} \cdot \Delta\varepsilon_{coal}$ 是输入系统煤的化学㶲,T_0 是环境温度,T

是太阳能集热器串型结构(loop)中介质的平均吸热温度。煤的化学㶲可通过固体燃料化学㶲表达式,根据煤的低位热值及煤中 C、H、O、N 质量分数具体计算。

从表 4-6 可看出,ISST 互补发电系统中,互补系统出功从原燃煤发电系统 200.0MW 增至 224.6MW,提高了 12.3%,系统热效率提高了近 4%。标准煤耗由 322.48g/(kW·h)降至 292.77g/kWh,节约标煤 29.71g/(kW·h)。由此可见,原燃煤发电系统进行互补改造后热力性能提升显著。与单纯太阳能热发电相比,由于平均集热温度下降,互补系统设计点的镜场集热效率为 70.1%,比单纯太阳能热发电高出 4%,太阳集热功率为 63.51MW,太阳能净发电效率可达 24.2%,即使集热温度下降了 100℃,互补系统太阳能发电效率仍可与单纯太阳能槽式热发电技术相竞争。

表 4-6　设计点热力性能比较

项目	原燃煤发电系统	ISST 互补系统	单纯太阳能热发电系统
集热镜场开口面积/m²		97463	151361
汽轮机平均内效率		0.87	0.77
系统热效率/%	38.1	42.0	—
出功/MW	200	224.6	30
标准发电煤耗/(g/(kW·h))	322.48	292.77	—
太阳能集热功率/MW	—	63.51	89.2
太阳能热份额/%	—	10.61	100
集热效率/%	—	70.1	66.1
太阳能净增发电功率/MW	—	21.1	30
设计点太阳能净发电效率/%	—	21.2	20.1
峰值太阳能净发电效率/%	—	24.2	22.0

表 4-7 显示,互补系统中加入太阳能后,再热量增加引起煤耗上升,导致锅炉中㶲损失略增加 0.12%。回热系统中给水加热器传热过程㶲损失比互补前增加 6%,而由于前三级高压抽汽被替代,回热系统蒸汽抽汽混合和节流带来的㶲损失比互补前混合和节流㶲损失减少了 41%。输入燃料㶲一定的情况下,互补系统的出功达到 8440kJ/kg-coal,比传统燃煤电站出功高约 10%。

表 4-7　互补系统和燃煤发电系统的㶲损失比较

项目	互补系统		燃煤发电系统	
	㶲/(kJ/kg-coal)	比重/%	㶲/(kJ/kg-coal)	比重/%
煤	20197.61	95.55	20197.61	100.00
太阳热流㶲	940.11	4.45	0.00	0.00
输入总量	21137.72	100.00	20197.61	100.00
锅炉子系统				
传热	2261.69	10.70	2258.97	11.18
排烟、灰渣、散热和不完全燃烧	658.39	3.11	657.60	3.26
燃烧	7888.49	37.32	7879.01	39.01
动力子系统				
汽机	1196.14	5.66	1084.39	5.37
给水加热器	223.85	1.06	210.56	1.04
泵	27.45	0.13	27.57	0.14
混合	13.64	0.06	22.86	0.11
节流	11.79	0.06	20.36	0.10
冷凝器	416.32	1.97	360.81	1.79
出功	8439.95	39.93	7675.47	38.00
输出总量	21137.72	100.00	20197.61	100.00

为研究光煤互补技术对互补前燃煤机组性能的影响,国内外学者以印度正在运行的一台 500MW 亚临界燃煤机组和一台 600MW 超临界燃煤机组为基础,对两机组改造后的光煤互补发电系统进行了分析,发现用太阳能替代全部给水加热器的瞬时节煤率可达 14%～19%。用太阳能替代高压给水加热器时,瞬时节煤率为 5%～6%,全年二氧化碳减排量分别可达 62000t 和 65000t。当太阳能直接产蒸汽与 600MW 超临界燃煤机组互补结合时,设计条件下,系统热效率将从 47.7% 升高到 48.5%,热耗率将从 7648kJ/(kW·h)下降到 7535kJ/(kW·h),煤耗量将从 284g/(kW·h)降低到 279g/(kW·h)(赵雅文等,2011)。

为研究光煤互补技术对太阳能净发电效率的提高作用,学者们通常将光煤互补发电系统与单一太阳能热发电系统性能进行对比。如将南非 Lephalale 地区建设光煤互补发电系统与当地单一太阳能热发电系统进行对比,结果表明互补系统太阳能年发电量比相同太阳能输入的单一热发电系统高 25% 左右,发电成本约为单一太阳能热发电的 72%。华北电力大学杨勇平研究组研究了 200～1000MW

不同光煤互补发电系统的性能,得出如下结论:与单一太阳能热发电相比,光煤互补能够有效提升太阳能净发电效率。相较于超超临界机组,亚临界和超临界机组的提升效果更明显。

4.4　热互补机理

目前多数研究为了提高互补发电太阳热的份额,从太阳能与燃煤的能"量"互补思路,对不同互补集成方式进行研究。从能量守恒的角度,指出互补系统太阳能净出功增加和太阳能净发电效率提高的现象。但是,对于太阳能净发电效率提高的根本原因未能给出更好的揭示。本节从互补过程不可逆损失减小与太阳能净出功的相互关系,认知聚光比、品位匹配为主要特征的太阳能净发电效率理论表征式,分析聚光比、集热品位、替代抽汽品位对太阳能互补净发电效率的影响,不同于单一太阳能热发电,可以看到互补系统的聚光比与品位匹配紧密联系的新规律,我们还得到了不同规模光煤互补发电系统集成原则。

4.4.1　太阳能互补净发电效率

由于太阳能与煤互补关键过程是太阳能替代给水加热,在互补能量守恒基础上,进一步研究互补前后给水加热过程不可逆损失和太阳集热品位的变化(彭烁,2015)。

互补系统能量守恒和㶲平衡:

$$Q_f + Q_{sol} + H_w = H_{st} \tag{4-5}$$

$$\Delta E_f + \Delta E_s + \Delta E_w = W_{hyb} + \Delta EXL_{hyb} \tag{4-6}$$

燃煤单独发电系统能量守恒和㶲平衡:

$$Q_f + H_{ex} + H_w = H_{st} \tag{4-7}$$

$$\Delta E_f + \Delta E_w = W_{fos} + \Delta EXL_{fos} \tag{4-8}$$

这里 Q_{sol} 和 ΔE_s 分别表示太阳能输入热和太阳能输入㶲,W_{hyb} 和 W_{fos} 分别表示互补热力循环和燃煤发电热力循环出功,ΔEXL_{hyb} 和 ΔEXL_{fos} 分别表示互补系统和燃煤系统的㶲损失。

$$W_{solar} = \Delta E_s + (\Delta EXL_{fos} - \Delta EXL_{hyb}) \tag{4-9}$$

由于锅炉给水和出口蒸汽参数不变,因此我们可以认为互补前后锅炉㶲损失不变。另外,对于一个理论过程,汽轮机的绝热效率可以认为是100%,汽轮机的㶲损失可以忽略不计。于是,互补系统的太阳能净出功可以表示为

$$W_{solar} = \Delta E_s + (\Delta EXL_{H\text{-}fos} - \Delta EXL_{H\text{-}hyb}) \tag{4-10}$$

在以往研究中,互补系统太阳能净出功是通过建立互补前后系统输出功之差得到的。这里,通过建立太阳能净出功与互补㶲损失变化关系,可以看出,互补系

统太阳能净出功不仅与输入太阳热(ΔE_{s})相关,还与互补前后损失之差($\Delta \mathrm{EXL_{H\text{-}fos}}-\Delta \mathrm{EXL_{H\text{-}hyb}}$)紧密相关。若互补损失($\Delta \mathrm{EXL_{H\text{-}hyb}}$)减小,互补系统能将燃煤机组一部分损失转化为输出功,从而使互补系统的太阳能净出功(W_{solar})高于输入太阳热㶲(ΔE_{s})。

㶲损失可以表达为$\Delta \mathrm{EXL}=\Delta H(A_{\mathrm{ed}}-A_{\mathrm{ea}})$,其中$A_{\mathrm{ed}}$和$A_{\mathrm{ea}}$分别是能量释放侧和能量接收侧的品位。对于这里的给水加热过程,互补前后能量释放侧的品位分别为替代抽汽放热品位(A_{steam})和导热油放热品位(A_{abs}),互补前后能量接收侧品位均为给水吸热品位(A_{water})。于是互补前后给水加热器的损失可分别表示为

$$\Delta \mathrm{EXL_{H\text{-}hyb}}=Q_{\mathrm{solar}}(A_{\mathrm{abs}}-A_{\mathrm{water}}) \tag{4-11}$$

$$\Delta \mathrm{EXL_{H\text{-}fos}}=Q_{\mathrm{solar}}(A_{\mathrm{steam}}-A_{\mathrm{water}}) \tag{4-12}$$

将两式相减可得

$$\Delta \mathrm{EXL_{H\text{-}fos}}-\Delta \mathrm{EXL_{H\text{-}hyb}}=Q_{\mathrm{solar}}(A_{\mathrm{steam}}-A_{\mathrm{abs}}) \tag{4-13}$$

$$W_{\mathrm{solar}}=\Delta E_{\mathrm{s}}+Q_{\mathrm{solar}}(A_{\mathrm{steam}}-A_{\mathrm{abs}}) \tag{4-14}$$

从上式可以看出,互补系统太阳能净出功与输入太阳热㶲(ΔE_{s})以及替代抽汽与集热品位差有关。当返回汽轮机的回热抽汽品位低于太阳能集热品位($A_{\mathrm{steam}}-A_{\mathrm{abs}}<0$)时,互补系统的太阳能净出功低于单一太阳能热发电系统的最大出功量。当返回汽轮机的回热抽汽品位高于太阳能集热品位($A_{\mathrm{steam}}-A_{\mathrm{abs}}>0$)时,互补系统的太阳能净出功高于单一太阳能热发电系统的最大出功量。

进一步,我们可以得到太阳能净发电效率的表达式:

$$\eta_{\mathrm{hyb}}=\frac{W_{\mathrm{solar}}}{IS}=\frac{\Delta E_{\mathrm{s}}}{IS}+\frac{Q_{\mathrm{solar}}(A_{\mathrm{steam}}-A_{\mathrm{abs}})}{IS} \tag{4-15}$$

输入太阳热㶲可以表示为$\Delta E_{\mathrm{s}}=IS\times \eta_{\mathrm{col}}\times \eta_{\mathrm{carnot}}$,其中$\eta_{\mathrm{col}}$是聚光集热效率,$\eta_{\mathrm{carnot}}$是集热温度对应的卡诺循环效率。由于聚光集热效率与卡诺循环效率的乘积是单一太阳能热发电系统的发电效率,即

$$\eta_{\mathrm{sol\text{-}only}}=\eta_{\mathrm{col}}\times \eta_{\mathrm{power}}=\frac{\Delta E_{\mathrm{s}}}{IS} \tag{4-16}$$

其中η_{col}是聚光集热效率,η_{power}是动力循环效率。

因此,光煤互补发电系统的太阳能净发电效率可以表示为

$$\eta_{\mathrm{hyb}}=\eta_{\mathrm{sol\text{-}only}}+\eta_{\mathrm{col}}(A_{\mathrm{steam}}-A_{\mathrm{abs}}) \tag{4-17}$$

从上式可以看出,光煤互补发电系统的太阳能净发电效率可以表示为两部分之和,一部分为单一太阳能热发电系统的太阳能热发电效率,另一部分为聚光集热效率与品位差之积。因此,互补系统效率提升的主要原因是太阳能集热品位被提升到替代抽汽品位。

4.4.2　太阳能净发电效率特征

1. 集热温度对太阳能净发电效率的影响

集热温度是聚光集热效率的一个重要影响因素。图 4-14 表示不同替代抽汽与集热品位差下集热温度对太阳能净发电效率的影响。从目前商业化运行的 100～1000MW 火电机组的运行数据来看,替代抽汽与集热品位差均在 0.01～0.04。在考虑该范围内的替代抽汽与集热品位差时,互补太阳能净发电效率随着替代抽汽与集热品位差的提升逐渐提高。对于给定的替代抽汽与集热品位差,太阳能净发电效率具有最优特征。这是由于集热或抽汽做功能力随集热温度的升高而升高,而聚光集热效率随集热温度的升高而降低,从而使太阳能发电效率存在峰值。

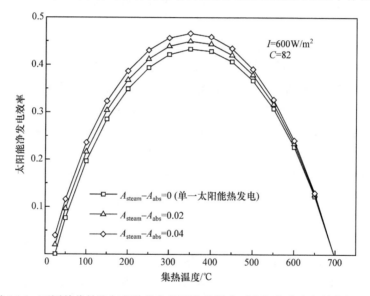

图 4-14　不同替代抽汽与集热品位差下集热温度对太阳能净发电效率的影响

另外,对于不同的替代抽汽与集热品位差,光煤互补发电系统的太阳能净发电效率均明显高于单一太阳能热发电系统。这是由于给水加热器中的能量释放侧由较高的抽汽品位变为较低的太阳能集热品位,具有较高做功能力的回热抽汽返回汽轮机做功,增加了汽轮机出功量。这就意味着在镜场面积相同的情况下,光煤互补发电系统的出功量将高于单一太阳能热发电系统,为降低太阳能热发电单位总投资成本提供了途径。

2. 替代抽汽品位对太阳能净发电效率的影响

图 4-15 表示抽汽品位对太阳能净发电效率的影响。对于给定的替代抽汽与

集热品位差,太阳能净发电效率随着替代抽汽品位的升高存在峰值。峰值太阳能
净发电效率对应的替代抽汽品位为 0.5～0.6。另外,随着替代抽汽品位的增大,
集热温度和集热品位升高,当集热温度升高到一定程度时,聚光集热效率会下降,
从而造成太阳能净发电效率的下降。从图中还可以发现,当替代抽汽品位较低时,
太阳能净发电效率基本不受替代抽汽集热品位差的影响。该结果表明,替代高品
位的抽汽并不总是有助于提高互补系统的太阳能净发电效率,这对互补系统如何
选取替代抽汽级具有指导意义。

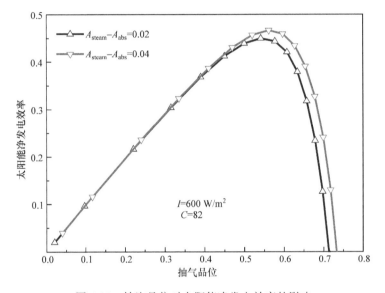

图 4-15 抽汽品位对太阳能净发电效率的影响

抽汽温度与抽汽压力影响替代抽汽品位,从图 4-16 中可以看出,对于一定的
抽汽压力,太阳能净发电效率随着抽汽温度的升高而升高,而且升幅逐渐增大。对
于一定的抽汽温度,太阳能净发电效率随着抽汽压力的升高而升高,但升幅逐渐减
小。这是由于抽汽品位随着抽汽温度与抽汽压力的升高而升高(图 4-15),而在目
前燃煤机组的抽汽品位范围内,太阳能净发电效率随着替代抽汽品位的升高而增
大(图 4-16)。

4.4.3 互补发电的最佳聚光比

由上可知,当太阳能聚光集热器的聚光比改变时,峰值太阳能净发电效率对应
的最佳集热温度也会变化。因此对于不同的集热温度,应该存在对应最优集热温
度的最佳聚光比。

对于上述互补的太阳能净发电理论效率而言,可以改写为

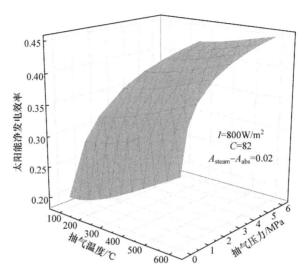

图 4-16　抽汽温度与抽汽压力对太阳能净发电效率的影响

$$\eta_{\text{hyb}} = \left(1 - \frac{\sigma T_{\text{Rec}}^4}{IC}\right) \times \left(1 - \frac{T_0}{T_{\text{Rec}}}\right) + \left(1 - \frac{\sigma T_{\text{Rec}}^4}{IC}\right)\Delta A \tag{4-18}$$

其中 ΔA 是替代抽汽与集热品位差，$\Delta A = (A_{\text{steam}} - A_{\text{abs}})$。

将该式对集热温度求偏导数，可以得到

$$\frac{\partial \eta_{\text{hyb}}}{\partial T_{\text{Rec}}} = (1 + \Delta A)T_{\text{Rec}}^5 - 0.75T_0 \times T_{\text{Rec}}^4 - \frac{T_0 IC}{4\sigma} = 0 \tag{4-19}$$

因此，光煤互补发电系统不同集热温度对应的最佳聚光比为

$$C = \frac{4\sigma((1 + \Delta A)T_{\text{Rec}}^5 - 0.75T_0 \times T_{\text{Rec}}^4)}{T_0 I} = f(\Delta A, I, T_{\text{Rec}}) \tag{4-20}$$

从该式可以看出，光煤互补的最佳聚光比和替代抽汽与集热品位差(ΔA)、太阳辐照强度(I)、集热温度(T_{Rec})有关。若 $\Delta A = 0$，此时的最佳聚光比可以认为是单一太阳能热发电的最佳聚光比，这时，式(4-19)将变为式(4-20)。

图 4-17 表示不同替代抽汽与集热品位差下，单一太阳能热发电和互补系统集热温度对最佳聚光比的影响。从图中可以看出，对于单一太阳能热发电系统，集热温度 390℃对应的最佳聚光比约为 82，与目前国际上正在运行的槽式太阳能电站的聚光比相符合。对于互补系统，不同集热温度对应的最佳聚光比略高于单一太阳能热发电系统。该结论对互补系统聚光比的选取具有指导意义。

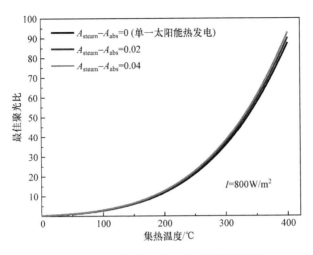

图 4-17　不同集热温度对应的最佳聚光比

4.4.4　光煤互补系统集成原则

从上可以看出,聚集 300℃太阳热与常规燃煤电站中回热系统中给水温度相匹配,用此替换高温高压蒸汽抽气加热锅炉给水,一方面,使高品位蒸汽热能可继续膨胀做功,增加热力循环出功;另一方面,不同于相同集热温度的太阳能的热利用,太阳能与煤互补可以将 300℃左右的太阳热通过高温蒸汽轮机实现热转功发电,且互补系统的太阳能净发电效率可以近 20%。这样,不仅避免了过高集热温度导致较大的散热损失(如导热介质平均集热温度从 250℃上升至 400℃,散热损失将增加 2.3 倍),而且利用价格低廉的矿物油作为导热介质,同时克服了高温槽式真空集热管玻璃金属焊接的技术瓶颈。

从深层次看,这类互补发电系统集成具有以下两种原则(赵雅文,2012)。

1. 太阳热与热力循环热能之间存在品位匹配,不可逆损失减少

原燃煤电站中,部分高温、高压的高品位(320~460℃)蒸汽抽汽被用于在回热系统中加热低品位(160~250℃)锅炉给水,传热过程较大的品位差导致较大的蒸汽㶲损失。而在太阳能与煤互补发电系统中,利用品位与给水侧相匹配的中低温(300℃以下)太阳能加热给水,具有较强做功能力的蒸汽抽汽可继续在燃煤电站的高效汽轮机中膨胀做功,从而实现蒸汽和太阳与热力循环的热能品位匹配。比起原燃煤电站,新增功量主要由两部分组成:由不可逆损失减小带来的功增量(蓝色面积)和输入系统的太阳能热流㶲带来的功增量(黄色面积)(图 4-18)。

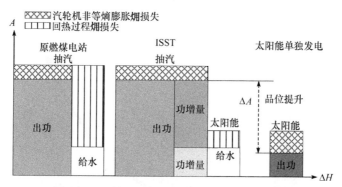

图 4-18　互补系统集成原则示意图(后附彩图)

2. 中温太阳热品位提升

利用中低温太阳能直接进行热发电,由于主蒸汽温度较低,相应采用的蒸汽轮机机组规模小,内效率低,蒸汽膨胀做功过程中㶲损失较大,其出功可用图 4-18 中红色面积表示。而在 ISST 互补系统中,中低温太阳能间接通过高品质蒸汽抽汽在大规模燃煤机组的高效汽机中膨胀做功,蒸汽在汽机内部非等熵膨胀过程中产生的通流不可逆损失较小,可实现太阳能的高效热转功,带来的功增量如图 4-18 中蓝色和黄色面积所示。通过与单纯太阳能热发电比较,ISST 系统中的中低温太阳热能的品位可以被提升 ΔA,这不仅为传统燃煤电站扩容增效提供了新的方法,更为中低温太阳能的高效规模化利用寻找到一条近期可以实现的新途径(赵雅文,2012)。

根据对于 ISST 系统太阳能净发电效率表达式的推导,与太阳能单独发电相比,只有互补相对收益大于 1 才意味着太阳能借助燃煤电站实现了高效热转功,否则,与燃煤电站并没有产生互补和品位提升的作用。因而,ISST 系统集成的重要原则就是满足热互补相对收益大于 1(Zhao et al.,2013)。

以 200MW 传统燃煤电站为例,汽轮机内效率约为 0.87,共有 8 级蒸汽抽汽,一定太阳辐照($800W/m^2$)下产生 300℃以下太阳热能替代不同的蒸汽抽汽加热给水,结果如图 4-19 所示。可以发现,从高压到低压,随着所替代低压抽汽数目的逐渐增加,ISST 系统太阳能净发电效率逐渐下降。考虑单纯太阳能热发电系统 SEGSVI 中汽机内效率约为 0.77,图中虚线代表了利用太阳能直接做功的太阳能发电效率,由此可见,只替代前三级蒸汽抽汽时才满足 ISST 系统太阳能净发电效率(27%~31%)高于太阳能单独发电效率(24%),互补相对收益大于 1。这主要是由于随着替代级数增加,替代抽汽的平均品位逐渐下降,与太阳热能品位差缩小,互补收益逐渐减小。只有替代前三级蒸汽抽汽不仅增加了原系统出功,提高了其循环热效率,更能够实现中低温太阳能高效热转功,符合热互补系统的集成原则。

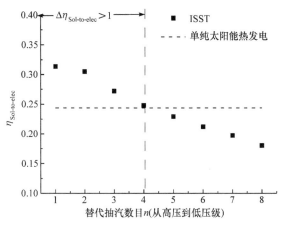

图 4-19 ISST 系统中太阳能净发电效率随替代抽汽数目的变化规律

4.5 太阳能净发电效率修正

对于一个实际太阳能与煤互补发电站,回热抽汽返回汽轮机后对汽轮机内效率会造成一定的波动。若考虑该波段对汽机流动不可逆损失,互补系统的太阳能净发电效率应予以修正(彭烁,2015)。

通过汽轮机内效率 η_{tur} 可以描述其内部不可逆损失,则互补前后汽轮机内的不可逆损失表示为

$$\Delta\text{EXL}_{\text{st-fos}} = \left(\frac{1}{\eta_{\text{tur}}} - 1\right)W_{\text{st}} \tag{4-21}$$

$$\Delta\text{EXL}_{\text{st-hyb}} = \left(\frac{1}{\eta_{\text{tur-hyb}}} - 1\right)W_{\text{st-hyb}} \tag{4-22}$$

其中 η_{tur} 和 $\eta_{\text{tur-hyb}}$ 分别是互补前和互补后的汽轮机内效率,W_{st} 和 $W_{\text{st-hyb}}$ 分别是互补前和互补后的汽轮机出功。

于是,上述太阳能净发电功率与不可逆性关系式进而写为

$$W_{\text{solar}} = \Delta E_{\text{s}} + (\Delta\text{EXL}_{\text{heater-fos}} - \Delta\text{EXL}_{\text{heater-hyb}}) + (\Delta\text{EXL}_{\text{st-fos}} - \Delta\text{EXL}_{\text{st-hyb}})$$

太阳能净发电效率理论表达式修正为

$$\eta_{\text{hyb-real}} = \frac{W_{\text{solar}}}{IS} = \eta_{\text{col}}A_{\text{steam}}\eta_{\text{tur-hyb}} + \frac{\left(\dfrac{\eta_{\text{tur-hyb}}}{\eta_{\text{tur}}} - 1\right)W_{\text{fos}}}{IS}$$

$$= f\left(\eta_{\text{col}}, A_{\text{steam}}, \frac{\eta_{\text{tur}}}{\eta_{\text{tur-hyb}}}, W_{\text{fos}}\right) \tag{4-23}$$

图 4-20 对太阳能净发电修正后的效率与理论值进行比较。从图中可以发现,

修正后太阳能净发电效率比理论值低 20% 左右。这主要有两方面的原因:一方面是汽轮机不可逆损失造成汽轮机内效率波动,进而影响了汽轮机出功量;另一方面是聚光集热效率的影响。在汽轮机内效率和聚光集热效率方面,一部分是由于槽式聚光集热器在聚光过程中存在光学损失,另一部分是由于槽式聚光集热器在集热过程中存在散热损失。

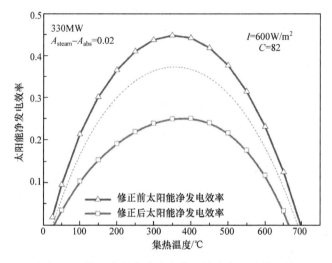

图 4-20　修正太阳能净发电修正效率与理论值比较

　　另外,实际的太阳能聚光集热器不能当做黑体来考虑,若以能够代表成熟技术的 LS-3 型槽式太阳能聚光集热器为例,实际槽式聚光集热效率表示为

$$\eta_{COL} = \frac{\eta_{OPT} \times I \times S \times \cos\theta \times K_\theta \times \kappa_\theta \times \eta_{sh,\theta} \times F_e - \left[a_1(T_f - T_a) + a_2(T_f^4 - T_a^4)\right]}{IS}$$

$$(4\text{-}24)$$

其中 η_{OPT} 是集热器光学效率,I 是太阳直射辐照强度,S 是聚光集热器开口面积,θ 是太阳入射角,K_θ 是入射角修正系数(IAM),κ_θ 是端部损失修正系数,$\eta_{sh,\theta}$ 是遮挡损失修正系数,F_e 是镜面清洁度,a_1 和 a_2 是对流换热系数和热辐射系数($a_1 = 0.41, a_2 = 1.11 \times 10^{-8}$),$T_f$ 是导热油平均吸热温度,T_a 是环境温度。

　　修正前后太阳能净发电效率的差别从另一方面指出了互补系统太阳能净发电效率的提升潜力。图 4-20 中的黑线与虚线之间的区域表示汽轮机内效率方面的潜力,这部分潜力可以通过两个途径来挖掘,第一个途径是通过汽轮机内效率,减小互补前后汽轮机内效率的波动。另外,图 4-20 中灰线与虚线之间的区域表示聚光集热效率方面的潜力,这部分潜力可以从改变聚光集热方法,减小余弦损失方面入手。

　　这里考虑了三个不同规模的火电机组(150MW、330MW、600MW)。从

图 4-21 中可以看出,对于一个给定的火电机组,太阳能替代的抽汽级数越高,太阳能净发电效率越高。另一方面,330MW 机组和 600MW 机组的太阳能净发电效率差别不大,甚至在太阳能替代第一级和第二级抽汽时,330MW 机组的太阳能净发电效率超过了 600MW 机组。这表明,在利用太阳能改造燃煤机组时,应该尽可能替代较高级抽汽,因为替代抽汽级越高,替代抽汽品位越高。在进行机组选择时,应该以替代抽汽品位为依据。

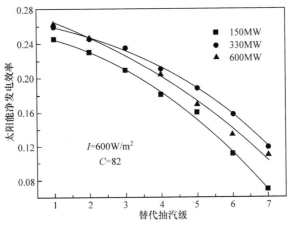

图 4-21 机组规模对太阳能净发电效率的影响

4.6 变辐照变工况热互补发电系统热力性能

由于全年太阳辐照强度、太阳入射角等气象条件变化剧烈,而且燃煤机组的汽机负荷受到用户侧用电需求的影响,因此,这类光煤互补发电系统总偏离设计工况,导致太阳能互补净发电年均效率降低。针对变辐照、变工况的互补发电系统的热力特性研究刚刚起步。本节以我国新疆地区某 330MW 燃煤机组为互补对象,阐述太阳辐照强度、太阳入射角等太阳非稳定输入变化对互补系统热力性能的影响,并结合汽轮机负荷全年实际运行特性,阐释互补系统四季典型日和全年互补系统的热力性能变化规律。

4.6.1 系统流程描述

图 4-22 是利用太阳能替代 330MW 燃煤机组的高加抽汽的互补发电系统的流程简图。该燃煤机组为再热式机组,汽轮机入口蒸汽温度为 538℃,压力为 16.7MPa,有三级高压给水加热器、三级低压给水加热器和一级除氧器。疏水是逐级自流方式。

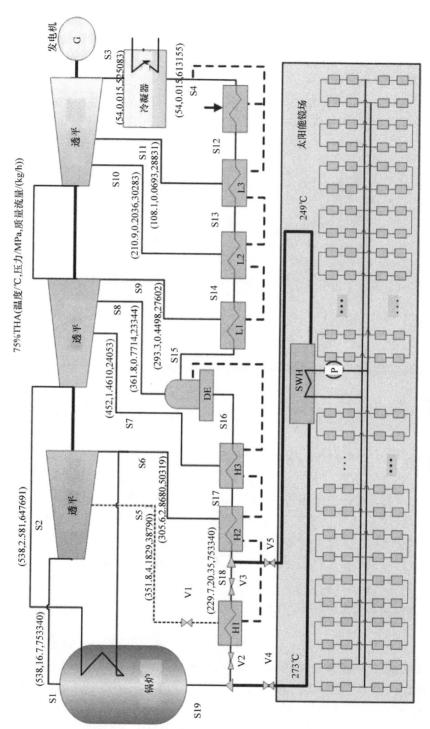

图 4-22　光煤互补发电系统流程简图

在设计工况时,太阳能聚光集热能实现对第一级高压加热器的完全替代,将全部给水加热到锅炉进口温度,然后送入锅炉。当太阳辐照强度不充足时,从第二级给水加热器来的给水被分为两股,一股送入太阳能给水加热器被太阳能加热,一股送入原给水加热器被回热抽汽加热。两股给水均被加热到锅炉给水温度,混合后送入锅炉。

我国新疆地区(纬度 44.1°N)辐照资源非常丰富,全年日照小时数可达到 3100h,全年太阳辐照总量高达 6600MJ/m²。太阳能集热场选用 LS-3 型槽式太阳能聚光集热器,跟踪方式选择南北布置东西跟踪。在以往的研究中,设计辐照强度通常选择典型日正午 12 点的辐照条件或者峰值辐照条件。这种设计方式使全年大部分时间处于变工况运行状态,镜场面积没有得到有效利用。为了实现年均聚光集热利用最大化,镜场面积最小,我们选取当地年均太阳辐照强度为设计工况,即 613W/m²。导热油在聚光集热器中的进出口温度根据第一级高压给水加热器的给水温度确定为 249℃和 271℃。

在动力岛方面,以往的研究通常选择汽轮机满负荷运行为设计工况,但是,从该典型 330MW 燃煤电站 2011 年的实际运行数据(图 4-23)中看到,该电站的全年运行平均汽轮机负荷为 75%左右。若按汽轮机满负荷运行为设计工况进行设计,将造成设计镜场面积过大,聚光集热岛与动力岛不匹配。因此,互补系统设计应考虑汽轮机年均运行负荷为设计工况。

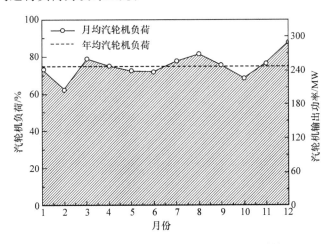

图 4-23 互补前燃煤机组 2011 年实际运行数据

4.6.2 聚光集热岛与动力岛之间运行参数相互影响

由前述可知,对于太阳能与煤互补发电系统,替代抽汽品位、互补前汽轮机出功和内效率由汽轮机负荷决定,聚光集热效率受太阳辐照强度和太阳入射角的影响,互补后的汽轮机内效率受抽汽返回率的影响。而抽汽返回率也是由太阳辐照强度、太阳入射角和汽轮机负荷决定的。下面侧重阐述在太阳辐照强度、太阳入射角、汽轮机负荷三个主要变量的影响下,互补系统变辐照、变工况的热力性能(许璐等,2014)。

1. 太阳辐照强度和太阳入射角对抽汽返回率的影响

抽汽返回率定义为返回汽轮机的抽汽量与互补前主蒸汽流量之比,它是连接集热岛和动力岛的关键参数。当太阳辐照强度和太阳入射角变化时,集热器集热量随之变化,从而影响抽汽焓替代比例和抽汽返回率,造成汽轮机内效率变化,使汽轮机出功变化。当汽轮机负荷和替代方式变化时,抽汽参数和给水温度随之变化,将影响集热温度和聚光集热效率,造成抽汽返回率和聚光集热效率的变化。

图 4-24 表示抽汽返回率随太阳辐照强度和太阳入射角的变化。对于一定的汽轮机负荷,抽汽返回率首先随着太阳辐照强度的升高而增大,然后到达一个峰值之后保持恒定。这是因为集热器吸收的太阳能随着太阳辐照强度的升高而增加,因此被太阳热能替代的汽轮机的回热抽汽量增加,返回汽轮机做功的回热抽汽增多,而汽轮机主蒸汽流量不变,因此抽汽返回率增加。另外,从图中可以看到,50%汽轮机负荷运行时,抽汽返回率的变化比 75% 和 100%汽轮机负荷运行工况剧烈。这是因为 50%汽轮机负荷下的抽汽温度、压力低于 75% 和 100% 汽轮机负荷下,于是单位抽汽量在给水加热器中的供热量较低,因此当太阳辐照强度和太阳入射角变化时,抽汽量的变化更加剧烈。

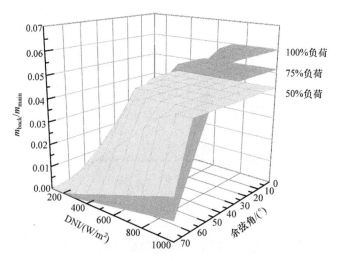

图 4-24　太阳辐照强度和太阳入射角对抽汽返回率的影响(后附彩图)

另一方面,对于一定的汽轮机负荷,随着太阳入射角的减小,抽汽返回率先升高,然后到达一个峰值并保持恒定。这是由于聚光镜的余弦损失随着太阳入射角的减小而减小,集热器吸收的太阳热能增加,从而使汽轮机回热抽汽量减小。而汽轮机主蒸汽流量不变,因此抽汽返回率增加。随着太阳入射角的进一步增大,集热器吸收的太阳热能将能够完全替代除氧器前第一级高压加热器抽汽,这时抽汽返回率将达到峰值并保持恒定。

2. 汽机岛独立变量对聚光集热效率的影响

图 4-25 描述了聚光集热效率随汽轮机负荷的变化规律。当入射太阳能能完全替代第一级回热抽汽时(如图中 $I=800\text{W}/\text{m}^2$、$\theta=10°$),聚光集热效率随着汽轮机负荷的升高而提高。这是因为汽轮机主蒸汽流量随着汽轮机负荷的升高而增加,因此给水加热器的热负荷随之增加,由于入射太阳能能完全替代第一级回热抽汽,于是集热器吸收的太阳热能增加。对于一定的太阳辐照强度和太阳入射角,入射太阳能一定,因此聚光集热效率升高。另一方面,当入射太阳能不能完全替代汽轮机第一级回热抽汽时(如图中 $I=400\text{W}/\text{m}^2$、$\theta=40°$),此工况下集热器集热量由太阳辐照强度和太阳入射角决定,集热量不发生变化。随着汽轮机负荷的升高,导热油平均吸热温度升高,聚光集热器的聚光集热效率降低。

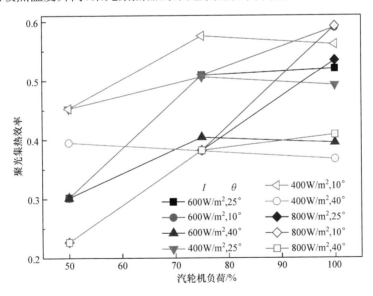

图 4-25　汽轮机负荷对聚光集热效率的影响

3. 不同汽轮机负荷下太阳辐照强度对太阳能净发电量的影响

太阳能净发电份额是太阳能净发电量与互补系统总发电量的比值。图 4-26 表示太阳能净发电量和太阳能净发电份额随太阳辐照强度的变化。对于三种不同汽轮机负荷,随着太阳辐照强度的升高,太阳能净发电量和太阳能净发电份额先升高,到达峰值后保持恒定。这是因为集热量随着太阳辐照强度的升高而增加,使太阳能净发电量增加,从而使太阳能净发电份额随之升高。当入射太阳能能完全替代第一级回热抽汽时,太阳能净发电量和太阳能净发电份额达到峰值并保持恒定。另一方面,随着汽轮机负荷的升高,峰值太阳能净发电量和太阳能净发电份额对应的太阳辐照强度升高。这是因为汽轮机负荷越大,给水流量越大,第一次高压加热器所需热量越多,因此太阳能完全替代第一级回热抽汽所需的太阳辐照强度越大。

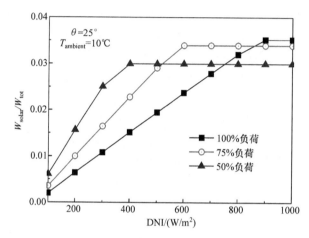

图 4-26　不同汽轮机负荷下太阳辐照强度对太阳能净发电量和太阳能净发电份额的影响

4.6.3　四季典型日变工况及全息工况性能

图 4-27～图 4-29 分别描述了四季典型日(3 月 1 日、6 月 1 日、9 月 1 日、12 月 1 日)互补聚光集热与动力岛的变化特征。图 4-27 描述了全天太阳直射辐照强度 DNI 的变化规律。

1. 聚光集热效率

图 4-28 表示汽轮机满负荷运行时四季典型日聚光集热效率的变化。从图中可以看出,夏至日的聚光集热效率能达到约 70%,而冬季太阳入射角较大,造成冬至日聚光集热效率只有 30% 左右,比夏至日低了 40% 左右(Peng et al.,2014)。

图 4-29 表示汽轮机部分负荷运行时夏至日和冬至日聚光集热效率变化。从图中可以看出,汽轮机 50% 负荷运行时的聚光集热效率略高于 75% 负荷,而汽轮机 75% 负荷运行时的聚光集热效率略高于 100% 负荷。这是由于汽轮机部分负荷运行时,汽轮机回热抽汽参数低于满负荷,因此第一级给水加热器(FWH1)的给水

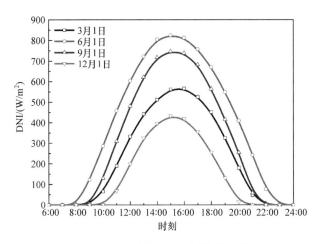

图 4-27　四季典型日辐照强度变化

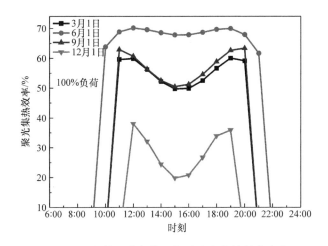

图 4-28　汽轮机满负荷运行时聚光集热效率变化

温度也低于满负荷,从而使集热温度降低,而聚光集热效率随集热温度的降低而升高。

2. 替代抽汽焓变化

对于原燃煤发电系统,第一级高压加热器的给水被汽轮机回热抽汽加热。对于光煤互补发电系统,给水被汽轮机回热抽汽和聚光太阳热能同时加热。抽汽焓替代比例定义为聚光集热量占原燃煤发电系统第一级回热抽汽焓的比例。当汽轮机回热抽汽能完全被聚光太阳热能取代时,富余太阳能未被收集。

图 4-30 表示不同汽轮机负荷下四季典型日抽汽焓替代比例变化。随着太阳辐照强度的升高,抽汽焓替代比例升高。对于 100% 汽轮机负荷运行,只有夏季能

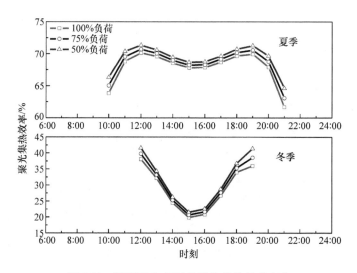

图 4-29　夏至日和冬至日聚光集热效率变化

实现聚光太阳能对回热抽汽的完全替代。由于冬季太阳入射角较大,聚光集热效率较低,因此冬季的抽汽焓替代比例只有 20% 左右。

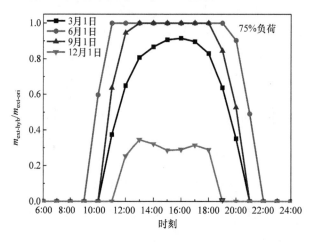

图 4-30　汽轮机 75% 负荷运行时替代抽汽焓替代比例的变化

随着汽轮机负荷的降低,给水流量降低,抽汽焓相应减小。对于一定的太阳辐照强度和太阳入射角,抽汽焓替代比例较高。另外,值得指出的是,抽汽焓替代比例并非越高越好。因为当抽汽焓替代比例达到 1,聚光太阳能能完全替代汽轮机回热抽汽时,富余太阳能会被浪费。对于这种情况,可以用富余太阳能替代下一级回热抽汽,从而实现对聚光太阳能的有效利用(许璐,2014)。

3. 太阳能净发电量

图 4-31 表示不同汽轮机负荷下夏至日的太阳能净发电量变化情况。对于给定的汽轮机负荷,太阳能净发电量先增大,然后保持恒定。这是由于抽汽焓替代比例随着太阳辐照强度的升高而升高(图 4-30)。于是,汽轮机内做功蒸汽量增加,使太阳能净发电量增加。当聚光太阳热能能完全替代第一级回热抽汽时,汽轮机内做功蒸汽量不再发生变化,因此太阳能净发电量保持恒定。另外,从图中可以发现,随着汽轮机负荷的升高,峰值太阳能净发电量和太阳能净发电份额对应的太阳辐照强度升高。这是因为汽轮机负荷越大,给水流量越大,第一次高压加热器所需热量越多,因此太阳能完全替代第一级回热抽汽所需的太阳辐照强度越大。

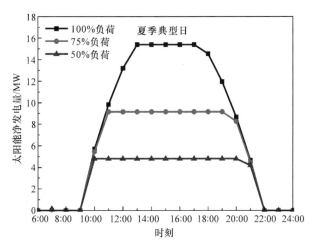

图 4-31　夏至日太阳能净发电量的变化

图 4-32 表示不同汽轮机负荷下冬至日的太阳能净发电量变化情况。与夏至日相比,冬至日的太阳能净发电量明显减少,而且在三种汽轮机负荷下,第一级回热抽汽均不能被完全替代,太阳能净发电量均不能达到峰值。由于汽轮机负荷较高时,汽轮机内效率较高,使汽轮机热转功效率较高,因此太阳能净发电效率随着汽轮机负荷的升高而增大。

4. 全年热力性能

图 4-33 描述了太阳能净发电效率和太阳能净发电量的变化情况。夏季由于太阳辐照强度高,太阳入射角小,其太阳能出功份额和太阳能净发电效率均高于其他季节。聚光集热岛与动力岛运行参数间相互影响,对光煤互补发电系统热力性能变化起到重要作用。互补年均太阳能净发电效率可达到 19%,高于现有槽式太

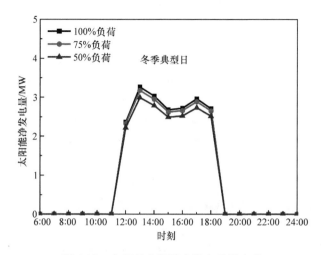

图 4-32　冬至日太阳能净发电量的变化

阳能独立热发电系统。该光煤互补发电系统的全年太阳能净发电量约为 28GW，年均太阳能净发电效率达到 19%(彭烁,2015)。

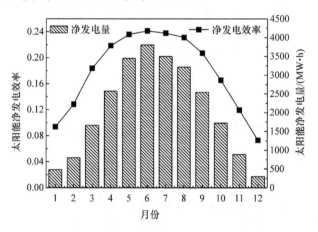

图 4-33　全年太阳能净发电效率和净发电量

4.6.4　聚光集热关键过程

　　由上述变辐照变工况性能可知,聚光集热效率是影响互补发电技术的重要因素。聚光集热效率由聚光镜的光学效率和吸热管的吸收效率决定。其槽式真空集热管是核心部件之一,当前以德国 Schott 公司和以色列 Solel 公司为代表的槽式真空集热为主流技术,我国目前高温集热管主要以北京太阳能研究所和北京有色研究院的为代表。

　　然而,当前真空聚光集热效率波动幅度大(从 30% 到 70% 剧烈变化)。聚光光

图 4-34 Plataforma Solar de Almeria 实验基地的集热器 Eurotrough

学效率通常在 70% 左右,也就是说,近 30% 的聚光能量被损失浪费,其主要原因是太阳入射角的余弦效应。对于南北布置东西跟踪或者东西布置南北跟踪常用方式而言,传统的单轴跟踪槽式聚光集热器的方位角固定,这种聚光集热方法可以使聚光镜在跟踪轴周向围绕吸热管旋转,从而跟踪太阳光。但由于聚光镜方位角固定,在跟踪轴轴向无法跟踪太阳光,当太阳辐照变化时,会造成运行过程中余弦损失较大,从而使聚光集热效率波动较大,特别是冬季有效聚光能量比较低,如图 4-35 所示。

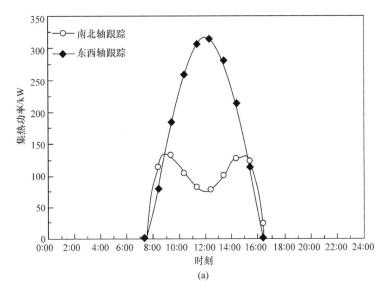

(a)

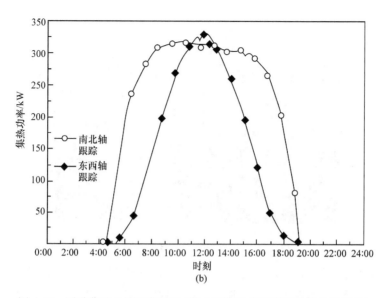

图 4-35　夏季典型日聚光集热效率(a)和冬季典型日聚光集热效率(b)

太阳余弦效应 $\cos\theta$ 可以写为

$$\cos\theta = (\sin\varphi\cos S - \cos\varphi\sin S\cos\gamma)\sin\delta$$
$$+ (\cos\varphi\cos S + \sin\varphi\sin S\cos\gamma)\cos\delta\cos\omega + \sin S\sin\gamma\cos\delta\sin\omega \qquad (4\text{-}25)$$

其中 φ 是当地纬度,S 是聚光镜表面的倾斜角,γ 是聚光镜方位角,δ 是太阳赤纬角,ω 是时角。从该式可以看出,太阳入射角的主要影响因素包括当地纬度、聚光镜倾斜角、聚光镜方位角、太阳赤纬角和时角。对于给定的时间和地点,太阳入射角的主要影响因素是聚光镜方位角和聚光镜倾斜角。

图 4-35 表示了 15kW 真空聚光集热实验性能测试结果。实验导热油采用燕山石化的 YD300 合成导热油,使用温度区间 $-30\sim300℃$ 。聚光集热器主要参数见表 4-8。

表 4-8　吸收器与槽式太阳能集热器主要参数(高志超,2011)

项目	参数
聚光比	39
聚光镜长度/m	12
聚光镜采光口宽度/m	2.5
集热管内径/m	0.0605
集热管外径/m	0.0635
玻璃管内径/m	0.099
玻璃管外径/m	0.102

续表

项目	参数
镀膜吸收率	＞0.9
玻璃套管透射率	0.92
集热管耐压/MPa	3
玻璃导热系数/(W/(m·K))	1.2
金属管导热系数/(W/(m·K))	40
金属管镀膜发射率	100℃时 0.08,300℃时 0.2

　　实验测试条件如下:导热油进口温度 50～250℃;流量 0.10～1.0m³/h;夏季,实验时间为 9 点到 15 点。环境温度在 29.5～31.5℃,风速为 2m/s。图 4-36 为稳态下玻璃管壁面温度与流体温度之间的关系。从图中可以看出,流体温度较低时,玻璃管壁平均温度随流体温度线性增加,当流体温度大于 180℃时,玻璃管壁快速增加,其原因可能是:随着温度的增加,选择性涂层发射率增加。在更高温度时,选择性涂层对集热性能影响显著。

　　图 4-37 为散热损失与流体平均温度和环境温差的关系,散热损失包括对流热损、辐射热损、波纹管导热损失。散热损失与玻璃管壁温差变化一致,随着流体平均温度的升高,散热损失显著增加,对流散热增加更快,波纹管导热损失占总热损失的 12%～18%。散热损失用 W/m 来表示,使得同一个集热管可以在不同开口宽度、不同聚光比的集热器上均适用。当流体平均温度和环境温差为 180℃时,散热损失为 220W/m,该集热器热损失为 8%～10%(当辐照强度为 800W/m² 时,对于商业化槽式太阳能热发电典型的 5.77m 开口宽度的集热器,热损失为 4%～5%)。

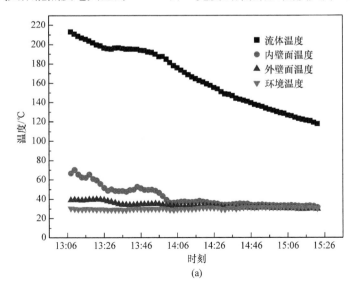

(a)

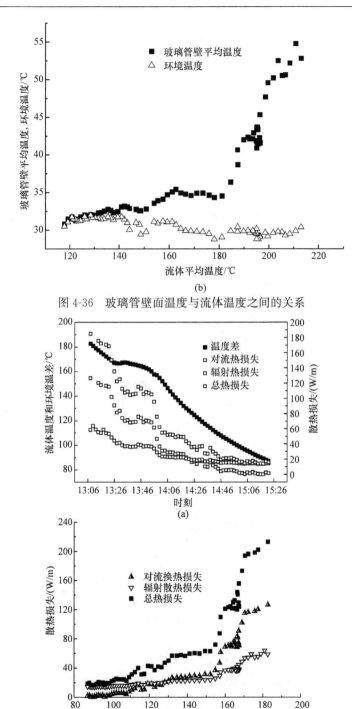

(b)

图 4-36　玻璃管壁面温度与流体温度之间的关系

(a)

(b)

图 4-37　散热损失与流体平均温度和环境温差的关系

槽式太阳能集热器集热效率随太阳辐照强度在一天内的变化关系如图 4-38 所示。对于一个典型工况,时间为 2009 年 9 月 22 日 10:30 到 14:30 得到的实验值。值得注意的是:在同样的辐照强度下,集热效率值下午高于上午,上午实验值略高于模拟值,而下午与模拟值基本吻合。其原因是,上午系统刚开始运行时,由于集热系统温度较低,环境温度较低,吸收热量的一部分用于加热金属吸热管和波纹管、金属支架,热损失较大;而正午 12 点以后,整个集热管路系统温度较高,随着有效太阳辐照强度减小,导热油的温度并不会立刻减小。因此,由于系统热容与环境温度的影响,导热油温度的响应表现出一定的滞后性。这一特征对实际太阳能热发电集热系统的控制有一定指导作用。

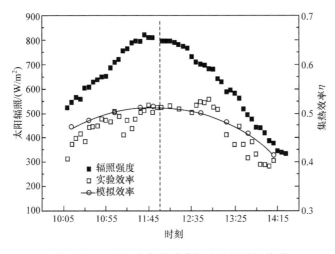

图 4-38　一天之内集热效率与太阳辐照的关系

4.7　变辐照主动调控聚光集热方法与关键技术

4.7.1　槽式广角跟踪聚光集热方法

为了提高变辐照光-热-功转换性能,需要减小不同季节余弦损失和变辐照聚光集热管传热损失,其涉及的关键技术是跟踪聚光器和集热部件。目前国际上研究的双轴跟踪槽式太阳能聚光器,能够实现太阳垂直入射,从而消除余弦损失造成的负面影响。但是,双轴跟踪槽式聚光集热器机械传动系统复杂,刚度较低,运行维护成本高。目前这种技术还处于实验研究阶段(美国 Sandia 实验室和德国 DLR),无法在太阳能规模化发电中得到广泛应用。

为减小太阳入射角的余弦效应造成的聚光能量损失,提高聚光集热效率,一种槽式部分旋转广角跟踪方法被研究。与槽式单轴跟踪方法不同,广角跟踪可以部

图 4-39 Sandia 双轴跟踪试验台

分改变聚光镜沿轴向的方向角,通过轴向的聚光镜的部分旋转跟踪太阳方向角,从而减小太阳余弦效应导致的聚光能量的损失。

部分旋转跟踪聚光集热器的旋转时间根据太阳赤纬角和时角确定,例如,针对北纬 39.5°,在春分日和秋分日的正午 12 点,聚光集热器旋转 30°,在 17 点,再次旋转到南北布置东西跟踪模式。在夏至日,聚光集热器在 13 点旋转 30°,在 16 点再转回到南北布置东西跟踪模式。在冬至日,旋转时间分别为 11 点和 18 点。太阳入射角的变化会直接影响余弦损失的变化。根据余弦损失因子定义:

$$F = 1 - \cos\theta \times K_\theta \tag{4-26}$$

于是,部分旋转跟踪和传统跟踪的余弦损失因子之比为

$$\frac{F_{\text{COS-R}}}{F_{\text{COS-S}}} = \frac{1 - \cos\theta_\text{R} \times K_{\theta\text{-R}}}{1 - \cos\theta_\text{S} \times K_{\theta\text{-S}}} \tag{4-27}$$

这里 $F_{\text{COS-R}}$ 和 $F_{\text{COS-S}}$ 分别表示部分旋转跟踪和传统跟踪的余弦损失因子,θ_R 和 θ_S 分别表示两者的太阳入射角,$K_{\theta\text{-R}}$ 和 $K_{\theta\text{-S}}$ 分别表示两者的入射角修正系数。

图 4-40 比较了传统跟踪和部分旋转跟踪的四季典型日余弦损失。对于传统跟踪方法,夏至日的余弦损失为 10% 左右,而冬至日的余弦损失达到约 70%,这是由于冬至日的太阳入射角比夏季大。这也是冬季聚光集热效率急剧下降的原因。随着太阳入射角的减小,有效聚光面积增加,更多太阳能被聚集到吸热管,从而使余弦损失减小。从图中可以看出,春分日和秋分日的日均余弦损失从 15% 降到了 10% 左右,冬至日的日均余弦损失从 45% 降到了 30%。由于部分旋转跟踪方法冬至日入射角减小较多,因此冬季的余弦损失下降较快。

图 4-41 比较了部分旋转跟踪和传统跟踪的余弦损失因子之比。该比例可以表示部分旋转跟踪余弦损失的减小程度。从图中可以看出,夏至日 14 点和冬至日 11 点时,余弦损失的减小程度最高。另外,冬至日余弦损失的减小程度明显高于其他季节,而且持续时间较长。

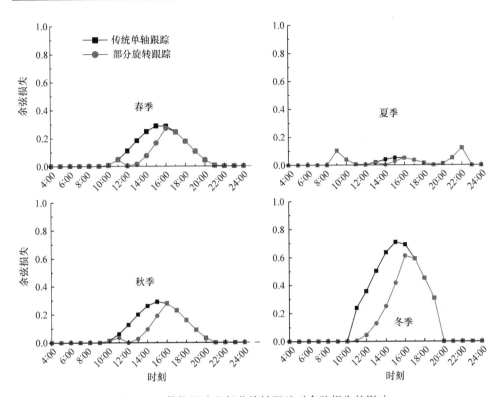

图 4-40　传统跟踪和部分旋转跟踪对余弦损失的影响

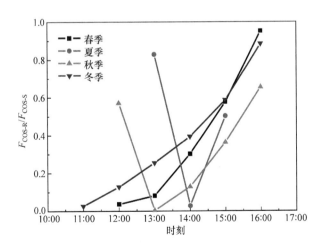

图 4-41　四季典型日余弦损失因子之比的变化

　　另外，部分旋转跟踪对聚光集热管的端部损失和遮挡损失也会有一定作用。
根据端部损失因子定义：

$$F_{end} = 1 - \kappa_\theta \tag{4-28}$$

于是,部分旋转跟踪和传统跟踪的端部损失因子之比为

$$\frac{F_{\text{end-R}}}{F_{\text{end-S}}}=\frac{1-\kappa_{\theta\text{-R}}}{1-\kappa_{\theta\text{-S}}} \tag{4-29}$$

这里 $F_{\text{end-R}}$ 和 $F_{\text{end-S}}$ 分别表示部分旋转跟踪和传统跟踪的端部损失因子,$\kappa_{\theta\text{-R}}$ 和 $\kappa_{\theta\text{-S}}$ 分别表示两者的端部损失修正系数。

$$\kappa_{\theta}=1-\frac{f}{L}\left(1+\frac{W^2}{48f^2}\right)\tan\theta \tag{4-30}$$

这里 f 是聚光集热器焦距,L 是聚光集热器长度,W 是聚光镜开口宽度。由于部分旋转跟踪方法和传统跟踪方法聚光集热器的结构尺寸一样,因此这些参数都相同。于是,部分旋转跟踪方法和传统跟踪方法端部损失因子之比可以表示为

$$\frac{F_{\text{end-R}}}{F_{\text{end-S}}}=\frac{\tan\theta_R}{\tan\theta_S} \tag{4-31}$$

图 4-42 比较了四季典型日部分旋转跟踪和传统跟踪的端部损失因子之比。该比值能表示部分旋转跟踪对于端部损失的减小程度。根据式(4-31),端部损失之比是入射角的函数,因此其变化趋势与余弦损失之比的变化趋势相近。对于四季典型日,端部损失的减小程度存在一个峰值,冬至日、春分日和秋分日的端部损失的减小程度高于夏至日。

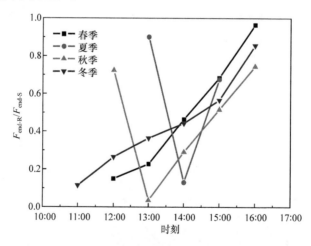

图 4-42　四季典型日端部损失因子之比的变化

部分旋转跟踪和传统跟踪的遮挡损失相差不大。这是因为对于传统跟踪方法的遮挡损失主要发生在早上和傍晚,而部分旋转跟踪方法的聚光镜方位角调节主要发生在中午和下午。

对于四季典型日,图 4-43 比较了部分旋转跟踪与传统单轴跟踪的聚光效率。可以看出,春分日和秋分日峰值聚光效率提升了 30% 左右,冬至日的峰值聚光效

率提升了约 110％,明显高于其他季节。这是因为冬至日的余弦损失减小最多。

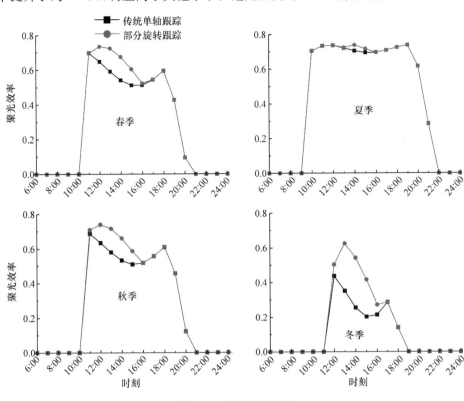

图 4-43　聚光效率比较

图 4-44 比较了传统单轴跟踪与广角跟踪聚光集热效率。从图中可以看出,对于传统跟踪方法,冬季聚光集热效率只有 30％左右,比夏季低约 40％,这是由于冬季太阳辐照强度较低,太阳入射角较大。部分旋转跟踪方法能有效减小太阳入射角,从而减小余弦损失,增加有效太阳辐照强度,提高光学效率。可以看到,春分日和秋分日的日均聚光集热效率提高 5％～6％,冬至日的日均聚光集热效率提高约9％,预计年均聚光集热效率高于传统跟踪方法 5％。该聚光集热方法的提出为减小余弦效应造成的聚光能量损失,提高年均聚光集热效率提供了一种途径。

4.7.2　广角跟踪聚光集热技术

从聚光能量与太阳光入射能量匹配思路,中国科学院工程热物理研究所提出了 1300kW 槽式广角跟踪聚光集热关键技术,如图 4-45 所示。其主要包括:部分旋转转盘,部分旋转跟踪聚光镜,真空集热管,串并混联集热场,吸热管,自动控制系统。聚光镜南北布置,焦距 1710 mm,聚光镜分为两排,每排长度 60m,每排聚光镜有 5 个聚光集热单元,每个集热单元 12m,其长度方向有 7 块抛物槽形聚光

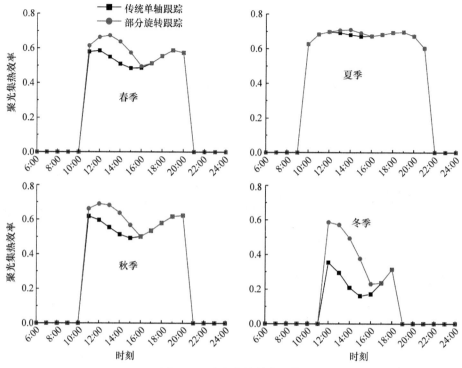

图 4-44　聚光集热效率比较

镜,宽度方向有 4 块抛物槽形聚光镜。两排聚光镜之间间隔 15m,聚光镜开口宽度 5.77m,集热金属管径 0.07m,聚光比为 82。槽式聚光集热系统聚光镜总开口面积 700m² 。

图 4-45　1300kW 广角跟踪聚光集热场(后附彩图)

与传统线性跟踪方法不同,广角跟踪不仅可以实现太阳高度角跟踪,而且可以通过水平部分旋转平台实现太阳方位角的部分跟踪,进而减小太阳入射角的余弦效应造成的聚光能量损失。例如,该聚光器可以以南北布置东西跟踪为基准,在中午之前太阳高度角偏小时,通过电控装置调节转盘和滚轮,使聚光镜水平旋转30°,从而迎向太阳进行跟踪;在下午之前太阳高度角较大时,再次通过电控装置调节,使聚光镜重新调回到南北布置东西跟踪的位置,以保证聚光器的高效聚光性(彭烁等,2014)。

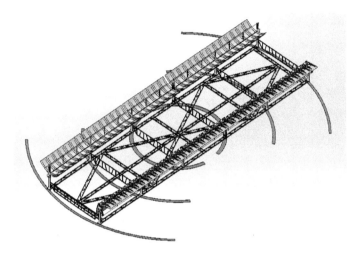

图 4-46　槽式旋转跟踪太阳能聚光跟踪结构图

对比试验选取气象条件相近的两个典型冬季日,将非旋转(南北轴)工况与部分旋转(北偏西 14°,仅当地时 12 时以后进行偏转)工况进行对比。试验分别获得了两种典型工况的辐照强度、太阳入射角余弦值、聚光集热量、聚光集热效率,如图 4-47～图 4-51 所示。试验结果表明:水平跟踪为 0°,辐照强度在 300～750W/m²,集热管温度为 100～400℃,集热管吸热量达到 100～270kW,聚光集热效率35%～65%,冬季典型日均集热效率50%。采用部分旋转跟踪调控技术带来了余弦损失的显著减小,可使有效 DNI 提升约35%。水平向西偏转14°广角跟踪,辐照强度在 300～750W/m²,集热管出口温度可达到 100～400℃,集热管吸热量达到100～270kW,聚光集热效率 35%～77%,冬季典型日均集热效率56%。

4.7.3　可变面积槽式聚光集热技术

根据辐照条件的日变化固有规律,中国科学院工程热物理研究所提出并研制了变面积槽式太阳能集热器,通过在变辐照条件下改变聚光镜面积从而实时改变集热量,以匹配不同使用需求(图 4-52)。集热器主要包括控制机柜、驱动电机、桥

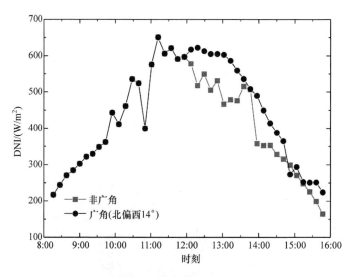

图 4-47　广角与非广角 DNI 对比

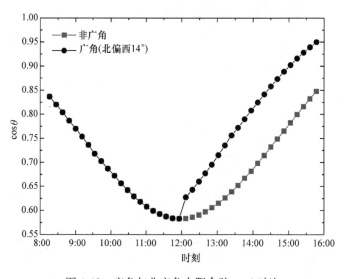

图 4-48　广角与非广角太阳余弦 $\cos\theta$ 对比

塔、液压驱动联动机构、主聚光镜、扩展聚光镜和吸收管等。主聚光镜通过控制机柜控制,对太阳辐射进行实时跟踪。扩展聚光镜随主聚光镜的太阳辐射跟踪运动发生同步联动,在该过程中实现聚光镜面积动态扩展。扩展聚光镜与主聚光镜之间的同步联动变化规律与太阳辐射变化规律以及流动形状阻力变化规律相匹配。根据适用场合不同,该集热器可工作在两种模式下:①风载最小化模式,聚光镜面积变化规律与辐照强度日变化规律一致,即镜面积在辐照强度最大时达到最大。

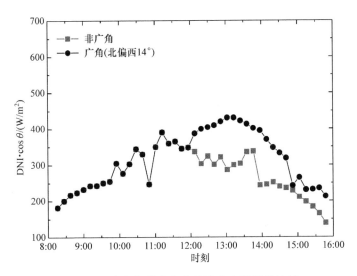

图 4-49　广角与非广角有效聚光太阳能量比较

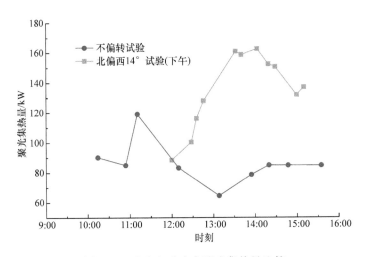

图 4-50　广角与非广角聚光集热量比较

该工作模式可在显著减小流动形状阻力的同时保证集热量最大化,以最小化集热器的风载损坏风险。②热量输出恒定模式,聚光镜面积变化规律与辐照强度日变化规律相反,即镜面积在辐照强度最大时达到最小。该工作模式可在辐照强度随时间变化的条件下保证热量输出恒定,以减小大范围变工况对下游设备的性能影响(Sun et al. ,2017)。

与传统定面积槽式集热器相比,新型变面积槽式集热器具有下述优点:

(1) 灵活改变辐照接收面积,使镜面积变化与辐照变化规律匹配,灵活提高太阳辐射利用效果;

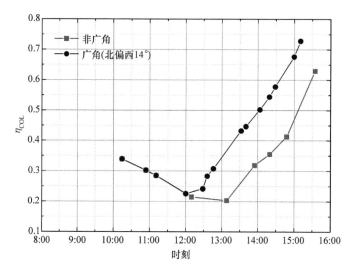

图 4-51　广角与非广角聚光集热效率比较

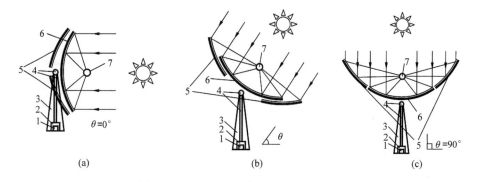

图 4-52　变面积槽式集热器原理示意图

1-控制机柜；2-驱动电机；3-桥塔；4-液压驱动联动机构；5-扩展聚光镜；6-主聚光镜；7-吸收管

（2）与传统定面积集热器相比，迎风面积可减小一半，集热器高度也可降低一半，相当于受力与力臂均减半，则力矩减小为 1/4，可大大减少支架基础的材料用量，降低成本；

（3）与传统定面积集热器相比，可缓解排间遮挡问题，缩短管路连接，提高单位占地面积太阳能利用率；

（4）采用特殊传动结构设计，可实现两侧聚焦反光镜相互单独控制，进一步增大了系统控制的灵活性。

中国科学院工程热物理研究所研制的 30kW 变面积槽式太阳能集热器原型机以目前行业常用的 5.77m 开口抛物槽式集热器为基础进行改进，将 4 片抛物聚光镜中外侧的 2 片单独增加相应的传动机构，中间 2 片抛物聚光镜仍然作为固定镜片(图 4-53)。槽式集热器完全收起/展开状态开口宽度 2.89~5.77m,总开口面积 35~70m²,聚光比 41~82,集热温度 200~400℃。

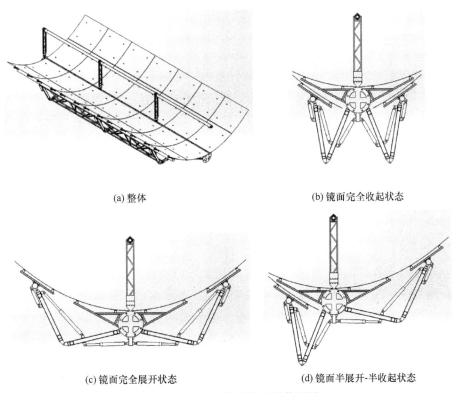

(a) 整体　　　　　　　　　　　　　　　　(b) 镜面完全收起状态

(c) 镜面完全展开状态　　　　　　　　　　(d) 镜面半展开-半收起状态

图 4-53　变面积槽式集热器装配图

图 4-54　变面积槽式集热器原型机照片(后附彩图)

4.8　关键技术与发展前景

4.8.1　热互补发电系统的技术突破

从技术层面,聚集300℃以下的中低温太阳能替代部分或全部火电站的回热系统的蒸汽抽汽,来加热锅炉给水,一方面使汽轮机增容,节约煤耗;另一方面突破了太阳能单独发电在近中期发展的诸多制约因素。一方面,太阳能与火电机组互补发电可借助成熟的大规模火电机组,通过高效透平膨胀做功,实现太阳能的高效和规模化发电,有效解决了现有槽式发电技术由于受到较低循环初温的限制,无法同高效汽轮机匹配的困境,且无需单独并网。同时,300℃以下的集热温度可以保证集热管良好的集热性能,克服太阳能单独发电时高温下真空吸热管封接难题,以及选择性吸收涂层性能降低的技术瓶颈;互补系统中原有给水加热器保留,与太阳能集热场联合运行,无需单独蓄能装置,降低了太阳能发电成本。

基于以上背景,本研究集体开展了槽式太阳能集热与燃煤机组构成的新型互补发电系统研究,利用中低温太阳能集热替代汽轮机抽汽加热锅炉给水,借助大功率汽轮机实现中低温太阳能高效热发电。通过太阳能与煤的资源互补、太阳能集热系统与给水加热系统之间的能量品位对口和梯级利用,实现高效率、低成本和规模化的太阳能热发电。重点围绕多能源互补的能的综合梯级利用和太阳能集热与热力循环协同优化两个科学问题,开展大规模低成本槽式太阳能集热技术、互补发电系统设计技术和太阳能与燃煤互补发电系统运行调控技术研究,并进行200kW太阳能加热燃煤电站锅炉给水中试装置的研发和实验。掌握槽式太阳能与燃煤互补发电的系统集成技术,为10MW太阳能互补发电系统示范工程提供技术方案。该研究将开拓新型太阳能与燃煤互补发电系统,提高我院在太阳能热发电方向的国际竞争力。

4.8.2　近中期应用前景

中低温太阳能集热器造价成本较低,充分利用中低温太阳热与高压、高参数的汽轮机技术相结合,既避免重复建设,又能很快使太阳能热发电发展到单台容量几十万千瓦的规模,预计太阳能与火电机组互补发电系统的发电装置成本将大幅度下降,达8000~12000元/kW,远低于单一太阳能热发电装置成本(20000~80000元/kW)。且利用国产化太阳能集热器技术,互补改造后的太阳能发电成本可降至0.85元/(kW·h),具有良好的市场应用前景。因此,太阳能与火电机组互补发电技术在我国具有广泛的市场,能够满足近中期大规模开发利用太阳能,实现大幅度节能减排的重大需求。

　　总体而言,槽式太阳能和燃煤电站,通过太阳能替代汽轮机抽汽,加热锅炉给水,实现互补,具有以下显著优势:突破槽式太阳能集热器高温集热管的材料、工艺的限制,实现中低温太阳能高效热发电;提出以中低温集热、无蓄能、高效发电为特点的太阳能热发电,大幅度降低太阳能热发电成本,使之具备工业化推广条件。从而有利于形成我国中低温太阳能与燃煤互补发电的自主技术,引领国际中低温太阳能与化石燃料互补发电新方向,为推进我国大规模太阳能热发电发展提供科技支撑。

参 考 文 献

高志超. 2011. 抛物槽式太阳能集热技术系统集成研究[D]. 北京:中国科学院.

彭烁. 2015. 光煤互补发电系统全工况集成机理[D]. 北京:中国科学院大学.

许璐. 2014. 兆瓦级光煤互补发电系统变辐照变工况性能研究[D]. 北京:中国科学院.

许璐,彭烁,洪慧. 2014a. 330 MW 光煤互补发电系统变辐照变工况性能研究[J]. 中国电机工程学报,34(20):3347-3355.

许璐,赵雅文,洪慧. 2014b. 太阳能与燃煤互补系统变工况热力性能研究[J]. 工程热物理学报,35(9):1675-1681.

赵雅文. 2012. 中低温太阳能与煤炭热互补机理及系统集成[D]. 北京:中国科学院大学.

赵雅文,洪慧,刘启斌. 2011. 槽式集热器效率分析和互补电站镜场设计[J]. 工程热物理学报,(06):901-904.

Barigozzi B G,Franchini G,Perdichizzi A. 2012. Thermal performance prediction of a solar hybrid gas turbine[J]. Solar Energy,86:2116-2127.

Clean Energy. Kogan Creek Power Station: Kogan Creek Solar Boost Project [OL]. http://www. cleanenergyactionproject. com/CleanEnergyActionProject/CS. Kogan _ Creek _ Solar _ Boost_Project_Hybrid_Renewable_Energy_Systems_Case_Studies. html.

Hong H,Zhao Y,Jin H. 2011. Proposed partial repowering of a coal-fired power plant using low-grade solar thermal energy [J]. International Journal of Thermodynamics,14(1):21-28.

Johansson T B,Kelly H,Reddy A K N. 1993. Renewable Energy,Sources for Fuels and Electricity [M]. Washington D. C. :Island Press:234,235.

Kribus A,Zaibel R,Carey D,et al. 1998. A solar-driven combined cycle power plant [J]. Solar Energy,62(2):121-129.

MontesM R A,Muñoz M,Martínez-Val J. 2011. Performance analysis of an integrated solar combined cycle using direct steam generation in parabolic trough collectors[J]. Applied Energy,88:3228-3238.

National renewable energy laboratory. 2010. [OL]. http://www. nrel. gov/csp/news/2010/870. html.

Peng S,Hong H,Jin H G,et al. 2013. A new rotatable-axis tracking solar parabolic-trough collector for solar-hybrid coal-fired power plants [J]. Solar Energy,98:492-502.

Peng S,Hong H, Wang Y J,et al. 2014. Off-design thermodynamic performances on typical days of a 330MW solar aided coal-fired power plant in China [J]. Applied Energy,130(1):500-509.

Schwarzbözl P,Buck R,Sugarmen C,et al. 2006. Solar gas turbine systems:Design,cost and perspectives [J]. Solar Energy,80:1231-1240.

Sun J,Wang R,Hong H,et al. 2017. An optimized tracking strategy for small-scale double-axis parabolic trough collector [J]. Applied Thermal Engineering,112:1408-1420.

Zhao Y,Hong H,Jin H. 2013. Proposal of a solar-coal power plant on off-design operation [J]. Journal of Solar Energy,135(3):031005.

Zhao Y,Hong H,Jin H. 2014. Evaluation criteria for enhanced solar-coal hybrid power plant performance [J]. Applied Thermal Engineering,73(1):577-587.

Zhao Y,Hong H,Jin H. 2016. Appropriate feed-in tariff of solar-coal hybrid power plant for China's Inner Mongolia Region [J]. Applied Thermal Engineering,108:378-387.

第5章 太阳能与化石燃料热化学互补发电系统

5.1 概　述

近期,太阳能与化石燃料热化学互补系统是太阳能热发电利用的一个重要方向。它可以将分散的太阳能转化为能量密度高、可储存、可运输的合成气或氢气等燃料化学能,被称为太阳能燃料(Romero and Steinfeld,2012)。这种清洁的太阳能燃料可与先进的热力循环结合,不仅能够实现高效的太阳能热发电转换,而且将化石燃料转化为清洁的低碳燃料或氢气。这种太阳能热化学互补能量系统发展趋势主要分为两类:高倍聚光太阳能(聚光比近千、集热温度 500℃以上)与化石燃料转化反应集成;低倍聚光太阳能(聚光比近百,集热温度近 300℃)。相关的技术研究刚刚起步,特别是互补系统集成机理与方法、关键技术研制方面存在诸多探索和挑战。

本章主要针对聚光太阳能与化石能源热化学互补转化过程,从机理、技术、示范工程三个层面对太阳能与热化学互补发电进行比较详尽的描述。从太阳能的最大做功能力基本关系式,描述太阳能与化石能源热化学互补品位耦合特征关系式,并给出太阳能热化学互补发电的增效表达式,阐述相关特性规律。依据互补理论,从设计原则、设计过程以及方法验证等方面详细地介绍中低温太阳能吸收/反应器的设计。以太阳能与甲醇裂解互补为实例,介绍适于变辐照主动调控的系统集成方法,阐述了太阳能热化学互补的分布式联供关键技术,以及指明了未来太阳能热化学互补发电的发展方向。

5.2 太阳能与化石燃料热化学互补机理简述

对于多数太阳能与化石能源互补发电系统,多是两者能量之间的相互补充。在本章,不仅考虑聚光太阳能与化石燃料的能"量"互补,而且还与能的品位耦合紧密相关,它涉及聚光太阳能、燃料化学能、热能之间的品位相互作用。

5.2.1 太阳能热化学互补反应特点

太阳能热化学过程是利用太阳热能驱动吸热化学反应制取太阳能燃料(主要是纯 H_2 或者 H_2 和 CO 组成的合成气)的过程。太阳能热化学过程包含两个子过程:太阳能的释放子过程和吸热化学反应子过程,这两个子过程之间通过太阳能传

递的热量相互耦合,并完成整个太阳能热化学过程。其特点在于:

(1) 对于聚光太阳能而言,其被吸收涂层吸热后驱动化学反应。因此,由于不可逆性,聚光太阳能的最大做功能力降低,太阳直射辐照强度、聚光比、吸热反应器温度是主要的物理参量和关键影响因子。

(2) 对于互补的吸热反应,反应吉布斯自由能 ΔG 是化学反应的驱动力,它与太阳集热温度和反应所需温度匹配紧密联系。如果两个温度能够很好地匹配,则能在不可逆性较小下获得较高的化学反应进度,否则,就可能会因为集热温度小于反应温度造成反应进度较低,或者因为集热温度远高于反应温度而使得过程的不可逆损失过大。

针对各个太阳能热化学互补反应,图 5-1 从理论上描述了反应 ΔG 随不同聚光比的变化趋势(刘秀峰,2016)。从图中可以看出,当地球表面直射辐照强度为 $1000W/m^2$ 时,太阳能热驱动的甲醇重整反应(a)和甲醇裂解反应(b)所需要的聚光比较小。在实际中,采用抛物槽式聚光集热技术就能够满足反应(a)和反应(b)的需求。甲烷重整反应(c)所需要的聚光比与反应(a)和反应(b)相差较大,在实际运行中一般采用中央塔式聚光集热技术;ZnO 的分解反应(d)、甲烷裂解反应(e)和水的分解反应(f)都需要较高的聚光比。

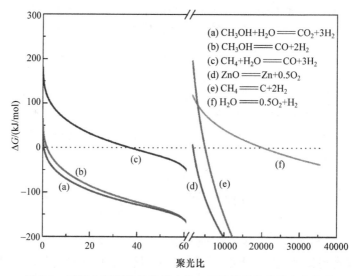

图 5-1　不同太阳能热化学反应的 ΔG 随着聚光比的变化趋势

5.2.2　太阳能热化学互补集成机理

1. 化学能与物理能梯级利用原理简介

在 20 世纪 80 年代,吴仲华院士等提出了物理能的梯级利用原理。按照物理

能梯级利用原理,热力循环效率的提高已经不再单纯依靠提高循环初参数来实现,
而是更侧重于不同循环的有机联合来扩大循环工作温区,并减少排热损失。比如,
在联合循环中,高温的热驱动燃气轮机循环,较低温度的热驱动蒸汽轮机循环。进
入 21 世纪,金红光院士等(Jin et al.,2009)运用品位分析方法,建立了燃料化学能
与物理能综合梯级利用的新原理,描述了物质能、化学反应吉布斯自由能和物理能
的普遍关系:

$$dE = dG + TdS\eta_c \qquad (5\text{-}1)$$

　　对于物质能转化利用的体系,物质能的最大做功能力 dE 由两部分组成:一部
分是化学反应的做功能力 dG,另一部分是过程产生的热 $TdS\eta_c$。可见,物质能的
最大做功能力的有效转化利用涉及与吉布斯自由能变化紧密联系的化学反应和与
热利用相关的热力循环。值得注意的是,ΔG 不再单纯是化学反应的推动力,而是
更注重其在化学反应过程中对外的做功能力。

　　对于物质能转化利用过程,将式(5-2)两侧同时除以过程总焓变化 ΔH,我们
可以得到如下的无量纲化的表达式:

$$\frac{dE}{dH} = \frac{dG}{dH} + \frac{TdS\eta_c}{dH} \qquad (5\text{-}2)$$

式中左边项 dE/dH 表示物质能的品位 A;右边第一项 dG/dH 表示化学反应体系
每单位能量总焓变化 dH 的吉布斯自由能变化的大小。定义 dG/dH 为无因次量
B,B 的物理意义表征了化学反应吉布斯自由能的品位。TdS/dH 反映了过程中
以热形式出现的能量占过程总焓值变化 dH 的份额,以 Z 表示。卡诺循环效率 η_c
表征了热流 TdS 的品位。因此,式(5-2)可以改写为

$$A = B + Z\eta_c \qquad (5\text{-}3)$$

　　这样,从表达式(5-3)可以清楚地看出,物质能转化过程的品位 A 被清晰地划
分为化学反应吉布斯自由能的品位 B 和卡诺循环效率 η_c 两个部分。该表达式将
物质能的转化利用以无量纲的形式表达出来,建立了物质能、化学反应吉布斯自由
能和物理能三者之间的品位结构基本方程,清晰地将物质能的总品位 A 分解为化
学反应品位 B 和卡诺循环效率 η_c,可以使我们清楚地探讨如何分别通过化学反应
过程和热力循环实现物质 dE 的有效转化与利用,从而揭示出实现物质能的总品
位 A 的梯级利用的机制。

　　图 5-2 是物理能与化学能综合梯级利用原理图,图中的曲线表示在不同热源
温度和环境温度之间热机的卡诺效率,曲线以上部分代表燃料化学能,下面阴影部
分代表物理能(Jin et al.,2005)。A_{ch} 表示燃料化学能的品位,A_{th} 表示化学能转化
为物理能的品位(即高温燃气的品位)。对传统的动力系统而言,化石燃料燃烧后
其化学能直接转化为物理能。品位从 A_{ch}(化学能)降低到 A_{th}(物理能)。随后,依

据温度对口,梯级利用的原则,通过联合循环实现物理能的能量转化。

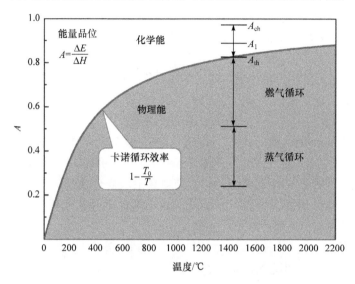

图 5-2　物理能与化学能综合梯级利用原理图

　　然而,对于太阳能与化石能源热化学互补的能源动力系统,可以在太阳能热化学过程中,反应物吸收太阳热能,经过吸热化学反应转化为太阳能燃料。从品位的角度来看,化石燃料的品位 A_f 较高,经过热化学反应后降低到太阳能燃料的品位 A_{s-f}。这样,化石燃料先经过太阳能热化学过程转化为太阳能燃料再燃烧,不仅能够将一部分化石燃料燃烧㶲损失进行利用,并用以提升太阳集热品位,实现了燃料化学能的梯级利用,而且还将太阳集热品位提升到化学能,提升了集热做功能力。以太阳能驱动甲醇裂解制取合成气为例,反应物甲醇的品位 $A_f \approx 1.1$,反应产物合成气的品位为 $A_{s-f} \approx 0.95$。如果将合成气燃烧产生高温烟气,则其燃烧过程的不可逆损失会大大低于甲醇直接燃烧过程的不可逆损失。为了便于分析,我们假设采用燃气轮机作为动力设备,燃气轮机的高温烟气的进口温度为 1200℃,对应的高温燃气的品位 $A_T = 0.796$。①在化石燃料(此处为甲醇)直接燃烧产生高温烟气的过程中,甲醇的品位 $A_f \approx 1.1$,产生的高温燃气的品位 $A_T \approx 0.796$,此过程的品位损失 $\Delta A \approx 0.3$,燃料燃烧过程化学能与产生的高温烟气之间的品位不匹配造成过程的不可逆损失较大。②在甲醇先经过太阳能热化学过程产生太阳能燃料,太阳能燃料再燃烧的过程中,高品位的化石燃料(品位 $A_f \approx 1.1$)首先转化为相对较低品位的太阳能燃料(品位 $A_{s-f} \approx 0.95$),再燃烧产生品位 $A_T = 0.796$ 的高温燃气。值得注意的是,在太阳能驱动甲醇裂解制取合成气的过程中,减小的甲醇燃料品位 $(A_f - A_{s-f})$ 用于将较低品位的太阳热能(集热温度约为 250℃,对应集热品位为 0.43)提升到太阳能燃料(品位 $A_{s-f} \approx 0.95$)的品位。

2. 太阳能热化学互补品位耦合关系式

对于太阳能热化学互补过程,为了描述化石燃料与太阳能集热品位耦合作用,可以通过建立互补过程能量守恒与可用能平衡方程而认识。图 5-3 是太阳能热化学互补过程能流和㶲流示意图。ΔH 表示过程的焓变化,ΔE 表示过程的㶲变化,ΔEXL 表示过程的㶲损失,下标 f,sol,th 和 s-f 分别表示反应物燃料、太阳热能和太阳能燃料。

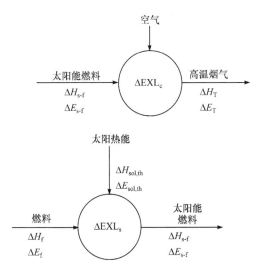

图 5-3 太阳能热化学互补过程能流和㶲流示意图

根据热力学第一定律和热力学第二定律,其能量守恒方程和㶲平衡方程可分别表示为

$$\Delta H_{s\text{-}f} = \Delta H_T \tag{5-4}$$

$$\Delta E_{s\text{-}f} = \Delta E_T + \Delta EXL_c \tag{5-5}$$

其中 ΔH_T 和 ΔE_T 分别为太阳能燃料燃烧后产生的高温燃气的焓值和㶲值,按照品位的表达式,$A_f = \Delta E / \Delta H$。对于化石燃料燃烧过程,一定温度的燃料燃烧反应过程可以表示为燃料的品位。太阳能燃料燃烧过程的㶲损失 ΔEXL_c 的表达式为 $\Delta EXL_c = \Delta H_T \cdot (A_{s\text{-}f} - A_T)$。

对化石燃料先转化为太阳能燃料再燃烧,以及化石燃料直接燃烧过程,它们总的㶲平衡分别为式(5-6)和式(5-7):

$$\Delta E_f + \Delta E_{sol,th} = \Delta E_T + \Delta EXL_s + \Delta EXL_c \tag{5-6}$$

$$\Delta E_f = \Delta E_{T,f} + \Delta EXL \tag{5-7}$$

其中 $\Delta E_{T,f}$ 为燃料直接燃烧过程产生的高温烟气热㶲，ΔEXL 为化石燃料直接燃烧过程的㶲损失，其表达式为 $\Delta EXL = \Delta H_f \cdot (A_f - A_T)$。根据品位定义式，可以进一步将上述两式之差表示为

$$\Delta H_{sol,th} \cdot (A_T - A_{sol,th}) = \Delta EXL - \Delta EXL_s - \Delta EXL_c \tag{5-8}$$

等式左边 $\Delta H_{sol,th} \cdot (A_T - A_{sol,th})$ 表示吸收的太阳能对应的那部分能量从太阳热能转化为高温烟气的热能增加的㶲。等号右边的项 $\Delta EXL - \Delta EXL_s - \Delta EXL_c$ 表示相对化石燃料燃烧，太阳能燃料的燃烧㶲损失减小。㶲损失减小量被用来提升太阳能的集热品位：

$$A_{elevate} = \frac{\Delta H_{sol,th} \cdot (A_{s-f} - A_{sol,th})}{\Delta H_f \cdot (A_f - A_{s-f})} \tag{5-9}$$

式中分子为太阳能热化学过程的㶲增加，分母为燃料热化学过程的㶲损失。

5.2.3　太阳能热化学互补净发电效率增效表达式

相比于驱动化学反应前的太阳热能，经过太阳能热化学过程和太阳能燃料燃烧过程后，太阳能的发电效率明显提高。太阳能净发电效率描述了聚光太阳能最终转化为电能的比例。对于太阳能与化石燃料互补发电技术，由于太阳能和化石燃料首先进行热化学反应转化为太阳能燃料再燃烧发电，太阳能的发电量无法直接测量。因此，通过将太阳能燃料的发电量减去化石燃料的发电量作为太阳能的发电量来间接测量太阳能的发电量，这部分发电量占输入太阳能的比例我们称为太阳能净发电效率，其定义式为

$$\eta_{sol\text{-}to\text{-}electricity} = \frac{\int_{t_1}^{t_2} (W - W_{ref}) \cdot \mathrm{d}t}{\int_{t_1}^{t_2} DNI \cdot S \cdot \mathrm{d}t} \tag{5-10}$$

其中 W 为互补发电系统的发电量；W_{ref} 为化石燃料单独发电量，t 为时间，DNI 为太阳直射辐照强度，S 为太阳能集热镜场的面积。我们假设过程中高温燃气的㶲能完全转化为电，太阳能热㶲能全部转化为电。此时有 $W = \Delta E_T$，$W_{ref} = \Delta E_{T,f}$，$W_{sol,th} = \Delta H_{sol,th} \cdot A_{sol,th}$，则太阳能热化学互补发电过程相对于化石燃料单独发电和太阳能单独发电的发电量提升 ΔW 为

$$\Delta W = \frac{A_T - A_{sol,th}}{A_{s-f} - A_{sol,th}} \cdot \Delta H_f \cdot (A_f - A_{s-f}) \cdot A_{elevate} \tag{5-11}$$

等式右边第一项 $\Delta H_f \cdot A_{elevate}$ 表示太阳热能转化为太阳能燃料化学能过程中㶲的增加，等式右边第二项 $\Delta H_{sol,th} \cdot (A_{s-f} - A_T)$ 表示太阳热能对应的太阳能燃料在燃烧过程中的㶲损失。这样，可以得到太阳能互补净发电效率：

$$\eta_{\text{sol-to-electricity}} = \frac{\int_{t_1}^{t_2} W_{\text{sol,th}} \cdot \mathrm{d}t}{\int_{t_1}^{t_2} \text{DNI} \cdot S \cdot \mathrm{d}t} + \frac{\int_{t_1}^{t_2} \frac{A_{\text{T}} - A_{\text{sol,th}}}{A_{\text{s-f}} - A_{\text{sol,th}}} \cdot \Delta H_{\text{f}} \cdot (A_{\text{f}} - A_{\text{s-f}}) \cdot A_{\text{elevate}} \cdot \mathrm{d}t}{\int_{t_1}^{t_2} \text{DNI} \cdot S \cdot \mathrm{d}t}$$

$$= \eta_{\text{sol-only}} + f(A_{\text{elevate}}) \tag{5-12}$$

表达式(5-12)指出,太阳能与化石燃料互补发电技术中的太阳能净发电效率理论上由两部分组成:第一部分是输入的太阳热能,由于本身所具有的做功能力而得到的发电效率;第二部分是由于太阳能集热品位提升获得的做功能力而增加的发电效率。

5.3　中低温太阳能燃料转换方法

本节主要阐述新型中低温热化学反应器的设计方法,重点介绍中低温槽式太阳能吸热反应器,以太阳能驱动甲醇裂解/重整为例,实验验证热化学互补机理;展望广阔应用的太阳能与替代燃料热化学互补的分布式冷热电联供系统,阐述关键技术研制。

5.3.1　中低温太阳能热化学互补制氢简述

中低温太阳能热化学利用技术通过驱动甲醇或二甲醚等燃料的裂解或重整反应生成富含 H_2 的合成气,所需的反应温度恰好与抛物槽式聚光太阳能集热装置 $200\sim300$℃的集热温度相匹配,因此可利用中低温抛物槽式太阳能集热器提供甲醇等替代燃料裂解等热化学反应所需的反应热(Hong et al.,2005)。相对高温聚光集热装置而言,抛物槽式太阳能集热器具有技术较为成熟、集热效率较高和成本较低等诸多优点。

中低温太阳能吸收/反应器是关键核心技术(王艳娟,2015)聚集高于 800℃太阳能热化学反应器。例如,德国宇航中心、西班牙能源与环境研究中心共同研制的太阳能重整甲烷反应塔、瑞士苏黎世工学院研制的氧化锌还原甲烷的高温气固旋流太阳能化学反应器。这些高温太阳能热化学反应器需要高倍聚光系统,而且对于制作材料的要求较高约束了高温吸收/反应器的进一步工程应用。

图 5-4 所示为中低温太阳能热化学反应器示意图。外罩一个玻璃套管的反应器管沿抛物槽太阳能聚光装置的焦线布置,该聚光装置自东向西布置,绕轴南北方向转动。装配在一起的反应管和玻璃套管既是太阳能接收器,又是反应器。该吸热接收器-反应器是太阳能热化学反应过程的关键部件,它直接影响到太阳热能转化为化学能的能量转换和利用。因此,确定中低温太阳能热化学反应器的设计基本原则非常重要。

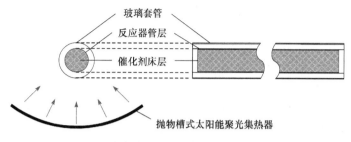

图 5-4　中低温太阳能热化学反应器示意图

5.3.2　太阳能吸收反应器设计原则

太阳集热品位与反应品位匹配:对于热力性能良好的太阳能热化学反应器,不仅要求聚焦的太阳热能可以提供足够的能量来驱动热化学反应进行,而且更为重要的是,还应要求提供的太阳热能的能量品质与热化学反应所需要的能的品质相匹配(金红光和林汝谋,2008)。也就是说,提供反应需要的太阳热能品位要与化学反应的品位一致。两者品位的较好匹配可以减小太阳热化学反应过程的不可逆性,提高太阳热能转化为化学能的效率。因此,太阳热能与化学反应之间的品位匹配与否决定了中低温太阳热化学反应器的热力性能的好坏。

聚光装置的形状和其光学性能是影响提供太阳热能品位的主要因素。对于中低温太阳能热化学过程而言,碳氢燃料的吸热反应在近 200℃ 下进行,需要较低品位的热能。采用聚光比为 20~70 的线性抛物槽聚光镜可以聚集和提供200~300℃ 范围的太阳热能,其品位可以较好满足化学反应的需要。因此,在新型的一体化太阳能吸收/反应器研制中,我们采用低聚光比的单轴跟踪抛物槽聚光系统,既保证聚集充分的太阳能,从而满足反应的需要,又同时确保聚集的太阳热能品位与反应品位的高度一致性。实质上,这是从能的互补品位耦合角度,将能的品位概念和思想融合到工程设计方面,以更加充分有效地利用太阳能。

接收器和反应器结构一体化:从图 5-4 可以看出,太阳能接收器又是太阳能化学反应器。它由一个轴式反应管构成,并沿抛物槽聚光镜的中心焦线布置。这个轴式反应管又起到了吸收器的作用。接收器和反应器结构的耦合一方面能够有效地接收入射太阳光,同时又可以吸收聚集的太阳热能,将其转换为化学能。此外,接收器和反应器结构的一体化还可以使装置简单化,保持太阳能辐照在反应器表面沿管子方向均匀一致,从而进一步保证太阳热能的品位和化学反应的品位的匹配。这种直接加热式一体化接收-反应器系统采用直接热传递形式,可以实现高温和高能量转换效率,更有效地利用太阳能,还有启动时间短等优点,是更简单、更经济的系统,同时可以通过燃料储存的方式实现蓄能,保证运行的连续性。

另外,中低温太阳能接收-反应器采用直接吸收太阳辐射能的方式。投射的太阳光穿过透射比为 0.95 的玻璃套管,然后被表面带有选择性涂层的反应器表面和反应物质直接吸收。透明玻璃套管、反应管表面和管内的反应物同时作为吸收体,完成能量吸收和传递的功能。这种直接吸收的接收-反应器,可以有效减小太阳辐射能的热损失和有效能损失。它不同于常规间接式的接收-反应器,利用换热器将太阳辐射能间接地传输给热媒介质(如导热油)。

反应管的直径和焦斑具有良好结构特性的中低温太阳能热化学反应器,必须还要同时保证较好的化学反应特性。反应器管的直径是一个重要的尺度参数,因为它决定了反应速率,从而会影响反应物的转化率和太阳热能转化为化学能的效率。另外,接收器表面的焦斑平面上的太阳能的能流分布决定了反应管的管壁温度,进而影响了化学反应特性。反应器管的焦斑平面上太阳能的能流分布又取决于焦线的形状,特别是焦斑的直径。实质上,焦斑平面上太阳能的能流分布反映了被聚集的太阳辐射能利用的状况。这就意味着在中低温太阳热化学反应过程中,为了得到较好的反应特性和充分利用太阳热能,反应器的管径应与焦斑宽度相协调。

另外,在设计过程中,还需要考虑太阳能接收-反应器具有最大的太阳辐射能接收和最小的热损失。这一点仍然需要反应器的管径与焦斑宽度相一致来实现。若两者不匹配将会造成反应器表面更多的热损失,损害太阳能的利用。因此,反应器的直径和焦斑宽度之间的良好匹配也是一个重要的设计原则,影响着中低温太阳能热化学反应器的热力性能。

5.3.3　中低温太阳能热化学燃料反应器

太阳能热化学反应器是太阳能热化学转化过程的核心部件,图 5-5 是中国科学院工程热物理研究所研制的第二代聚光太阳能吸热反应器,它是在第一代 10kW 太阳能热化学反应器(金红光和林汝谋,2008)基础上进一步研制的。其主要由两个部件构成:低聚光比线性抛物槽式聚光镜和管式接收-反应器。

聚光吸热反应器东西布置,集热器开口宽度 2.55m,集热器总长 24m,集热面积 61.2m²,聚光比为 65。该聚光器所能提供的太阳热能温度为 200～300℃。由铜材料制成固定床反应器,具有高选择性和吸收性的陶瓷材料作为吸收材料涂在反应器外表面,如图 5-6 所示。这样,接收器与反应器的集成体既接收太阳辐射能又将其转化为化学能。抛物槽式太阳能集热器所配套聚光反射镜的焦距为 0.7m,使用钢化玻璃镀膜制得,反射镜的尺寸和性能参数如表 5-1 所示。

图 5-5　20kW 抛物槽式聚光吸热反应器（后附彩图）

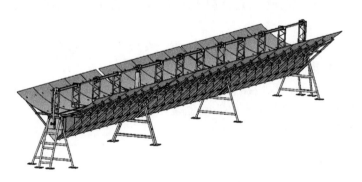

图 5-6　20kW 抛物槽式聚光吸热反应器结构简图

表 5-1　抛物槽式太阳能集热器参数

	单位	参数	备注
长×宽×厚	mm	1570×1404×4	内片
焦距	mm	700	
曲面弦高	mm	124	
单位面积质量	kg/m²	10	
玻璃是否钢化	是/否	是	安全性
法向镜面反射率	%	93.5	波长范围 250～2500nm
镜面曲率精度	mrad	3.5	
耐高低温性能	是否脱落	否	GB/T4796-2001

续表

	单位	参数	备注
耐湿热性能	斑点	否	相对湿度
镜面抗冲击能力	J/(m²/s)	28	
耐沙尘性能	m/s	20	标注含沙量
抗冰雹冲击能力			20mm 冰雹以 20m/s 速度沿各角度冲击反射镜正面/反面

抛物槽式太阳能集热器配套使用的吸收器为真空管集热管,单管集热管管长 2m,耐温 300℃以上,共计使用 12 根,真空集热管的结构和性能参数如表 5-2 所示。

表 5-2　太阳能吸收器的结构和性能参数

项目	参数	项目	参数
集热管长(常温)	(2000±1)mm	有效长度(400℃)	1917mm
吸热管外径	(40±0.3)mm	玻璃管外径	(90±10/−0)mm
吸热管壁厚	(1.5±0.2)mm	玻璃管壁厚	(3±0.2)mm
吸热管材质	304 不锈钢	玻璃管材质	硼硅玻璃
400℃平均发射率	0.10±0.02	最高使用温度	300℃
平均透射率(AM 1.5)	0.96±0.01	最高使用压力	4MPa
平均吸收率	0.96±0.01	环形空间真空度	$1×10^{-1}$Pa

太阳能驱动甲醇燃料的转换过程主要通过甲醇裂解或重整反应,反应过程需借助 Cu/Zn/Al 甲醇制氢催化剂以保证较佳的原料转化率和反应速率,催化剂外观如图 5-7 所示。该型催化剂外观为黑色圆柱体,表面光滑有光泽,公称尺寸为 Φ5×5mm。催化剂的堆积密度为 1.05～1.25kg/L,机械破损强度为不小于 60N/cm²。

图 5-7　Cu/Zn/Al 催化剂的外关键运行参数
对吸收/反应器性能影响

5.4　槽式太阳能吸热反应器设计优化

中温太阳能吸热反应器设计不仅遵循上述原则,而且还与各个部件性能如聚光性能、吸热涂层材料、催化剂床层等紧密相关,涉及光学、化工、传热、材料等多学科交叉(Liu et al.,2016)。特别是聚光集热与反应场耦合好坏直接影响到太阳能转化燃料的性能,这密切关系到聚光、辐射、导热、对流换热与反应动力学的相互作用。

5.4.1　光-热-化学反应多场耦合

图 5-8 为吸收/反应器内能量转换与传递过程。聚焦后的太阳光首先透过玻璃管照射在吸收/反应管外表面选择性吸收涂层上,太阳辐射能转换为热能。热能一部分通过金属吸收/反应管末端导热,以及吸收/反应管与玻璃管之间的传热散失到环境中;一部分通过吸收/反应管管壁的导热进入催化反应床。以中温太阳能驱动甲醇水重整反应为例,这个光热反应的传热模型包括:吸收/反应管内导热,吸收/反应管内壁面与催化剂颗粒及反应气体间的复合传热,甲醇水蒸气吸热反应,吸收/反应管外壁面与玻璃管内壁面间的辐射换热,玻璃管内导热,玻璃管外壁面与外界环境间的对流换热及辐射换热。同时,还有考虑吸收/反应管表面涂层的吸收率与发射率,玻璃管发射率与透射率,聚光镜面的反射率等。

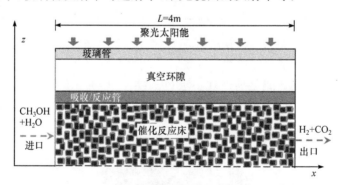

图 5-8　吸收/反应器能量平衡图

依据吸热反应器能量守恒,考虑在稳定工况下,玻璃管和吸收/反应管壁内为稳态导热,能量方程如下:

$$\frac{\partial^2 T}{\partial x^2}+\frac{\partial^2 T}{\partial y^2}+\frac{\partial^2 T}{\partial z^2}=0 \tag{5-13}$$

催化反应床的传热过程较为复杂,床层的传热包括流体在轴向流动的传热,以及将流体和固体颗粒的床层作为均匀体,通过导热方式的传递。一般情况下,轴向的传热与径向流动传热相比常常可以忽略,床层的热量传递主要发生在径向(Wang et al.,2016)。

流体通过固定床的径向热量传递是通过多种方式进行的。通常把固体颗粒及在其空隙中流动的流体包括在内的整个固定床看作假想的固体,按传导传热的方式来考虑径向传热过程。这一假想固体的导热系数称为径向有效导热系数 λ_{er}。

在反应条件下,催化剂的孔隙内充满反应介质,催化剂的有效导热系数不仅与催化剂固体本身的导热系数有关,也与催化剂孔隙内反应介质的导热系数有关,计及反应介质影响的催化剂的导热系数即其有效导热系数。关于催化剂孔内传热报道不多,至今尚无统一的认识,传热机理也十分复杂。具有以下特点:

(1) 催化剂颗粒的有效导热系数主要受催化剂固体本身和孔内气体介质的导热特性影响;

(2) 固体和孔隙内气体为非常复杂的机理传热,因此可用简化的传热模型来描述;

(3) 催化剂的组成、孔内气体性质、孔结构等因素对整个催化剂颗粒的有效导热系数均有一定的影响。

关于多孔催化剂颗粒的内部传热模型,国内外至今没有一个完全统一的认识,许多研究者分别提出了可用于计算催化剂颗粒的有效导热系数的传热模型。为便于计算,把催化剂颗粒和在其空隙中流动的混合气体囊括的整个固定床单元看作假想的固体,按照传导传热的方式来分析径向的传热过程,导热系数采用假定催化剂颗粒内颗粒固相与孔隙内气相进行并联传热来计算,假定多孔催化反应床为各向同性,能量方程如下:

$$-\lambda_{sr}\frac{\partial}{\partial x_i}\left(\frac{\partial T_s}{\partial x_i}\right)+(\rho C_p)_g u_i \frac{\partial T_s}{\partial x_i}=Q \tag{5-14}$$

$$\lambda_{sr}=\varepsilon\lambda_g+(1-\varepsilon)\lambda_s \tag{5-15}$$

其中下标"g"表示气体相;λ_{sr} 为反应床的有效导热系数,W/(m·K);λ_g 为混合气体的导热系数,W/(m·K);λ_s 为反应床的导热系数,W/(m·K);ε 为反应床的孔隙率;T_s 为反应床的温度,K;Q 为由于发生化学反应而产生的热源,W/m³;h_{t_i} 为吸收/反应管内对流换热系数。

$$\frac{h_{t\_i}d_{t\_i}}{k_g}=2.17Re_p^{0.52}\left(\frac{d_{t\_i}}{d_s}\right)^{0.8}\left(\frac{1}{1+1.3\dfrac{d_{t\_i}}{L_{bed}}}\right) \tag{5-16}$$

其中雷诺数 $Re_p=\dfrac{D_pG}{\mu_g}$;μ_f 为管内流体的动力黏度;d_s 为催化剂颗粒的当量直径;L_{bed} 为催化床层的高度;G 为反应物质量流率,d_{t_i} 为吸收/反应管内径。

5.4.2 吸热反应器温度分布优化

聚光吸热反应管表面的能流密度分布不均匀,太阳光投射在抛物槽式集热器上,其中一部分光线直接投射在集热管的迎光部分,其余部分汇集到吸收反应管的背光部分。因此,聚光能流密度分布是影响吸收反应器设计的重要参数。由能流密度分布不均而造成吸收反应管壁上热斑和温度梯度应力集中和材料疲劳失效影响集热管的使用寿命。因此有必要对吸收集热管周向热流分布进行优化(Wang et al.,2014)。

由图 5-9 可知,太阳能能流密度沿吸收/反应管周向分布不均匀,导致金属管内的传热工质温度场和流场不均匀,使金属管和玻璃套管产生周向温差,引起形变,对光热转换、传递造成不利影响,降低集热器的寿命。能流密度关于吸热管左、右对称分布,由集热器集热特性决定。因此,本节采用光线追踪法与有限单元法耦合的计算方法研究吸热管在非均匀能流密度场作用下的温度场、热应力场和总应变场分布特征,并研究了关键运行因素对接收器运行性能的影响,如传热工质进口流速、进口温度、DNI 等。

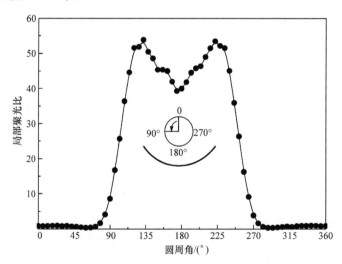

图 5-9 局部聚光比沿吸热管周向分布

选择直射辐照强度为 $600W/m^2$,反应物进料流量为 15kg/h,进口温度为473.2K,水醇摩尔比固定为 1:1,吸收/反应器长度为 4m。图 5-10 给出了吸收/反应管和玻璃管的温度分布。吸收/反应管的温度范围为 453.4~577.6K。由图可知,吸收/反应管周向温度分布不均匀,截面温度分布左右对称,与相应截面上能流密度分布相似。在 $x=2m$ 处吸收/反应管的截面温差为 67.8K,吸收/反应管周向温差沿流动方向的变化范围在 63.4~77.3K,周向温差的存在使吸收/反应管产生周向应力,引起吸收/反应管的形变。玻璃管的温度范围为 298.0~315.0K,玻璃管在 $x=2$m 处截面温差为 6.4K,与吸收/反应管相比,温差很小。玻璃管温度远低于吸收/反应管,这主要是因为吸收/反应管和玻璃管之间真空夹层的存在,抑制了吸收/反应管的散热,提高了吸收/反应器的热效率。截面温差的存在可以引起周向应力使吸收/反应管发生形变,降低聚光准确性,同时影响吸收/反应器的寿命。

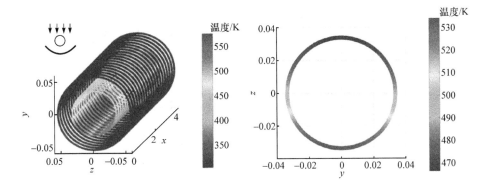

图 5-10　$x=2$m 处吸收/反应管截面温度分布(后附彩图)

图 5-11 为催化反应床内温度分布,由图可知,催化反应床径向温度分布不均匀,由于聚光器的聚光特性,催化反应床底部温度较高。在 $x=2$m 处截面温差为 32.4K,反应床周向温差沿流动方向逐渐增加,可以达到 45.3K。吸收/反应管管长为 4m,进口温度为 473.2K,平均出口温度为 508.5K,最高温度为 536.2K,温升达到 63.1K,高温下催化剂颗粒易产生烧结、失效。

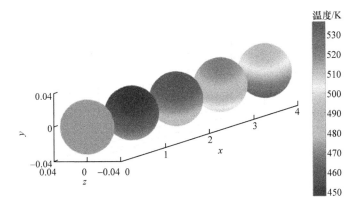

图 5-11　催化反应床温度分布(后附彩图)

图 5-12 为反应床和吸收/反应管在接触面处的温度分布(忽略壁面边界层的影响),由图可知吸收/反应管及反应床的温度分布左右对称,由于吸收/反应管为

受热面,吸收/反应管的温度高于反应床温度。可知,反应床和吸收/反应管顶部的温差约为 10.0K,并且沿流动方向基本保持不变;在吸收/反应管的底部,反应床和吸收/反应管温差沿流动方向逐渐降低,在 $x=1m,2m,3m$ 截面处,反应床和吸收/反应管的温差分别约为 50.0K,44.0K,42.0K。根据能量守恒原理,由聚光镜汇聚的太阳能分为两部分被利用:一部分作为潜热被反应气体吸收,使反应气体的温度升高;另一部分作为反应热驱动甲醇水蒸气的重整反应。在吸收/反应管的底部由于汇聚的太阳能流密度较高,吸收/反应管底部温度较高,甲醇水蒸气重整反应速率较高,大部分的热量作为反应热驱动化学反应,少量的热量作为潜热被反应气体吸收,反应床的温度升高较慢,因此底部吸收/反应管与反应床的温差大于顶部。反应床和吸收/反应管的温差沿流动方向降低,因为沿流动方向,伴随着甲醇水蒸气重整反应的进行,反应速率逐渐降低,更多的热量作为汽化潜热被反应气体吸收,使催化床的温度升高,从而降低了反应床和吸收/反应管的温差。

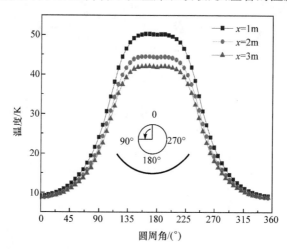

图 5-12　反应床和吸收/反应管在接触面处的温度分布

5.4.3　太阳能吸收反应速率分布

图 5-14(a)和(b)分别为 CH_3OH 和 H_2O 在多孔反应床中摩尔分数分布,在吸收/反应器的入口处,CH_3OH 和 H_2O 的摩尔分数分别为 0.5,由于甲醇水蒸气重整反应的进行,甲醇、水蒸气的摩尔分数沿流动方向减少,产物 H_2 和 CO_2 的摩尔分数沿流动方向增加(如图 5-14(c)和(d)所示),在吸收/反应管出口底部,H_2 和 CO_2 的摩尔分数达到最大值,分别约为 0.75 和 0.25。甲醇水蒸气重整反应产物中有少量 CO,H_2 和 CO_2 的摩尔分数比为 3:1。

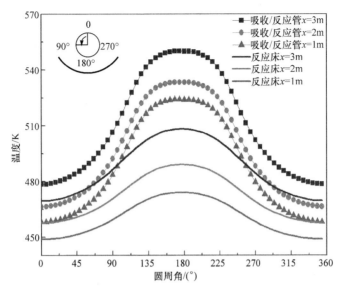

图 5-13　反应床和吸收/反应管周向温差分布

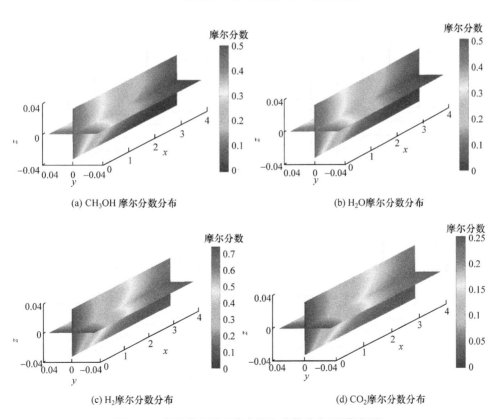

(a) CH_3OH 摩尔分数分布

(b) H_2O 摩尔分数分布

(c) H_2 摩尔分数分布

(d) CO_2 摩尔分数分布

图 5-14　各组分在反应床中摩尔分数分布（后附彩图）

图 5-15 为不同截面 $x=1.0\mathrm{m},2.0\mathrm{m},3.0\mathrm{m},4.0\mathrm{m}$ 处,甲醇水蒸气重整反应速率分布。在反应床进口部分,反应床底部的反应速率高于顶部的反应速率,在反应床的出口部分,反应床底部的反应速率低于顶部的反应速率。由速率反应方程可知,反应速率随着温度的升高而增高,随着反应物的减少而降低。在反应床进口部分,底部的温度较高,所以反应速率高于顶部。沿流动方向,随着甲醇水蒸气重整反应的进行,反应床底部的反应物迅速降低,如图 5-15 所示,对于反应床底部,反应速率的主要限制因素为反应物浓度;对于反应床顶部,反应速率的主要限制因素为温度。

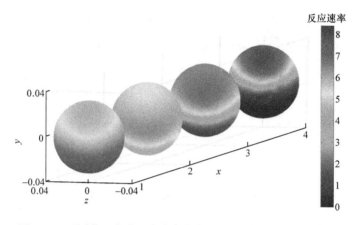

图 5-15 不同截面化学反应速率分布($\mathrm{mol/(m^3 \cdot s)}$)(后附彩图)

5.4.4 太阳能吸收反应器管壁直径优化

为了研究吸收/反应管直径对太阳能中低温吸收/反应器的影响,我们选择了五组不同直径吸收/反应管,分别为 40mm,50mm,60mm,70mm 和 80mm,其余参数与表 5-1 中保持一致。直射辐照强度为 $600\mathrm{W/m^2}$,反应物进料流量为 15kg/h,进口温度为 473.2 K,水醇摩尔比固定为 1:1,吸收/反应器长度为 4m。

图 5-16 为在不同吸收/反应管直径下,太阳能流密度沿吸收/反应管周向分布。由图可知随着吸收/反应管直径的增加,太阳能流密度降低,尤其是吸收/反应管底部的能流密度。这是因为随着吸收/反应管直径的增加,吸收/反应器的局部聚光比降低,尤其是底部的局部聚光比降低幅度最大。

图 5-17 为直射辐照强度为 $600\mathrm{W/m^2}$,反应物进料流量为 15kg/h,进口温度为 473.2K,水醇摩尔比固定为 1:1,吸收/反应器长度为 4m 时,反应床的平均出口温度及最高温度随吸收/反应管直径的变化关系。由图可知,当吸收/反应管直径为 40mm 时,反应床平均出口温度为 527.3K,反应床的最高温度达到 550.3K,反应床的温升可以达到 77.2K。当吸收/反应管直径为 80mm 时,反应床平均出口温

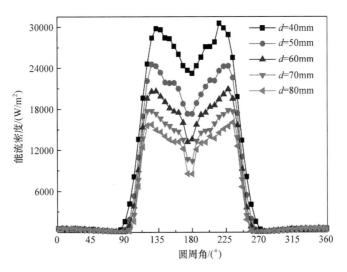

图 5-16　不同吸收/反应管直径下聚光能流密度周向分布

度为 505.9K,反应床的最高温度达到 534.7K,反应床的温升可以达到 61.6K。吸收/反应床的最高温度、平均温度都随着吸收/反应管直径的增加而降低。

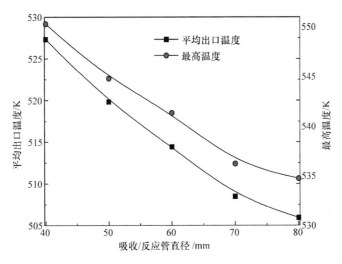

图 5-17　不同吸收/反应管直径下反应床的平均出口温度及最高温度变化

　　图 5-18 为甲醇转化率、压降随吸收/反应管直径的变化关系。由图可知,随着吸收/反应管直径的增加,甲醇转化率升高。这是因为随着吸收/反应管直径的增加,一方面反应物进口流速降低,反应物在催化床内滞留时间增大,另一方面催化剂量增加,反应物与催化剂的接触面积增大,而且由图 5-17 可知,反应床的温度随着吸收/反应管直径的增加而降低,集热器汇聚的太阳能被更多地作为反应热驱动

甲醇水蒸气重整反应。随着吸收/反应管直径的增加,压力损失降低,当吸收/反应管直径分别为 40mm 和 80mm 时,吸收/反应器的压降分别为 21.62kPa、4.73kPa,压降损失降低为原来的五分之一。吸收/反应器的压力损失和反应床的渗透系数成反比,而渗透系数与吸收/反应管的直径成正比,所以压降损失随吸收/反应管直径的增加而降低。

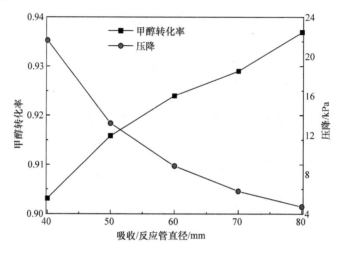

图 5-18   甲醇转化率、压降随吸收/反应管直径的变化关系

由图 5-19 可知,集热器的集热效率随着吸收/反应管直径的增加而降低,这是由于随着吸收/反应管直径的增加,吸收/反应器的散热面积增加,散热损失增加,从而集热效率降低。

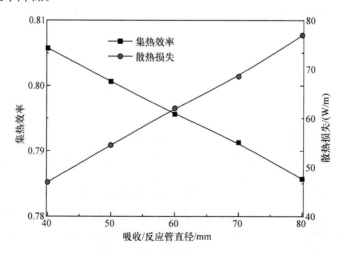

图 5-19   集热效率、散热损失随吸收/反应管直径的变化关系

5.4.5 反应床孔隙率的影响

孔隙率(φ)是指多孔介质内的微小间隙的总体积与该多孔介质总体积的比值。为研究孔隙率对吸收/反应床性能的影响,选取四组孔隙率即 $\varphi=0.4,0.5,$ $0.6,0.7$ 进行研究。计算中假设反应床的比表面积保持不变。

图 5-20 表示当直射辐照强度为 $600\mathrm{W/m^2}$,反应物进料流量为 15kg/h,进口温度为 473.2K,水醇摩尔比固定为 1∶1,吸收/反应器长度为 4m 时,孔隙率对反应床温度分布及吸收/反应器氢气产量的影响。由图可知,研究范围内反应床的温度随着孔隙率的增加而升高。随着孔隙率的增加,催化剂用量减少,反应气体与催化剂的接触面积减小,致使甲醇水蒸气重整反应的反应速率降低,更多的热量以汽化潜热的形式被混合气体吸收,致使反应床的温度升高。另一方面,反应床的有效导热系数随着孔隙率的增加而降低,反应床导热热阻增加,更多的太阳能被吸收/反应管、玻璃管吸收,使其温度相应升高。

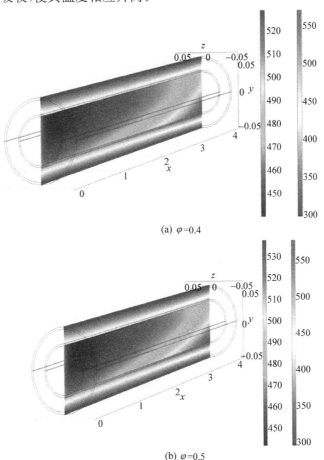

(a) φ=0.4

(b) φ=0.5

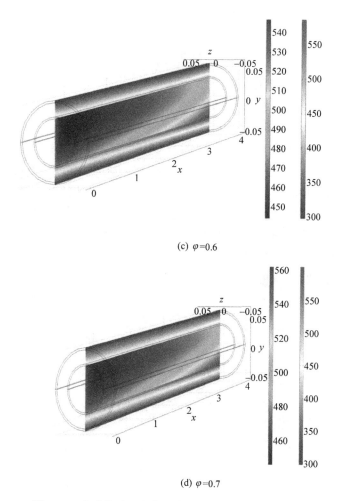

(c) $\varphi=0.6$

(d) $\varphi=0.7$

图 5-20　孔隙率对反应床温度变化的影响(后附彩图)

　　由图 5-21 可知,甲醇转化率随着孔隙率的增加而降低,当反应床的孔隙率分别为 0.4,0.5,0.6 时,甲醇的转化率分别为 0.94,0.93,0.92。这可能是因为随着孔隙率的增加,催化剂用量减少,反应气体与催化剂的接触面积减小,致使甲醇水蒸气重整反应速率降低。另一方面,根据方程(4-6),反应床的有效导热系数随着孔隙率的增加而降低,反应床导热热阻增加,进入反应床内的热量减少。同时,吸收/反应器的压降损失随着孔隙率的增加而降低,当反应床的孔隙率分别为 0.4,0.5,0.6 时,压降损失分别为 28.93kPa,10.93kPa,4.16kPa。

　　图 5-22 为集热效率、散热损失随孔隙率的变化。由图可知,随着孔隙率的增加,吸收/反应器的集热效率降低,散热损失增加。由图 5-21 可知,吸收/反应器玻璃管温度随孔隙率的增加而升高,导致散热损失增加,集热效率降低。

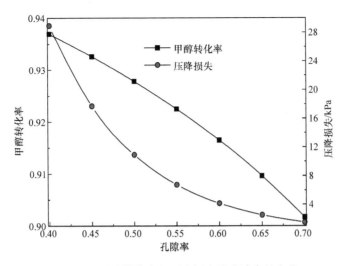

图 5-21　甲醇转化率和压降损失随孔隙率的变化

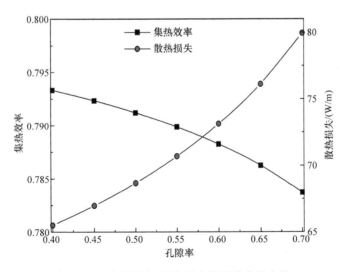

图 5-22　集热效率、散热损失随孔隙率的变化

5.4.6　非均匀能流密度的影响

为了研究非均匀能流密度对太阳能中低温吸收/反应器的影响,我们建立了五组对比模型,每组模型中吸收/反应管直径分别为 40mm,50mm,60mm,70mm,80mm,分别为每组中的吸收/反应器建立 2 个模型,一个模型即为正常运行时的模型,即太阳能沿吸收/反应管周向不均匀分布,简称不均匀模型;一个模型为太阳能沿吸收/反应管周向均匀分布,简称均匀模型,均匀模型接收的太阳能总量与非

均匀模型相同,并且其余条件保持不变。

图 5-23 为当直射辐照强度为 $600W/m^2$,反应物进料流量为 15kg/h,进口温度为 473.2K,水醇摩尔比固定为 1∶1,吸收/反应器长度为 4m 时,反应床在均匀工况和非均匀工况下的截面温度对比。

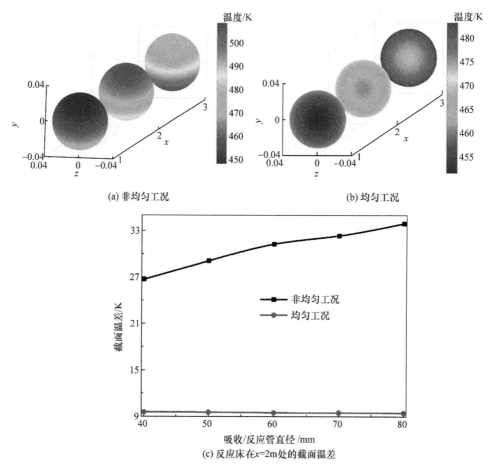

(a) 非均匀工况   (b) 均匀工况

(c) 反应床在 $x=2m$ 处的截面温差

图 5-23   反应床在均匀工况和非均匀工况下的截面温差(后附彩图)

由图 5-23 和图 5-24 可知,均匀工况下,吸收/反应器的温度中心对称分布。图 5-23 (c)为均匀工况和非均匀工况下反应床在 $x=2m$ 处的截面温差。由图可知,非均匀的能流密度分布影响吸收/反应床的温度分布,非均匀能流密度下反应床的截面温差远大于均匀能流密度下的截面温差,当吸收/反应管直径为 70mm 时,非均匀工况和均匀工况下,反应床在在 $x=2$ 处的截面温差分别为 32.4K 和 9.5K。对于非均匀工况,反应床的截面温差随着吸收/反应管直径的增加而增加,由于太阳能能流密度沿吸收/反应管周向的不均匀分布,反应床受热不均匀,底部能流密度远高于顶部的能流密度,随着吸收/反应管直径的增加,反应床底部与顶部的距离增加,相应传热热阻增加,所以非均匀工况下反应床的截面温差随着吸收/反应管直径的增加而增加。对于均匀工况,反应床的截面温差随着吸收/反应管直径的增加而降低,这主要是由于随着吸收/反应管直径的增加,吸收/反应管周向能流密度降低,造成截面温差降低。

图 5-24 为吸收/反应管在均匀工况和非均匀工况下的温度分布。由图可知,均匀工况下吸收/反应管不存在周向温差。图 5-24(c)为均匀工况和非均匀工况下吸收/反应管在 $x=2\mathrm{m}$ 处的截面温差。当吸收/反应管直径为 70mm 时,非均匀工况和均匀工况下,吸收/反应管在 $x=2\mathrm{m}$ 处的截面温差分别为 67.8K 和 0.3K。非均匀工况下反应床的截面温差远高于均匀工况下反应床的截面温差。其随吸收/反应管直径的变化趋势与反应床相似。

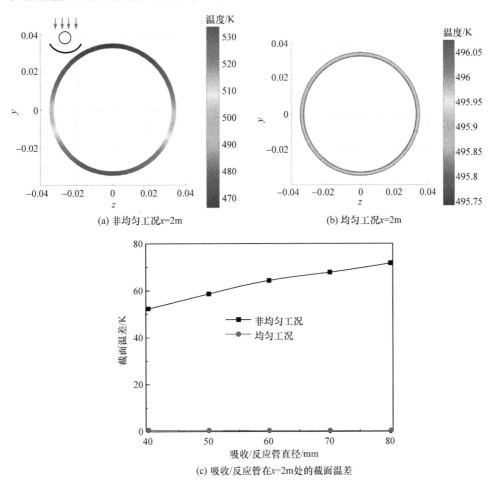

(a) 非均匀工况 $x=2\mathrm{m}$　　　　　(b) 均匀工况 $x=2\mathrm{m}$

(c) 吸收/反应管在 $x=2\mathrm{m}$ 处的截面温差

图 5-24　吸收/反应管在均匀工况和非均匀工况下的温度分布(后附彩图)

图 5-25 为均匀工况和非均匀工况下反应床平均出口温度和最高温度随吸收/反应管直径的变化。非均匀工况下反应床的平均出口温度和最高温度远高于均匀工况下反应床的平均出口温度和最高温度,尤其是反应床的最高温度。当吸收/反应管直径为 70mm 时,非均匀工况和均匀工况下,反应床的最高温度分别为536.2K 和 508.3K,反应床的温升分别为 63.1K 和 35.1K。由于高温下催化剂易失效,所以应尽量降低反应床的温升。

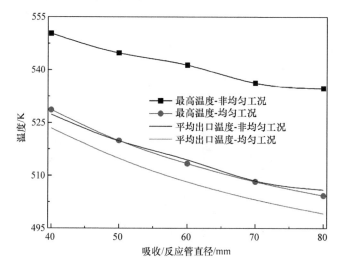

图 5-25　均匀工况和非均匀工况下反应床温度随吸收/反应管直径变化

图 5-26 为均匀工况和非均匀工况下各组分在多孔床中摩尔分数分布,左图为非均匀工况,右图为均匀工况。由图可知,能流密度的分布影响多孔反应床内反应物组分的分布:对于均匀工况,反应物组分呈中心对称,同一截面上靠近吸收/反应管壁面处反应物 CH_3OH 和 H_2O 的浓度较低,中心处浓度较高,分布较为均匀。对于非均匀工况,同一截面上靠近吸收/反应管底部壁面处,重整反应进行快,反应物 CH_3OH 和 H_2O 的浓度很低,靠近吸收/反应管顶部壁面处,由于能流密度很低,反应物 CH_3OH 和 H_2O 的浓度较高。反应物同一截面分布不均匀,靠近吸收/反应管底部壁面处能流密度较高,反应物浓度低,吸收的太阳能大部分转化为反应物的汽化潜热,使反应床的温度升高,局部易出现热点。

吸收/反应管直径对甲醇转化率的影响如图 5-27 所示,均匀工况下的甲醇转化率略高于非均匀工况下的甲醇转化率。当吸收/反应管直径为 70mm 时,均匀工况和非均匀工况下的甲醇转化率分别为 93.88% 和 93.12%。由图 5-28 可知均匀工况下吸收/反应器的散热损失低于非均匀工况下吸收/反应器的散热损失;

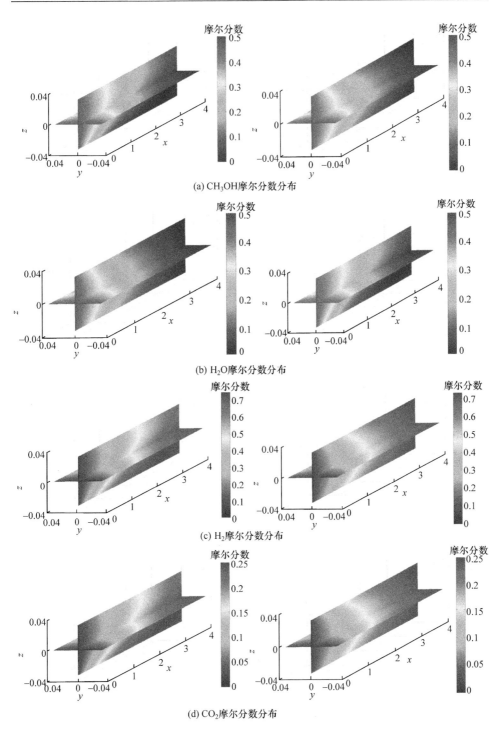

(a) CH_3OH摩尔分数分布

(b) H_2O摩尔分数分布

(c) H_2摩尔分数分布

(d) CO_2摩尔分数分布

图 5-26　均匀工况和非均匀工况下各组分在反应床中摩尔分数分布(后附彩图)

同时,由图 5-28 可知,均匀工况下吸收/反应床的温度低于非均匀工况,更多的太阳能转化为气体的化学能,所以均匀工况下的甲醇转化率略高于非均匀工况下的甲醇转化率,但是太阳能沿周向能流密度分布对吸收/反应器散热损失、甲醇转化率的影响很小。

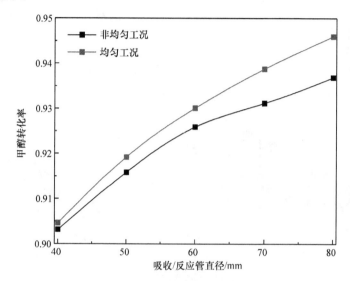

图 5-27　均匀工况和非均匀工况下甲醇转化率随吸收/反应管直径变化

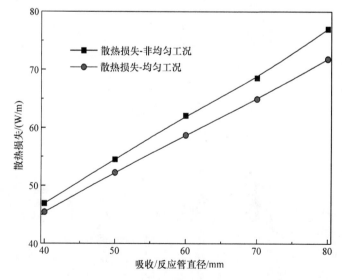

图 5-28　均匀工况和非均匀工况下吸收/反应器散热损失随吸收/反应管直径变化

5.5　变截面积吸收/反应器

当前,聚光太阳能集热器的几何聚光比通常是固定的,按照设计太阳能直射辐照与吸热管面积比而定。这种设计方法随着太阳直射辐照强度变化,沿管长聚光能流密度分布变化大,造成太阳能能量转化效率低。因此,随太阳直射辐照变化,如何调节聚光比及接收辐照量沿程分布,与管内具体反应特性、工质状态等参数合理匹配,实现能量高效转化及传递,减少损失,是实现太阳能高效利用的一个有效途径(Liu et al.,2017)。图 5-29 为阶梯状降低吸收/反应管直径的设计方案。

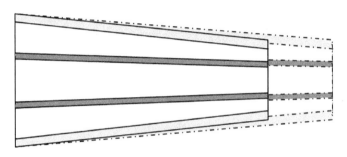

图 5-29　吸收/反应管直径、吸收/反应管长度协同优化

提高集热器在吸收/反应器进口部分的集热面积,降低集热器在吸收/反应器出口部分的面积,使镜面积沿流程非均匀布置。从而提高吸收/反应器进口部分的太阳能能流密度,降低吸收/反应器出口部分的能流密度,同时保持总集热量不变。为研究集热面积与吸收/反应管管长协同变化对吸收/反应器的影响,选取吸收/反应器一个典型工况即当直射辐照强度为 $600W/m^2$,进口温度为 433.15K,水醇摩尔比固定为 1∶1,反应物流量为 30kg/h 时,提出四种不同运行工况,分别为

工况 4:沿管程方向能流密度 $q_4 = -1427.25L + 11418$,吸收/反应管长度 8m;

工况 5:沿管程方向能流密度 $q_5 = -1903L + 13321$,吸收/反应管长度 7m;

工况 6:沿管程方向能流密度 $q_6 = -2854.5L + 17129$,吸收/反应管长度 6m;

工况 7:沿管程方向能流密度 $q_7 = -3806L + 20933$,吸收/反应管长度 5.5m。

工况 4~7 为逐渐增大吸收/反应器进口部分的集热面积,降低集热器在吸收/反应器出口部分的面积,同时,缩短吸收/反应管的管长,能流密度沿管程方向分布及吸收/反应管管长 L(与横坐标的截距)如图 5-30 所示。

针对上述四种工况,图 5-31 比较了变直径吸热反应器与传统等直径吸热反应器。方块代表变直径吸收/反应管运行工况,圆点代表传统吸收/反应管运行工况。由图可知,传统吸收/反应管运行工况下,甲醇转化率随沿程不均匀性增加而升高,但增幅变得平缓;变直径吸收/反应管运行工况下,甲醇转化率先随沿程不均匀性

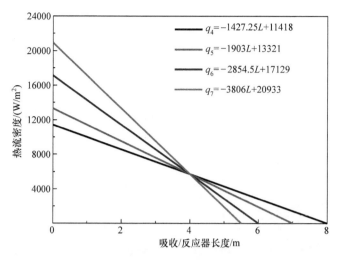

图 5-30　不同运行工况下能流密度沿吸收/反应管长度方向分布

增加而迅速升高,当达到运行工况 6 后,甲醇转化率略微降低。在工况 4,5,6 下,变直径吸收/反应管的甲醇转化率高于传统吸收/反应管的甲醇转化率,当达到工况 7 后,变直径吸收/反应管的甲醇转化率低于传统吸收/反应管的甲醇转化率。

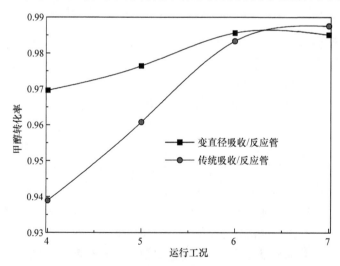

图 5-31　变直径与传统吸收/反应管对甲醇转化率的关系

图 5-32 比较了太阳能吸热反应器床层最高温度。由图可知,两种运行工况下(传统吸收/反应管和变直径吸收/反应管),反应床最高反应温度都随沿程不均匀性增加、吸收/反应管直径的减小而升高。相同运行工况下,变直径吸收/反应管的反应床最高温度高于传统吸收/反应管,并且随着不均匀性的增加,温差增大。当

运行工况 7 时,变直径吸收/反应管的反应床最高温度为 325.0K,比传统吸收/反应管的反应床最高温度高 32.5K,已超过催化剂颗粒最高运行温度。

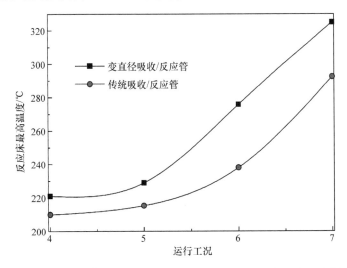

图 5-32　变直径吸收/反应管对吸收/反应器催化剂最高反应温度影响

通过以上优化计算可知,对传统吸收/反应器从集热面积、吸收/反应管直径、吸收/反应管管长三方面进行优化,综合考虑甲醇转化率以及对催化剂颗粒的保护,在典型运行工况下,得到最佳设计方案为:抛物槽式集热器集热面积与能流密度为工况 6 时匹配,采用变直径吸收/反应管,管长为 6m 时,运行性能最佳。典型工况下,新型吸收/反应器甲醇转化率比传统吸收/反应器提高了 9%,对于管长 8m 的集热管缩短了 2m,节省了相关材料及催化剂。

5.6　中低温太阳能热化学互补发电示范装置及试验

本节重点介绍中低温太阳能热化学互补发电关键部件及技术,并针对国际首套百 kW 示范装置,阐述互补发电试验性能及面临的挑战。

5.6.1　太阳能集热品位提升实验验证

在研制的 5kW 中低温太阳能热化学反应装置中,针对太阳能驱动甲醇裂解,验证热化学互补过程的太阳集热品位提升。实验条件如下:环境温度为 30℃,风速为 1~2m/s;实验时间从 9 点到 14 点,太阳能辐照强度为 200~800W/m²;反应器稳态常压运行,甲醇流量为 0.5~4L/h。图 5-33 实验分析了太阳热能品位提升并与理论结果比较。

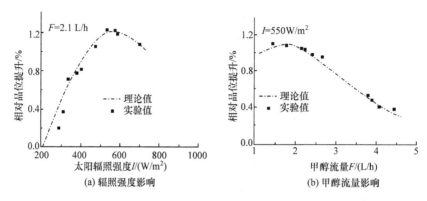

图 5-33　太阳热能品位提升的实验数据与理论计算比较

从图 5-33 可以明显看出,实验中的太阳能品位提升随辐照强度增加而增加,且也存在最佳值。当实验中的甲醇进料量控制在 2.1L/h,聚集的太阳热能品位提升在 500~700W/m² 时可以达到最大值。此时,太阳能反应器管壁温度为 250~280℃。实验所得的结果与理论分析完全一致,这也证明了上述理论公式的可靠性和正确性。从图中可以看出,实验数据与理论值的平均误差在(2±4)%。图 5-33(b)说明在辐照强度 550W/m² 时,实验过程采用不同甲醇进料量下的太阳热能品位提升的变化情况。当实际甲醇流量控制为 1.5~2.5L/h 时,太阳热能品位提升可以获得较高值。然而,当实际甲醇流量超过 1.5~2.5L/h 时,实验结果显示太阳热能品位提升明显下降。这是因为对于一定的反应器管径,在一定的太阳辐照强度下,相对较大的甲醇流量不能提供充分的甲醇完全裂解,从而影响低温太阳热能的品位提升。上述实验结果进一步验证了太阳能辐照强度与反应特性的有机结合是促进低温太阳热能品位提升的能量转化过程的关键因素。

通过实验研究验证了中温太阳能裂解甲醇的可行性,通过实验结果与理论分析结果的对比发现两者变化趋势相符,同时也证明该过程中太阳能化学品位互补机理的准确性。

由上述理论分析可以看出,太阳辐照强度和反应特性的有机结合深深影响了中低温太阳热能的能量转换过程,大大提高了低温太阳热能利用的品位。更重要的是,它从根本上改变了传统低温太阳热能利用的途径,为实现太阳能的合理利用提供了新方向。

5.6.2　百 kW 太阳能热化学互补发电示范装置

近中期,相比于高焦比的太阳能热化学互补,槽式中低温太阳能热化学互补更易于工程应用。图 5-34 是中国科学院工程热物理研究所自主研制的国际首套 100kW 发电示范平台。该系统关键技术包括:太阳能辐射资源测量技术,太阳能驱动的合成气发电技术,合成气太阳能燃料储能技术,合成气的内燃机燃烧技术。

集热镜场

图 5-34　100kW 中低温太阳能与甲醇热化学互补发电试验平台(后附彩图)

1. 太阳辐射资源测量技术

到达地面的太阳辐射,可以分为太阳总辐射、太阳直射辐射和太阳散射辐射。测量上述太阳辐照强度参数的仪器是太阳能气象站。我们选用的是荷兰 Kipp&Zonen 公司生产的 BSRN3000 太阳能气象站。该太阳能气象站不仅能测量太阳总辐照强度、太阳直射辐照强度、太阳散射辐照强度,还能够测量风向与风速、空气温度、湿度、大气压力等气象参数。该气象站由总辐照测量传感器、直接辐照测量传感器、散射辐照测量传感器、气象数据采集器、风向风速传感器、空气温湿度传感器、大气压力传感器、太阳能跟踪器、跟踪器遮挡环、网络通信存储模块、铅酸蓄电池、交转直充电器、机箱、不锈钢风杆以及相关附件组成,能够实现无人值守而自动采集数据,因此能够获得全年的太阳辐射数据。

2. 太阳能热化学互补反应器

太阳能驱动的合成气发电技术是分布式系统中的关键技术之一,主要包括槽式太阳能聚光装置、管式互补反应器等。槽式太阳能聚光装置聚集的太阳光投射到沿焦线布置,然后驱动填充有催化剂的管式反应器,产生 150~300℃太阳热,驱动替代燃料分解。通过太阳能驱动的热化学反应,太阳能直接储存在 H_2、CO_2、CO 的二次燃料中。同时,替代燃料也转化为太阳能燃料,然后太阳能燃料直接驱动内燃机发电,从而实现了中低温太阳能的高效热发电。

百 kW 线聚焦单轴跟踪的抛物槽吸热反应器开口宽度为 3m,单排集热镜场长度为 36m,集热镜场面积为 108m²。集热镜场共有两排,面积总共为 216m²。一体化吸收/反应器直径约为 42mm,聚光比为 71。详细参数见表 5-3。

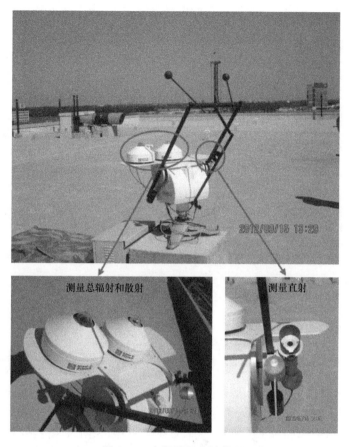

图 5-35　太阳能气象站外观

表 5-3　抛物槽式太阳能聚光器和一体化吸收/反应器参数

抛物槽式太阳能聚光器		一体化吸收/反应器	
项目	数值	项目	数值
焦距	1m	玻璃管外径	115mm
开口宽度	3m	玻璃管内径	109mm
单排聚光镜长度	36m	吸收管外径	42mm
单排聚光镜面积	108m²	吸收管内径	38mm
排数	2 排	玻璃管投射率	0.95
总聚光面积	216m²	金属涂层吸收率	0.96

　　内装催化剂为 CNZ-1 型催化剂。CNZ-1 型催化剂是一种以铜为活性组分,由铜、锌、铝等的氧化物组成的新型催化剂。堆密度为 $1.05\sim1.25\mathrm{kg/L}$。化学组成为(重量比例):$CuO(>60\%)$,$ZnO(5\%\sim20\%)$,$Al_2O_3(5\%\sim15\%)$,$Na_2O(<0.1\%)$。图 5-37 为填充催化剂后的一体化太阳能吸收/反应器。

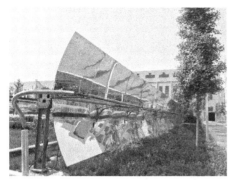

图 5-36　聚焦时的一体化太阳能吸收/反应器(后附彩图)

图 5-37　填充催化剂后的一体化太阳能吸收/反应器

3. 中低温太阳能燃料储能技术

中低温太阳能燃料储能技术主要是解决太阳能不连续的问题。当太阳能资源充足,产生太阳能燃料量大于动力发电机组燃料需求时,过量的太阳能燃料进入储气罐,实现化学蓄能。当太阳能资源不足,产生的太阳能燃料量不能满足动力发电机组的燃料需求时,储气罐中蓄存的太阳能燃料输出到动力发电机组,补足所需的燃料,从而实现中低温太阳能与化石燃料热化学互补的发电系统运行的调节,突破了太阳能热发电系统输出不稳定的技术瓶颈。由于太阳能资源的不连续性,中低温太阳能与化石燃料热化学互补的发电系统需周期性启停,系统启动时,储气罐输出太阳能燃料供给动力发电设备启动,产生烟气预热原料,避免了用额外的能量启动系统。

本发电试验平台一共有 2 个储气罐,每个储气罐容积约为 $10m^3$,设计压力为 1.5MPa。如图 5-38 所示,为了充分利用产生的合成气,在合成气储罐和内燃机之间增加了合成气的增压装置。合成气增压装置主要由 6 台压力可以达到 1.6MPa 的 H_2 增压泵、空压机、冷干机和过滤器等部件组成,采用压缩空气作为驱动气驱动 H_2 增压。

图 5-38　合成气储罐和增压装置

4. 合成气燃烧与内燃机发电技术

太阳能合成气燃料可以作为内燃机发电的燃料,主要成分是 H_2 和 CO。由于燃料为气体,而气体燃料对于内燃机的要求与液体燃料不同。对于 H_2,由于 H_2 的点火能量低,稀混合气易于燃烧,发动机可燃用稀混合气。由于氢的活化能低,火焰传播速度快,扩散系数大、混合气的滞燃期缩短,火馅传播速度加快,所以实际循环比汽油机更接近于等容循环,燃烧时间短。另外,由于氢是双原子分子及可燃用稀混合气,双原子分子含量相对增加。氢在燃烧过程中将有大量的活性核心(H、O 和 OH)释放出,加快了 CO 的氧化速度,促进了 CO 完全燃烧为 CO_2。

在我们研究的太阳能燃料发电技术中,合成气热机是在缸内直喷的发动机基础上,加以改造。主要是考虑到此发动机工作效率能够比其他进气方式高 10% 以上,同时能够缩短易燃易爆氢气在发动机内部的活动范围。但是缸内直喷对于发动机的部分硬件强度要求很高,特别是缸内部分的喷嘴。对于简单的不带中冷和增压的发动机,虽然稳定,但是由于燃料为低热值的 H_2,内燃机的功率和效率很难提上去。因此,如何研制高效安全的富氢燃料燃烧的内燃机发电技术,是未来中温太阳能热化学互补发电的另一个核心技术。

目前该发电系统采用废气涡轮增压的 100kW 内燃机,水空中冷,气缸数为 6,

压缩比为10,缸径和行程分别为114mm和135mm,排量为8.3L。额定转速为1500r/min。最低进气压力为0.6MPa。对于内燃机燃气供应系统选型,开始采用了增压前预混的燃气进气方式,H_2路径依次是增压器、中冷器、进气支管等。在进气支管安装多个泄压式防爆装置,在进气管路安装防爆型截止阀,安装氢气专用阻火器等,在关键时刻可以快速关停发动机和切断燃气供应,进气的汇流排采用全铜材质进行输气。图5-39为改造后的太阳能燃料的发电内燃机。

图 5-39 基于太阳能燃料的发电内燃机(20kW和100kW)

5. 余热回收利用技术

在该系统中,液态的甲醇和脱盐水等反应工质需要首先蒸发吸热,变为气态,然后才能进入太阳能镜场。利用内燃机尾气余热产生水蒸气,然后水蒸气加热并使反应物气体化。蒸汽的参数为180℃/0.7MPa,反应物气化后的参数大约为150℃/0.4MPa。驱动预热锅炉的热源为内燃机尾气余热。

图 5-40 烟气余热利用装置

5.6.3　中温太阳能热化学互补发电试验

目前百 kW 中低温太阳能热化学互补发电已经开始运行,它可以应用在楼宇建筑中,下面对已应用在中国科学院哈尔滨产业技术创新园区的一台 20kW 互补发电系统加以详细说明。

实验过程的前阶段,内燃发电机组经历启动、空载运行、逐渐加载电功率并最终达到满负荷电功率,内燃发电机组以满负荷电功率连续运行一段时间后将调整至 50％负荷电功率继续运行,最后合成气气源压力偏低导致内燃发电机组自动停机,该组实验的连续运行时间约为 43min,各运行阶段发电功率等参数如表 5-4 所示。

表 5-4　实验中各阶段的发电功率参数整理

操作说明	发电功率/kW	运行时长
启动并加载功率	0～20.4	7min
满负荷运行	20.4	21min41s
卸载部分功率	20.4～10.14	4min29s
50％负荷运行	10.14	8min8s
总计		42min42s

甲醇泵送量为 7.259 kg,其中裂解甲醇生成 5.17 kg 合成气,另外在实验期间测定的太阳能辐照强度 DNI 约为 770W/m²。将借助内燃发电机组的发电效率和系统总发电效率等性能指标对实验平台的性能进行评价分析。

按照式(5-17),内燃机发电效率为 32.12％,表明经改造为燃用富氢气体燃料的内燃发电机组运行性能仍能维持在较佳水平。

$$\eta_{elec, ICE} = \frac{P_{elec}}{m_{syngas} \cdot LHV_{syngas}} \tag{5-17}$$

另外,基于实验平台,利用系统总发电效率表征实验平台的整体性能和一次能源利用效率,按式(5-18)进行计算得到的系统总发电效率为 17.29％。

$$\eta_{elec, sys} = \frac{P_{elec}}{DNI \cdot S + m_{CH_4O} \cdot LHV_{CH_4O}} \tag{5-18}$$

经过分析,实验平台的发电效率为 17.29％,虽然实现以满负荷电功率连续运行的基本目标,但实验平台的发电和整体运行性能还有待提高。目前 20kW 中低温太阳能热化学实验平台已实现满负荷电功率连续运转,测试电功率变化如图 5-41 所示。

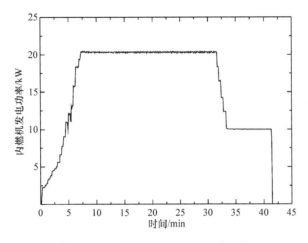

图 5-41　内燃机发电功率的变化特性

为进一步研究实验平台的运行特性,甲醇蒸发压力将直接决定太阳能吸收/反应器内的甲醇裂解反应压力和合成气燃料的气源压力,并将影响系统平台的运行特性,在甲醇电加热(蒸发)器出口处安装的压力和温度传感器所测量的结果如图 5-42 和图 5-43 所示。

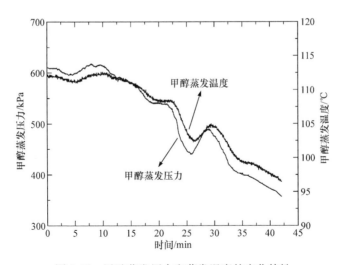

图 5-42　甲醇蒸发压力和蒸发温度的变化特性

通过检测甲醇电加热(蒸发)器出口处的压力和温度参数,发现甲醇蒸发压力逐渐下降,另外,由于甲醇的饱和蒸发温度与蒸发压力相匹配,为此实测的甲醇蒸发温度也将随之对应逐渐下降。数据采集系统所记录的合成气气源压力和温度参数如图 5-44 所示。对于合成气气源温度变化过程主要包括前段下降区间和后段

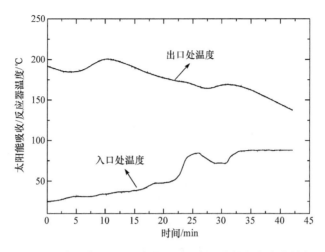

图 5-43　太阳能吸收/反应器进口和出口处的温度变化特性

稳定区间,抛物槽式太阳能聚光集热及燃料转换装置产生的合成气将经过冷凝处理,同时受较低的外界环境温度的影响,送入合成气储罐的合成气温度较低。实验过程中,室内段管道的管壁温度较高,所以测定的合成气温度实验前阶段仍维持在较高水平,但由于合成气温度较低,测定的温度值将逐步降低,在后阶段将摆脱管壁热容较大的影响,并能够较为准确地反映出合成气的真实温度,即维持在 -2.5℃左右。

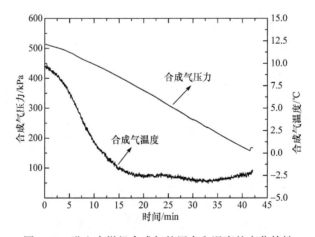

图 5-44　进入内燃机合成气的压力和温度的变化特性

内燃机在运行时将排放大量高温烟气,在实验过程的排烟温度变化如图 5-45 所示,排烟温度与内燃机的负荷率呈正比关系,在满负荷运行条件下烟气温度将达到 350~370℃,最高温度值约为 371.9℃。这部分高温烟气余热预热蒸发甲醇。

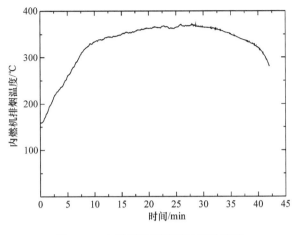

图 5-45　内燃机排烟温度的变化特性

通过上述试验研究,中低温太阳能热化学互补发电技术在以下方面还存在进一步改进的空间:①准确实时的抛物槽式太阳能聚光集热镜场的跟踪控制技术,以提高太阳能镜场的集热性能,并为维持较佳的甲醇燃料转化反应速率提供保障。②聚光吸热反应、太阳能燃料储能、燃烧、发电各部件协同控制技术。③变工况调控技术、运行参数测量和自动采集技术等。

但富氢气作为燃料又存在着一些问题。如早燃、回火、工作粗暴等异常燃烧现象,使发动机正常工作过程遭到破坏。对于燃烧合成气的内燃机,相比于以汽油作为燃料的内燃机,主要需要对其以下 3 个关键部件进行改进:①压缩比如何提高,以保证热转功效率增加。②燃烧器改进,如通过提前角额调整,以增大点火改善内燃机缸内的燃烧过程,使功率增加。③燃料气进气路径的改进。

5.7　中温太阳能与化石燃料互补分布式供能系统

可再生能源是分布式能源系统的一个重要发展方向。近年来,太阳能分布式供能技术作为太阳能热利用的新技术,引起国际学者的关注。例如,德国宇航中心(DLR)已开展高温太阳能燃气轮机冷热电联供系统研发。与规模化太阳能热发电技术不同,它无需传统的"大机组、大电厂、大电网"的集中式能源系统模式,而是以小规模来达到低成本的太阳能高效利用。本节首先主要阐明以中温太阳能热化学互补为核心的分布式供能系统的集成原则与思路,重点介绍一种新型的中温太阳能与替代燃料热化学互补的内燃机分布式供能系统,并对太阳能燃料的内燃机发电关键技术予以详细阐述。结合典型实例,指明中低温太阳能热化学互补的分布式供能系统发展方向。

5.7.1　热化学互补分布式系统集成原则与思路

与传统单一太阳能热发电系统相比,太阳能热化学互补分布式冷热电联产系统是一种具有多能源互补、多种产品输出的能量转换利用系统。因此,系统集成原则要求合理综合利用不同品质、不同能势的能源,做到"能势耦合,各得其所"。具体系统集成原则与思路如下。

1. 能量互补,能势耦合

考虑热化学互补分布式冷热电联供系统集成时,在考虑太阳能能够代替化石燃料的能量的同时,重要考虑两种能源的能势耦合原则。首先利用合适的化石燃料转化反应,改变聚光太阳能能势变化途径,降低光转热不可逆性。同时,化石燃料的转化使高能势的燃料转化为低能势的燃料,促进化石燃料能势逐级降低,具有减小燃料化学能释放不可逆性的功能。也就是说,能势耦合不仅要打破化石燃料直接燃烧方式,而且要变革传统聚光太阳能光转热模式,集热效率提高的同时,光转热不可逆性要减小。

2. 太阳能与燃料化学能综合梯级利用

图 5-46 表示燃料化学能综合梯级利用的分布式联产系统集成思路示意图 (Xu et al. ,2015)。依据化石燃料的能势高低,有序转化或利用燃料化学能。例如,甲烷或甲醇先转化为二次燃料;随后,二次燃料再燃烧。这样,化石燃料通过转化为二次燃料,使得燃料的化学能逐级转化,从而降低了不可逆损失。实现了燃料化学能的梯级利用。这是始于燃烧前的燃料做功能力有效利用。

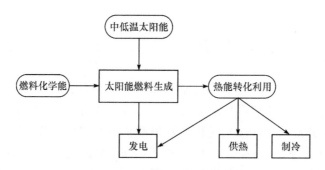

图 5-46　系统集成思路示意图

对于聚光太阳能而言,改变以往光转热的能量转化途径,太阳能集热通过驱动燃料转化,转化为高能势的太阳能燃料;然后通过燃烧和热力循环,实现热转功。也就是说,在燃料化学能逐级、有序转化的同时显著提升太阳热能的品位,改变了单一太阳能热发电简单模式。

3. 源头蓄能调节手段

传统单一太阳能热发电系统,因太阳辐照强度的瞬时变化,经常使热发电系统处于变辐照工况运行。同时,太阳能不连续性,多采用庞大的蓄热装置。且为了增加蓄能时间,又采用过大镜场面积聚集太阳能备用,因此额外造成高昂的太阳能热发电投资成本。太阳能与化石燃料热化学互补不仅可以采用化石能源解决太阳能不稳定性、间断性,而且能将低密度、不稳定的太阳能直接转换为高密度的燃料化学能,在代替太阳能利用的蓄能装置的同时,还起到源头"蓄能"的功能。另外,这种太阳能燃料蓄能方式还可以作为主动调控手段,缓解互补系统供需负荷矛盾。

5.7.2　太阳能与甲醇裂解互补冷热电典型方案

内燃机是目前人类所能掌握的热效率最高的移动动力机械。内燃机广泛用作汽车、摩托车、工程建筑机械、农业机械、船舶、铁道内燃机车、内燃发电设备、军用装备、地质和石油钻机,以及旅游运动器械、园林机械和各种通用机械的主导配套动力。但是,内燃机工业是我国能源消耗最大的产业。2010 年,我国内燃机消耗石油约占我国全年总量的 60%,排放二氧化碳 7.5 亿吨,约占我国二氧化碳排放总量的 10%。在国家节能减排的经济发展总目标下,内燃机工业节能减排,对保障我国的能源安全和实现低碳经济意义重大,是实施节能减排战略的主攻方向和紧迫任务。为此我们提出一种低成本的太阳能热化学互补分布式冷热电联供系统,如图 5-47 所示。

系统主要由三部分组成:槽式太阳能-甲醇分解子系统;合成气内燃机发电子系统;余热回收和吸收式制冷子系统。主要流程为:甲醇被泵入蒸发器汽化,然后进入吸收/反应器吸收太阳能的能量进行分解。产物合成气经换热器和冷却器,冷却到常温,送往内燃机气缸。合成气在内燃机气缸中点火燃烧,输出机械功,由发电机组发出电力。

1. 槽式太阳能-甲醇分解子系统

槽式太阳能-甲醇分解子系统中重要的设备是太阳能-甲醇分解装置。它是实现太阳能集热、甲醇分解及合成气转化的关键设备,采用的是本研究团体自主研发的一体化槽式太阳能集热及吸收/反应器。槽式太阳能-甲醇分解子系统的主要参数如表 5-5 所示。

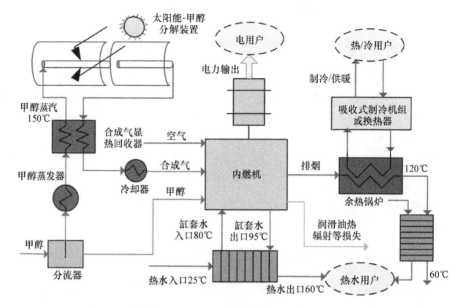

图 5-47　典型 600kW 太阳能热化学分布式供能系统方案图

表 5-5　槽式太阳能-甲醇分解子系统主要参数

项目	单位	参数
集热面积	m²	600
开口宽度	m	5
单回路管长	m	12
光学聚光比		71
吸收/反应管内径	mm	0.066
吸收/反应管外径	m	0.07
玻璃套管外径	m	0.115
玻璃套管透射率		0.95
设计辐照强度	W/m²	800
设计光学效率		0.7
设计集热量	kW	316
设计产气量	Nm³/h	793
储气罐容量	Nm³	4000

系统的设计辐照强度为 800W/m²，集热效率为 66%，入口温度为 160℃，反应压力为 5bar，单回路管长为 12m，甲醇流量为 0.3mol/s，即 34.6kg/h。为延长运行时间，太阳能倍数（实际太阳能集热面积与内燃机额定耗气量的集热面积之比）

选择为 2。回路数为 10,设计集热量可达 316kW,合成气量为 793Nm³/h。设计储气量为 4000Nm³,保证内燃机运行 10h。

2. 合成气内燃机发电子系统

内燃机是系统的动力设备,额定功率为 400kW,耗气量为 396 Nm³/h,排烟温度为 515℃,发电效率为 30.5%。排烟及缸套水余热可回收作为吸收式制冷、供热、生活热水的热源(Xu et al.,2015)。

3. 余热回收和吸收式制冷子系统

余热锅炉回收排烟余热,夏季产生 5 bar,170℃蒸汽,驱动制冷机组,提供冷量;冬季生产供热用水;春秋季节生产生活用水。设计换热量为 316kW,排烟量为 2348kg/h。缸套水换热器回收缸套水的热量,产生生活热水,缸套水流量为 14t/h,进出口温度分别为 80℃和 95℃,生活热水进出口温度分别为 25℃和 60℃。

蒸汽双效溴化锂吸收式制冷机组夏季制冷季节启用,热源为余热锅炉产生的 5bar,170℃的蒸汽,生产 7～12℃的制冷用水,设计制冷量为 358kW,COP 为 1.35。

5.7.3　典型实例及热力性能

该方案拟建于内蒙古、广西、青海、西藏等地区,该地区位于北纬 37°～53°。南北水平式以及东西水平式等不同形式集热器在不同纬度条件下集热性能不同,在该条件下,可以选择南北水平式跟踪方式,并冬季进行跟踪调整。太阳能吸收/反应器采用多排并联的吸收/反应器,减小流动阻力,并可根据负载和输入条件灵活运行,提高系统的运行弹性。燃气内燃机发电功率为 600kW,发电效率为 42%,燃机排烟温度为 457℃,烟气与缸套水驱动的吸收式制冷机组的制冷量为 542.8kW,冬季制冷机组可作为换热器供暖 544.5kW。经过烟气/水换热器排放到大气中的温度为 88℃。

1. 系统部件选型

本方案针对 100kW-MW 级的发电输出功率,根据用户负荷的变化可对方案进行调整。采用国产、进口内燃机等不同动力设备,500kW-MW 级的发电输出功率,内燃机排烟和缸套水预热通过吸收式制冷设备用于产生冷量,为保证系统运行工况稳定,适当储存太阳能燃料。其主要指标分别为:发电功率 500-MW 级,一次能源利用率 85%～89%,太阳能所占份额 15%～20%,太阳能热发电效率 20% 以上(常规太阳能热发电技术效率<15%)。

本方案以典型的 600kW 发电功率为例,动力方案配置了 1 台曼海姆

TCG2020V12C 型燃气内燃机发电机组,总额定发电功率为 600kW,推荐系统方案主要设备参数如表 5-6 所示。

表 5-6　系统方案的主要设备参数

发电功率	600kW
槽式太阳能镜场规格	集热面积 664.0m², 南北轴跟踪
吸收/反应器型号	管式填充床式,116m, φ0.070
燃气内燃机发电机组型号	TCG2020V12C
额定发电功率/(kW/台)	600
发电机组台数	1
双效吸收式制冷机组制冷容量/kW	550
合成气储气装置规格	100m³,10bar

2. 评价指标

系统方案的热力性能采用了一次能源利用率、太阳能份额、太阳能净发电效率三个指标进行衡量。

一次能源利用率显示了分布式供能系统对化石燃料化学能的利用程度,一次能源利用率的定义如下:

$$\eta_u = \frac{Q_e + Q_s}{Q_{HHV} + Q_{sol}} \cdot 100\% \tag{5-19}$$

式中 Q_e 为发电机组的发电量,Q_s 为系统回收利用的余热量,Q_{HHV} 为输入系统燃料的高位热值,Q_{sol} 为输入系统的太阳能热量。

太阳能份额显示了在太阳能热化学分布式供能系统中,太阳能所利用的程度,太阳能份额的定义如下:

$$\eta_{Solar} = \frac{Q_{Solar}}{Q_{Solar} + Q_{Fuel}} \cdot 100\% \tag{5-20}$$

式中 Q_{Solar} 为输入系统的太阳热能量,Q_{Fuel} 为输入系统甲醇的高位热值。

太阳能净发电效率显示了太阳能热化学分布式供能系统中,太阳能转换为电的能力,太阳能净发电效率的定义如下:

$$\eta_{Solar\text{-}Elec} = \frac{W_{互补} - W_{单独}}{DNI \times S \times \cos\theta} \cdot 100\% \tag{5-21}$$

式中 $W_{互补}$ 为太阳能互补时系统的输出功率,$W_{单独}$ 为同工况情况下不互补时系统的输出功率,DNI 为太阳能垂直直射辐射强度,S 为槽式太阳能镜场集热面积,$\cos\theta$ 为入射角余弦。

3. 热力性能

对以太阳能燃料转换盒内燃机组为核心的系统方案进行了额定工况和全年热力性能计算,计算结果如表 5-7 所示。

表 5-7　系统方案热力性能及主要参数

参数	600kW
额定太阳直射辐照强度/(W/m²)	600
太阳能镜场倍数	1.2
太阳能份额/%	16.7
太阳能燃料转换效率/%	67
输入太阳能功率/kW	357.5
吸收太阳能功率/kW	239.5
燃料消耗量/(kg/h)	222.0
年耗燃料量/t	643.8
发电功率/kW	600
自耗电/kW	6
太阳能发电功率/kW	100.3
年供电总时间/h	2900
年总发电量/(kW·h)	1740000
制冷功率/kW	542.8
年制冷时间/h	800
年总制冷量/(kW·h)	434232
供暖功率/kW	544.5
年供暖时间/h	1000
年供暖量/(kW·h)	544454
年供热水总时间/h	2900
年供热水总量/t	786
内燃机发电效率/%	42
太阳能净发电效率/%	28.1
一次能源利用率/%	83.9

计算中以内蒙古、广西、青海、西藏、海南等地区太阳能资源为依据,取年均太阳能直射辐射强度 600W/m² 为设计点辐照强度,以此来推算全年太阳能热化学分布式供能系统性能。以目前太阳能燃料转换为化学能的技术水平,取 67%。太阳

能镜场倍数取 1.2,这样多产生的太阳能燃料可以进行化学储能,太阳能不足时使用,以使动力发电机组与吸收式机组在稳定运行工况。

从表中可以看出,太阳能份额达到 16.7%,太阳能净发电效率为 28.1%,远高于传统的太阳能单独热发电技术。燃料消耗量为 222.0kg/h,全年消耗燃料643.8t;额定发电功率 600kW,年发电量 1740000kW·h,其中太阳能所占的发电功率为 100.3kW,年发电量为 290828kW·h;制冷工况总时间 800h,制冷功率542.8kW,年制冷量为 434232kW·h;供暖工况总时间 1000h,供暖功率为544.5kW,年供暖量为 544454kW·h;提供生活热水 271kg/h,年供热水 786t;所推荐的热力系统一次能源利用率 83.9%,达到了较高水平,实现了能源的综合梯级利用。

本节提出的新系统,将中低温太阳能供热分解甲醇和冷热电联产系统有机结合。该系统具有良好的热力性能,可有效减少化石能源消耗,同时能够有效解决中低温太阳能热利用过程中效率较低的问题,节省了太阳能集热面积,对提高系统的经济性具有一定意义。经过前面的分析,甲醇分解过程是有效改善燃烧过程的原因,也是实现系统节能的关键所在。本节的研究为中低温段太阳能的热利用提供了一种新的方案,同时也为太阳能利用系统的发展以及替代能源的应用提供了一个新的思路。

5.7.4 经济性分析

1. 甲醇燃料价格问题

系统中需要的能源种类主要有太阳能和甲醇。由于太阳能资源丰富,所以我们可以“就地取材”,不用担心太阳能的来源问题。甲醇是最简单的饱和醇,也是重要的化学工业基础原料和清洁液体燃料,它广泛用于有机合成、医药、农药、涂料、染料、汽车和国防等工业中。不过由于自然界中以游离态形式存在的甲醇很少,所以甲醇一般都由工业合成。在中国市场,制取甲醇主要采取煤制甲醇的生产工艺:煤与来自空气的氧气在气化炉内制得高一氧化碳含量的粗煤气,按照一定碳氢比加入氢气,再经净化工序将多余的二氧化碳和硫化物脱除后得到甲醇合成气。

中国西北地区的煤炭资源丰富,为甲醇的制取提供了丰富的原料。在国内的甲醇生产中,西北地区的甲醇产量占到了全国甲醇产量的 38% 以上,但是消费仅为 4%,如图 5-48 所示。目前西北地区自身消费甲醇的能力有限,主要的消耗甲醇的省份基本都在东南沿海地区。而西北地区的甲醇生产企业拥有铁路专线的为数不多,多数企业外销甲醇仍以汽运为主。甲醇品种特性要求使用专用槽车运输,运输成本较高。

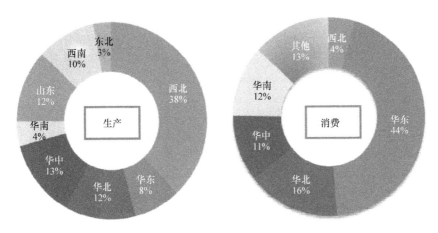

图 5-48　2011 年中国各地区甲醇生产和消费能力份额

　　我国的西北地区的太阳能资源丰富,尤其是新疆、青海、内蒙古等地区更是中国太阳能资源最好的地区。并且西北地区地广人稀,是建设大规模太阳能电站的理想地区。在我国的西北地区建设大规模的中温太阳能裂解甲醇的分布式供能系统,不仅能够充分地利用当地的太阳能资源,而且甲醇的来源方便,省去了较为昂贵的运输成本,无论是从地理位置上还是经济性上来讲,中国的西北地区都是建设中温太阳能裂解甲醇分布式供能系统的理想之地。

2. 系统经济性评估

　　为了了解系统的经济性,对系统进行了评估,并与目前常用的柴油发电机组进行了比较。在进行经济性分析时采用了如下条件:系统年运行时间 2900h,制冷工况运行时间 800h,供暖工况运行时间 1000h。设备折旧期为 20 年。粗甲醇价格 2000 元/t(纯度 95% 以上),柴油价格 8020 元/t。系统经济性与柴油机发电系统经济性评估如表 5-8、表 5-9 所示。

表 5-8　600kW 太阳能热化学分布式系统经济性概算

项目	规格	数量	总价/万元
太阳能燃料转换设备	$715m^2$,124m	1 套	76.8
太阳能燃料储气系统	10bar,$105m^3$	1 套	25.0
燃料进料系统	流量可调	1 套	8.0
燃气内燃机发电机组	600kW,效率 42%	1 套	150.0
吸收式制冷机组	COP=1.3,550kW	1 套	71.6
辅助设备	管路,阀门,测控	1 套	9.0

续表

项目	规格	数量	总价/万元
总投资 TCP/万元		340.4	
燃料费用	128.8 万元/年	年利率	0.08
运行维护	13.6 万元/年	寿命	20 年
年发电量	1740000kW·h	年制冷量	434232kW·h
年供暖量	544453kW·h	年供热水	786t
单独发电成本	0.98 元/(kW·h)	无贷款单独发电成本	0.90 元/(kW·h)

表 5-9　柴油机发电经济性概算

总投资 TCP/万元	120	年运行时间	2900h
燃料费用	244.3 万元/年	年利率	0.08
运行维护	4.80 万元/年	寿命	20 年
发电成本(计制冷供热设备)	1.50 元/(kW·h)	无贷款发电成本	1.47 元/(kW·h)

由表 5-8 和表 5-9 可以看出,对于太阳能内燃机发电系统,在不计算系统制冷、供暖和热水的条件下,单独计算太阳能热化学发电成本,无贷款发电成本为 0.90 元/(kW·h),而柴油发电机组发电成本为 1.47 元/(kW·h)。在贷款条件下,太阳能热化学发电的成本为 0.98 元/(kW·h),柴油发电机组发电成本为 1.50 元/(kW·h)。从这个实例分析可见,太阳能内燃机发电方案经济性要优于柴油机发电方案。若将内燃机发电系统制冷、供暖和生活热水计算在内,将制冷与供暖等折算为电,发电成本将降低到 0.90 元/(kW·h)以下。因此,本项目推荐的系统方案有更可观的经济收益,在上述地区有广泛的应用前景。

5.7.5　近中期发展前景

从长远看,这种以中低温太阳能燃料转化为核心的能源系统的优势在于:一是将聚集的中低温太阳热提升到高品质燃料化学能的形式,不再拘泥于简单的热利用,实现了中低温太阳能与化石燃料的梯级利用。二是中低温太阳能燃料可通过燃烧产生高温燃气的方式推动热机做功,中低温太阳能燃料及分布式供能系统可使光热发电效率有望比常规高 10%,使单位千瓦投资成本降低 60%。另外,我国西部拥有丰富的太阳能资源,年太阳辐照量超过 1750kW·h/m²,相当于 3300 亿吨标煤,同时煤炭基础量约 1.012 亿吨,占全国储量的 30%。在我国西部地区建立数千万千瓦级大型太阳能与化石能源互补的综合基地,将煤基多联产与太阳能燃料转化技术结合,规模化生产清洁燃料或制氢、发电,再将其输送到东部,从而形成全国新型能源网络,不仅可以大力增加太阳能热利用在我国能源结构的使用比例,而且会对未来太阳能热发电技术发展起到历史性转变作用。

参 考 文 献

白章 . 2016. 太阳能与生物质能热化学互补高效利用系统集成与方法[D]. 北京:中国科学院 .

白章,刘启斌,李洪强,等 . 2015. 基于生物质-太阳能气化的多联产系统模拟及分析[J]. 中国电机工程学报,36(01):112-118.

金红光,林汝谋. 2008. 能的综合梯级利用与燃气轮机总能系统[M]. 北京:科学出版社.

刘秀峰,洪慧,金红光 . 2014. 太阳能热化学互补发电系统的变辐照性能研究[J]. 工程热物理学报,(12):2329-2333.

王艳娟 . 2015. 聚光太阳能与热化学反应耦合的发电系统研究[D]. 北京:中国科学院 .

王艳娟,刘启斌,金红光 . 2014. 槽式太阳能集热与化学热泵耦合的复合发电系统[J]. 工程热物理学报,35(11):2109-2113.

闫月君,刘启斌,隋军,等 . 2012. 甲醇水蒸气催化重整制氢技术研究进展[J]. 化工进展,31(7):1468-1476.

Hong H,Jin H,Ji J,et al. 2005. Solar thermal power cycle with integration of methanol decomposition and middle-temperature solar thermal energy[J]. Solar Energy,78(1):49-58.

Jin H,Hong H,Sui J,et al. 2009. Fundamental study of novel mid-and low-temperature solar thermochemical energy conversion [J]. Science in China Series E:Technological Sciences,52(5):1135-1152.

Jin H,Hong H,Wang B,et al. 2005. A new principle of synthetic cascade utilization of chemical energy and physical energy[J]. Science in China Series E:Technological Sciences,48(2):163-179.

Liu X,Hong H,Jin H. 2017. Mid-temperature solar fuel process combining dual thermochemical reactions for effectively utilizing wider solar irradiance[J]. Applied Energy,185:1031-1039.

Liu Q,Hong H,Yuan J,et al. 2009. Experimental investigation of hydrogen production integrated methanol steam reforming with middle-temperature solar thermal energy[J]. Applied Energy,86(2):155-162.

Liu Q,Jin H,Hong H,et al. 2011. Performance analysis of a mid-and low-temperature solar receiver/reactor for hydrogen production with methanol steam reforming[J]. International Journal of Energy Research,35(1):52-60.

Liu Q,Wang Y,Lei J,et al. 2016. Numerical investigation of the thermophysical characteristics of the mid-and-low temperature solar receiver/reactor for hydrogen production[J]. International Journal of Heat and Mass Transfer,97:379-390.

Romero M,Steinfeld A. 2012,Concentrating solar thermal power and thermochemical fuels[J]. Energy & Environmental Science,5(11):9234-9245.

Sui J,Liu Q,Dang J,et al. 2011. Experimental investigation of methanol decomposition with mid-and-low-temperature solar thermal energy[J]. International Journal of Energy Research,35

(1):61-67.

Wang Y,Liu Q,Lei J,et al. 2014. A three-dimensional simulation of a parabolic trough solar collector system using molten salt as heat transfer fluid[J]. Applied Thermal Engineering,70 (1):462-476.

Wang Y,Liu Q,Lei J,et al. 2015. Performance analysis of a parabolic trough solar collector with non-uniform solar flux conditions[J]. International Journal of Heat and Mass Transfer,82: 236-249.

Wang Y,Liu Q,Lei J,et al. 2016. A three-dimensional simulation of a mid-and-low temperature solar receiver/reactor for hydrogen production[J]. Solar Energy,134:273-283.

Wang Y,Liu Q,Sun J,et al. 2017,A new solar receiver/reactor structure for hydrogen production[J]. Energy Conversion and Management,133:118-126.

Xu D,Liu Q,Lei J,et al. 2015. Performance of a combined cooling heating and power system with mid-and-low temperature solar thermal energy and methanol decomposition integration [J]. Energy Conversion and Management,102:17-25.

第6章 回收 CO_2 的太阳能热化学方法与应用

6.1 概　述

温室气体 CO_2 的排放与能源种类及利用方式密切相关,能源领域中的 CO_2 减排成为气候变化研究领域的热点之一,其温室气体控制技术主要分为两类:一类是通过提高能效与利用可再生能源,减少使用含碳化石燃料,从而间接减排 CO_2;另一类是阻止化石燃料利用所释放的 CO_2 排放到大气,即 CO_2 捕集与封存(CO_2 capture and storage,CCS),达到直接减排的目的。作为最主要的大规模 CO_2 集中排放源,能源动力系统成为 CCS 技术应用的核心领域,能源动力系统的温室气体控制研究已经成为工程热物理学科的重要新兴分支学科。这不仅是工程热物理学科面临的新挑战,也是能源科学面临的世纪挑战(金红光,2008)。

目前,降低能源动力系统中 CO_2 捕集能耗代价主要分为两类:①依靠分离过程的技术进步降低分离能耗,如新型吸收剂的开发、新型吸收工艺的开拓等;②通过系统集成降低分离能耗,能源系统分离 CO_2 并不单单是分离工艺本身的问题,CO_2 分离过程将对系统的能量利用产生直接和间接的影响。通过多能源互补系统集成,如何低能源捕集 CO_2 成为国际前沿的热点研究方向。从太阳能与化石燃料简单补燃到“热互补”进而到“热化学互补”的发电技术发展看,太阳能互补的能源系统正在从最初的简单组合、“能量”相互补充到重视不同能源的“能质”的品位耦合,已经开始迈向与温室气体 CO_2 的捕集和利用交叉研究。这方面的理论、方法、关键技术国内外才刚刚起步,特别是 CO_2 捕集的多能源互补理论,尚未探索。

本章从阐述太阳能热化学互补和 CO_2 回收集成原则与思路入手,探讨回收 CO_2 的太阳能与化石燃料热化学互补特性规律。针对热化学互补的燃烧前捕集 CO_2 以及化学链燃烧等捕集 CO_2 途径,阐述回收 CO_2 的太阳能热化学互补新方法与核心技术,提出低能耗捕集 CO_2 的太阳能与化石能源互补发电新型系统,为发展多能源互补的污染物控制技术提供新方向。

太阳能热化学与 CO_2 回收集成原则

太阳能与化石燃料热化学互补,太阳能转化为燃料化学能常常是伴随着燃料化学成分与 CO_2 浓度的变化。例如,太阳能驱动甲醇裂解热互补发电,甲醇经过太阳能裂解装置后,化石燃料组分发生变化,转化为合成气(主要成分为 CO 和 H_2)。

合成气中 CO 经过 shift 反应后很容易转化成高浓度 CO_2 和氢气。相比化石燃料直接燃烧,富氢燃料气燃烧因高浓度的 CO_2,促使捕集能耗降低。因此,太阳能与化石能源互补既要充分考虑太阳能与化石燃料的能量转化高效性,又要考虑能低能耗控制 CO_2 排放。

当前,太阳能热化学与 CO_2 回收技术主要有两类(金红光等,2008):太阳能燃料"燃烧前"捕集 CO_2,太阳能与化学链燃烧整合捕集 CO_2。概括起来主要有如下一般性原则。

1) 能势耦合与 CO_2 适度富集

能源动力系统 CO_2 捕集的传统思路往往局限于"先污染,后治理"的链式思路,即化石燃料燃烧产生的 CO_2 通常在热转功后,采用化学吸收等独立的化工分离过程进行处理。这种传统的能源利用与温室气体控制的"串联"模式不仅使燃烧产生的 CO_2 被大量空气稀释,而且捕集 CO_2 能耗代价居高不下。因此,太阳能热化学与 CO_2 回收应该注重能势耦合的反应过程是否会形成 CO_2 浓度富集。利用太阳能驱动化石燃料裂解或重整的燃料转化,将化石燃料转化为合成气,进一步通过水煤气反应将合成气中 CO 气体转化为 CO_2 和氢气。这个过程应该具有如下两个功能:一是聚光太阳能与化石燃料的能势耦合,实现燃料能势降低、集热品位提升,同时使光转热、燃料燃烧过程不可逆损失减小。二是太阳能驱动的燃料转化与 CO_2 产生的源头应该有机结合,关注燃料转化过程中含碳组分的浓度变化,关注以燃料化学能梯级利用潜力为驱动力,追求燃料化学能高效利用与 CO_2 低能耗捕集一体化,而不以牺牲热力循环效率为代价,以解决低能耗而损害热互补发电效率。

需要注意的是,对于 CO_2 浓度富集燃料转化率越高,待分离气体中 CO_2 浓度越高,CO_2 的分离能耗就越小。但过高的燃料转化率会造成该转化过程的做功能力损失急剧增加,从而系统整体效率降低。因此从系统角度看,存在最佳的燃料转化率既使 CO_2 得到富集,降低 CO_2 分离功,而又不至于使转化过程的做功能力损失过大,从而实现最低能耗地捕集 CO_2。

2) 太阳能燃料生产与 CO_2 分离一体化

太阳能燃料燃烧与 CO_2 分离一体化是指通过太阳能热化学互补反应,生产太阳能燃料,同时实现 CO_2 捕集。例如,太阳能与化学链燃烧整合的互补反应,通过太阳能驱动金属氧化物与化石燃料的还原反应,太阳能热被提升为固体燃料;同时化石燃料转化为 CO_2(Hong et al.,2006)。因气固分离,回收 CO_2 不需要额外能耗。因此,太阳能燃料生产与 CO_2 分离一体化在完成能势耦合中,更有效地控制了 CO_2 的产生,大大降低了 CO_2 分离能耗。通过太阳能热化学反应,实现太阳能清洁燃料生产与 CO_2 分离一体化,不仅重视太阳能与化石燃料能势耦合、梯级利用,而且突破了化石燃料传统燃烧技术,体现了光学、化学、热力学交叉的创新技术理念。

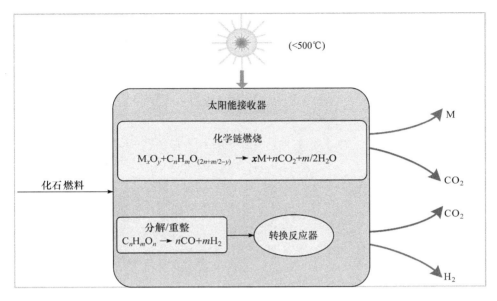

图 6-1 CO_2 回收的太阳能热化学互补概念示意图

6.2 捕集 CO_2 的太阳能热化学互补特性规律

对于捕集 CO_2 回收太阳能热化学互补能量转化,蕴含了燃料化学能梯级利用的双重作用机制:燃料转化反应吉布斯自由能被利用作为驱动力,将太阳能集热品位提升,同时使燃料化学能释放的 CO_2 浓度富集,降低 CO_2 捕集能耗,以增加热化学互补系统的净功(韩涛,2012)。

针对太阳能与甲烷化学链燃烧整合、燃烧前分离 CO_2 的太阳能甲烷重整两种典型过程,阐述燃料反应吉布斯自由能梯级利用对太阳能集热品位、CO_2 分离功的重要影响。

6.2.1 燃料㶲、吉布斯自由能、太阳集热㶲、CO_2 分离功关联性

太阳能甲烷化学链燃烧,由两个气固反应组成,即太阳能驱动的甲烷和金属氧化物 NiO 的吸热还原反应,以及金属 Ni 和空气的放热氧化反应,化学链燃烧反应式为

$$\begin{cases} CH_4+4NiO \rightarrow CO_2+2H_2O+4Ni, & \Delta H^0=157.85kJ/mol & (6\text{-}1a) \\ Ni+1/2O_2 \rightarrow NiO, & \Delta H^0=240kJ/mol & (6\text{-}1b) \end{cases}$$

太阳能甲烷重整产物是 CO_2 和 H_2 的混合气体,此时的混合气体中 CO_2 浓度高、气体处理量小,通过分离 CO_2 后得到的氢气燃料在空气中燃烧释放化学能。甲

烷燃烧前分离 CO_2 能量释放方式的反应式为

$$\begin{cases} CH_4 + 2H_2O \rightarrow CO_2 + 4H_2, & \Delta H^0 = 165.85 \text{kJ/mol} & (6\text{-}1c) \\ H_2 + 1/2O_2 \rightarrow H_2O, & \Delta H^0 = -242 \text{kJ/mol} & (6\text{-}1d) \end{cases}$$

对于这两种太阳能热化学互补热力系统,考虑 CO_2 分离后输出净热流㶲为

$$\Delta E_{\text{net},3} = \Delta H_3 \eta_1 - W_{\text{sep},2} \qquad (6\text{-}2)$$

其中 $W_{\text{sep},2}$ 为 CO_2 分离功耗。

相比较,对于捕集 CO_2 的化石燃料直接燃烧热力系统,其输出净热流㶲

$$\Delta E_{\text{net},1} = \Delta H_1 \eta_1 - W_{\text{sep},1} \qquad (6\text{-}3)$$

热化学互补系统净热流㶲增加

$$\Delta E_{\text{th},\delta} = \Delta E_{\text{net},3} - (\Delta E_{\text{net},1} + \Delta E_{\text{sol}})$$

$$= (\Delta H_3 \eta_1 - \Delta H_1 \eta_1 - \Delta H_2 \eta_2) + (W_{\text{sep},1} - W_{\text{sep},2}) \qquad (6\text{-}4)$$

将 $\Delta H_3 = \Delta H_1 + \Delta H_2$ 代入式(2-38),则

$$\Delta E_{\text{th},\delta} = \Delta H_2 (\eta_1 - \eta_2) + (W_{\text{sep},1} - W_{\text{sep},2}) \qquad (6\text{-}5)$$

假设 CO_2 的分离㶲效率为 β,则 CO_2 分离功耗

$$W_{\text{sep}} = \frac{\Delta G_m (1 - \eta_1)}{\beta} \qquad (6\text{-}6)$$

$$\Delta H_2 (\eta_1 - \eta_2) = \Delta G_{r,1} (1 - \eta_1) - \Delta G_{r,2} (1 - \eta_2) - \Delta G_{r,3} (1 - \eta_1) \qquad (6\text{-}7)$$

由我们以往研究结果(金红光和林汝谋,2008)可知,$\Delta H_2 (\eta_1 - \eta_2)$ 表示因太阳能集热品位提升增加的系统的热流㶲,与反应吉布斯自由能紧密相关,即

$$\Delta H_2 (\eta_1 - \eta_2) = \Delta G_{r,1} (1 - \eta_1) - \Delta G_{r,2} (1 - \eta_2) - \Delta G_{r,3} (1 - \eta_1) \qquad (6\text{-}8)$$

$\Delta G_{m,1}$、$\Delta G_{m,2}$ 分别为直接燃烧、化学链燃烧过程中 CO_2 与其他气体混合的吉布斯自由能变化。式(6-5)可写为

$$\Delta E_{\text{th},\delta} = (\Delta G_{r,1} (1 - \eta_1) - \Delta G_{r,2} (1 - \eta_2) - \Delta G_{r,3} (1 - \eta_1))$$

$$+ \left[\frac{\Delta G_{m,1} (1 - \eta_1)}{\beta} - \frac{\Delta G_{m,2} (1 - \eta_2)}{\beta} \right] \qquad (6\text{-}9)$$

定义燃料化学能梯级利用与 CO_2 分离的一体化系数 $\gamma = \dfrac{\Delta E_{\text{th},\delta}}{W_{\text{sep},1}}$,可得

$$\gamma = \frac{\Delta G_{r,1} (1 - \eta_1) - \Delta G_{r,2} (1 - \eta_2) - \Delta G_{r,3} (1 - \eta_1)}{\Delta G_{r,1} (1 - \eta_1)} \cdot \frac{\Delta G_{r,1} (1 - \eta_1)}{\Delta G_{m,1} (1 - \eta_1)/\beta}$$

$$+ \frac{\Delta G_{m,1} (1 - \eta_1)/\beta - \Delta G_{m,2} (1 - \eta_2)/\beta}{\Delta G_{m,1} (1 - \eta_1)/\beta} \qquad (6\text{-}10)$$

令

$$k = \frac{\Delta G_{r,1}(1-\eta_1) - \Delta G_{r,2}(1-\eta_2) - \Delta G_{r,3}(1-\eta_1)}{\Delta G_{r,1}(1-\eta_1)}$$

$$l = \frac{\Delta G_{r,1}(1-\eta_1)}{\Delta G_{m,1}(1-\eta_1)/\beta}$$

$$\lambda = \frac{\Delta G_{m,1}(1-\eta_1)/\beta - \Delta G_{m,2}(1-\eta_2)/\beta}{\Delta G_{m,1}(1-\eta_1)/\beta}$$

$$\gamma = \kappa \cdot l + \lambda$$

k 表示化学能梯级利用程度，l 为反应㶲最大利用潜力 $\Delta G_{r,1}(1-\eta_1)$ 与 CO_2 分离功的无量纲比值，λ 为相比传统直接燃烧 CO_2 浓度富集度。

图 6-2 比较了太阳能甲烷重整和化学链燃烧的 CO_2 浓度富集度 λ 随太阳能集热品位 η_2 和燃料转化率 α 的变化规律。假定太阳能集热温度与反应温度相同，燃气透平温比为 $\tau = 5.61$（TIT $= 1673$K，$T_0 = 298$K）。采用化学吸收法的 CO_2 分离㶲效率 $\beta = 25\%$，CO_2 全部分离。

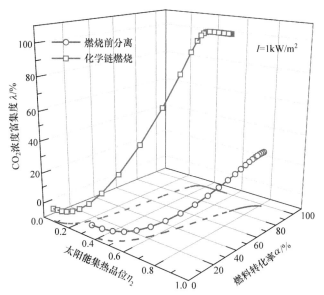

图 6-2　太阳能集热品位 η_2、燃料转化率 α 对 CO_2 浓度富集度 λ 的影响

随着太阳能集热品位 η_2 的增加，太阳能甲烷重整和化学链燃烧热力系统的 CO_2 浓度富集度 λ 均增加，在达到最大值后趋于稳定。此时两种热力系统中 CO_2 均达到最大浓度。对于化学链燃烧过程，太阳能集热品位 $\eta_2 > 0.38$ 时，甲烷燃料经过还原反应完全转化为 CO_2 和水蒸气。在冷凝除水蒸气后可得到纯 CO_2，CO_2 浓度富集度高达 100%。对于甲烷燃烧后分离 CO_2 的能量释放过程，太阳能集热品位 $\eta_2 > 0.8$ 时，甲烷燃料经过还原反应几乎完全转化为 CO_2 和 H_2，CO_2 最大浓

度为 20%，CO_2 浓度富集度约为 27%。

　　燃料化学能梯级利用程度 κ 和 CO_2 浓度富集度 λ 之间具有相互作用，作用的好坏直接影响一体化的程度。图 6-3 描述了一体化系数 γ 随太阳能集热品位 η_2 和燃料转化率 α 的变化，从图中可以看出，在太阳能集热品位、燃料转化率作用下存在一个最佳值。太阳能甲烷化学链燃烧的一体化优势明显高于燃烧前分离 CO_2 的太阳能甲烷重整。这表明太阳能甲烷化学链燃烧中吉布斯自由能得到了更为有效的利用，实现了燃料化学能梯级利用和 CO_2 分离一体化。

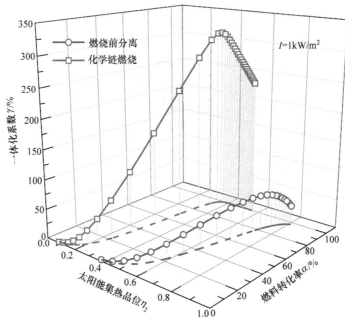

图 6-3　太阳能集热品位 η_2、燃料转化率 α 对一体化系数 γ 的影响

6.2.2　燃料化学能梯级利用对 CO_2 捕集能耗降低的作用

　　多能源互补系统的 CO_2 捕集能耗的降低是燃料化学能梯级利用作用的结果。下面从互补前与互补后的比较，来简明描述燃料化学能梯级利用对减小 CO_2 捕集能耗的作用关系。

　　中温太阳能驱动化学链燃烧热力系统单位输出热流㶲的 CO_2 捕集能耗为

$$W'_{sep,2} = \frac{W_{sep,2}}{\Delta H_3 \eta_3} \tag{6-11a}$$

　　对于系统输出热流㶲相同条件下，化石燃料直接燃烧 CO_2 捕集能耗为

$$W'_{sep,1} = \frac{W_{sep,1}}{\Delta H_1 \eta_1 + \Delta H_2 \eta_2} \tag{6-11b}$$

相同输出热流㶲时 CO_2 捕集能耗降低度为

$$\xi = \dfrac{\dfrac{W_{sep,1}}{\Delta H_1 \eta_1 + \Delta H_2 \eta_2} - \dfrac{W_{sep,2}}{\Delta H_3 \eta_3}}{\dfrac{W_{sep,1}}{\Delta H_1 \eta_1 + \Delta H_2 \eta_2}} \qquad (6-12)$$

进一步简化为

$$\xi = \lambda \cdot \dfrac{\Delta H_1 \eta_1 + \Delta H_2 \eta_2}{\Delta H_3 \eta_1} + \varepsilon \cdot \dfrac{\Delta H_2 \eta_2}{\Delta H_3 \eta_1} \qquad (6-13)$$

其中 $\lambda \cdot \dfrac{\Delta H_1 \eta_1 + \Delta H_2 \eta_2}{\Delta H_3 \eta_1}$ 项表示 CO_2 浓度富集对 CO_2 捕集能耗降低度的贡献；

$\varepsilon \cdot \dfrac{\Delta H_2 \eta_2}{\Delta H_3 \eta_1}$ 项为太阳能集热品位提升对 CO_2 捕集能耗降低度的贡献。建立了 CO_2 浓度富集、太阳能集热品位提升和 CO_2 捕集能耗降低的关联。表明燃料化学能梯级利用的双重作用：一方面由于太阳能集热品位的提升，太阳能净发电效率提高，增加了输出热流㶲，从而降低了单位输出㶲的 CO_2 排放量；另一方面由于 CO_2 浓度富集，降低 CO_2 的分离功，从而减少了 CO_2 的捕集能耗。

以太阳能驱动甲烷化学链燃烧互补为例，图 6-4 反映了太阳集热品位 η_2、燃料转化率 α 对 CO_2 捕集能耗降低度 ξ 的影响。可以看出，CO_2 捕集能耗降低度 ξ 随太阳集热品位 η_2 的增加呈现出增加的趋势。

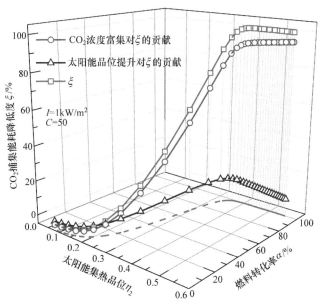

图 6-4　太阳能集热品位 η_2、燃料转化率 α 对 CO_2 捕集能耗降低度 ξ 的影响

由上述可以看出,从太阳能与化石燃料转化源头来捕集 CO_2 的方法与单一物理、化学吸收方法不同。这种通过多能源源头转化的互补过程,减小燃料反应吉布斯自由能的损失,以实现燃料化学能梯级利用,进而减小 CO_2 捕集能耗。更进一步说,这是从多能源系统集成的角度,将能源转化与 CO_2 分离有机结合,通过降低能量转化的不可逆性,达到低能耗捕集 CO_2。

6.3　控制 CO_2 的中低温太阳能-甲醇重整制氢多功能系统

目前太阳能热化学制氢研究多集中在水分解、天然气、煤以及石油的高温气化、重整方面,需要庞大昂贵的太阳能集热装置来产生高温太阳能热,不可避免地产生诸多的科学与技术问题。另外,至今,发电系统(包括化石燃料和太阳能热等)、制氢过程(包括天然气与煤等化石能源和太阳能等)多是分部门各自独立发展,存在着各种各样特有的问题。例如,化石燃料发电系统中排热损失大与中低温热能转化利用率低;化石能源制氢时直接燃烧燃料,能源利用不合理、燃料可用能损失大;太阳能热利用时,热功转换效率低、热源不稳定等。

因此,针对中低温太阳能集热器潜在的性能和经济优势以及太阳能热化学制氢的广阔发展前景,基于回收 CO_2 太阳能热化学互补机理,本节介绍一种新型太阳能-甲醇互补的制氢-发电(氢电)多功能系统,主要描述新系统的概念性设计、热力特性规律以及关键过程实验验证。新系统把中低温太阳能-甲醇重整制氢、燃烧前捕集 CO_2、燃用富产氢燃料的联合循环发电系统进行一体化整合,既体现多能源互补与合理利用,又高效、低成本地利用太阳能,还控制了 CO_2 回收。

6.3.1　系统集成特征与热力性能

1. 系统特征

图 6-5 是一种新颖的中低温太阳能与甲醇互补的氢电联产系统。系统主要由两大部分组成:中低温太阳能甲醇重整制氢过程和燃用弛放气的联合循环发电系统。前者包括抛物槽太阳能集热装置、甲醇重整器、冷凝器以及氢气分离单元等。后者包括燃气轮机、余热锅炉、汽轮机等热工功能部件以及燃料气压缩机等。系统集成设计的主要特点有:①利用中低温太阳热能,即太阳能集热装置仅提供 $200 \sim 300 ℃$ 的热量给甲醇重整器。因而使得太阳能利用率高、成本低。②高温高性能的联合循环发电燃用制氢过程的副产气(弛放气),充分体现“能量品位对口、综合梯级利用”。③多热源供应甲醇重整热(太阳热能和余热锅炉抽汽供热),既做到多能源互补,又能在最大程度上解决太阳能的不连续与不稳定的问题。

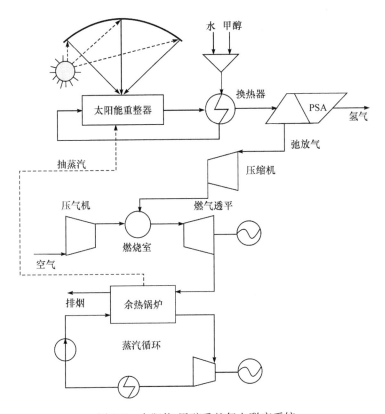

图 6-5 太阳能-甲醇重整氢电联产系统

多功能系统集成采用的主要关键技术有太阳能-甲醇重整制氢技术,变压吸附 (PSA)氢分离技术,以及联合循环发电技术等。

太阳能-甲醇重整制氢技术:关键单元技术中低温太阳能吸热反应器。通过聚集 260℃太阳能驱动甲烷重整反应:

$$CH_3OH \leftrightarrow CO+2H_2, \qquad \Delta H_{298K}^0 = 90.64kJ/mol \qquad (6\text{-}14a)$$

$$CO+H_2O \leftrightarrow CO_2+H_2, \qquad \Delta H_{298K}^0 = -41.17kJ/mol \qquad (6\text{-}14b)$$

总反应为

$$CH_3OH+H_2O \leftrightarrow CO_2+3H_2, \qquad \Delta H_{298K}^0 = 49.47kJ/mol \qquad (6\text{-}14c)$$

然而,传统的甲醇重整制氢技术却采用工业锅炉加热导热油,然后高温导热油通过热交换将热量传递给重整过程,重整温度控制在 300℃以内。常规制氢过程用能方式明显不合理,能耗高(平均为 1.3GJ/GJH₂)。

变压吸附分离 CO 技术:采用较成熟的变压吸附技术。利用气体组分在固体材料上吸附特性的差异,通过周期性的压力变换过程来实现气体的分离或提纯。

联合循环发电技术;利用 PSA 解析出来的弛放气作为联合循环发电装置的燃料气,既有效利用制氢过程副产气、实现高效的热功转换目标,又能减少对环境的污染,还能对系统进行有效热整合、合理利用各种中低温能量。

2. 系统热力性能

这里,分别从热力学第一和第二定律角度对系统进行热力性能分析。与常规能源系统不同,联产系统是一个多能源(中低温太阳能和甲醇燃料)输入、多产品(氢与电力)输出的多功能能源系统。采用两种主要技术指标评价(袁建丽,2007):

热效率

$$\eta_{th} = \frac{W + G_{H_2} H_{H_2}}{G_M H_M + Q_{sol}} \tag{6-15}$$

式中 W 为联产系统对外的功输出;G_{H_2} 为氢气流量;H_{H_2} 为氢气低位热值;G_M 为甲醇燃料流量;H_M 为甲醇燃料低位热值;Q_{sol} 为重整过程吸收太阳热能(含反应物预热和重整反应吸热)。

联产系统节能率:在进行系统比较时,假定联产系统和参考分产系统生产的电和氢气相同时的节能率作为评价准则。总节能率 ESR 和化石能源节能率 ESR_f 的定义如下:

$$ESR = \frac{Q_d - Q_{cog}}{Q_d} \times 100\% \tag{6-16}$$

$$ESR_f = \frac{Q_d - Q_{cogf}}{Q_d} \times 100\% \tag{6-17}$$

式中 Q_d 为参考分产系统能耗;Q_{cog} 为联产系统总能耗;Q_{cogf} 为联产系统化石能源能耗。

为了更好地评价联产系统的性能,把它与参照的分产系统进行比较,且分产的发电系统采用天然气作为燃料的联合循环,其参数取值与联产系统一样,而对于分产的甲醇重整制氢过程,利用天然气和一半弛放气燃烧作为重整热源。表 6-1 为在相同的总输出(电功与氢气)条件下联产与分产系统热力性能参数比较。从表 6-2可见,联产系统热效率(LHV)为 81.81%,比分产的发电系统高约 27%,同样也比分产的制氢系统 75.6% 要高约 6%。联产系统的总节能率约为 12.34%,而化石能源节能率将高达 29.07%。

表 6-1　联产与分产系统热力性能参数比较

	联产系统	分产系统	
		发电	制氢
化石能源总输入	477.23		
（总输入）** /MW	589.83	123.11	549.74
甲醇/MW	477.23		477.23
太阳能/MW	(112.60)		
天然气/MW		123.11	72.51
总输出/MW	482.53	66.93	415.60
电功/MW	66.93	66.93	
氢气/MW	415.60		415.60
系统热效率/%	81.81	54.37	75.60
R_{QSM}	0.19		
R_{ESM}	0.085		
总节能率 ESR/%	12.34		
化石能源节能率 ESR_f/%	29.07		

注：假定参照的分产系统回收一半弛放气取代天然气。

　　** 括弧内的数据是对应于所有能源总能耗的总输入。

　　另外，还可以从制氢的能耗角度来分析系统性能，即按参考的发电系统效率作为基准将联产系统中发电的能耗折算扣除，就能得到联产系统的纯制氢能耗，以此来比较联产系统和常规制氢系统制氢的能耗。联产系统制氢的能耗为 0.85GJ/GJH_2（或 $102MJ/kgH_2$，不计入太阳能）与 1.12GJ/GJH_2（或 $135MJ/kgH_2$，计入太阳能），而常规的甲醇重整制氢的能耗为 1.32GJ/GJH_2（或 $159MJ/kgH_2$）、天然气重整制氢（SMR）能耗为 $1.23\sim1.35$GJ/GJH_2 及煤气化制氢能耗为 $1.54\sim1.69$ GJ/GJH_2 等。所以，太阳能-甲醇重整制氢-发电联产系统制氢的能耗要低于国际上主要常规制氢方式的能耗。

6.3.2　太阳能驱动甲醇重整制氢典型实验

1. 太阳能热化学制氢实验

　　中低温太阳能与甲醇互补氢电联产系统的关键过程是太阳能转化为氢燃料。图 6-6 是中低温太阳能-甲醇重整制氢的实验流程图。新鲜液体甲醇与脱盐水以一定的摩尔比例进行混合，经过一个进料泵送入预热蒸发器中，中间通过一个流量控制器，实现流量的调节和计量。进入预热蒸发器中的甲醇和脱盐水混合物，吸热后变成过热蒸汽，混合后经过一段管道进入中低温太阳能吸收/反应器，管道壁布置有电加热元件，以保证蒸汽不在管道中冷凝。在反应器内，在操作温度 150～

300℃下,甲醇水混合蒸汽在催化剂的作用下,进行甲醇-水蒸气重整反应。反应产物主要为 H_2, CO_2,以及少量的 CO 等,经过一个冷凝器后将未反应的甲醇和水冷凝下来,然后利用气相色谱仪进行产物成分的检测与分析。在典型的实验过程中,实验条件如下:环境温度为 30℃,风速为 $1\sim2m/s$,实验时间从上午 9 点到下午 3 点,太阳辐照强度范围为 $300\sim850W/m^2$;太阳能接收-反应器稳态常压运行,甲醇与脱盐水混合液流量为 $3.0\sim4.3kg/h$;甲醇与水摩尔比为 $1.0\sim2.5$;太阳能净输出功率为 $1.5\sim4kW$,吸收/反应器温度为 $150\sim300℃$。

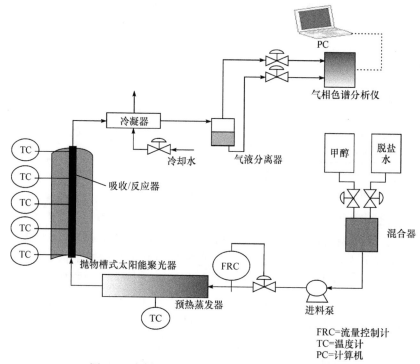

图 6-6 中低温太阳能-甲醇重整制氢实验流程图

2. 太阳能热化学制氢性能

1) 太阳辐射对中温太阳能热化学制氢的影响

与传统甲醇重整制氢不同,该实验中太阳能甲醇重整制氢过程依赖于太阳辐照的变化。太阳辐照强度决定反应器的温度,而反应器温度影响着重整反应的动力学。因此,首先实验验证了太阳辐照强度对重整反应产氢的浓度以及甲醇转化率的影响。

在给定反应物流量为 $3.0kg/h$,甲醇与水摩尔比为 $1:1$ 的条件下,反应器平均温度,甲醇转化率随太阳辐照的变化。一个反应温度对应一个确定的甲醇转化率。甲醇转化率可以由式(6-18)确定:

$$x_{\mathrm{M}} = \frac{n_{\mathrm{M}} - n_{\mathrm{M}}'}{n_{\mathrm{M}}} \tag{6-18}$$

其中 n_{M} 为注入甲醇量，n_{M}' 为未反应的甲醇量。

重整反应甲醇转化率随太阳辐照强度的增加而增大。在辐照强度为 580W/m^2 时，对应反应温度为 240℃，甲醇转化率超过 90%。这主要因为太阳辐照强度增大，随之反应器吸收的太阳热能增加，促使甲醇向完全反应的方向进行，如图 6-7 所示。

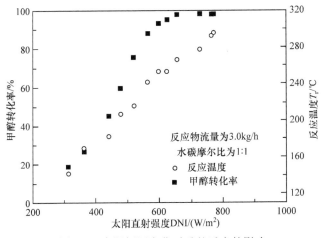

图 6-7　太阳辐照变化对重整反应的影响

图 6-8 是实验得到的气体产物(主要包括 H_2 和 CO_2，其中 H_2 体积浓度最大可接近 75%)浓度随太阳辐照的变化关系。同样，随着太阳辐照强度的增大，氢气浓度也是增大的，这主要由于高的太阳辐照强度可以得到较高的甲醇转化率。

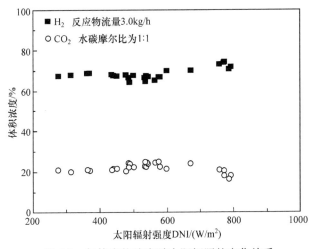

图 6-8　气体产物浓度随太阳辐照的变化关系

　　2）太阳能转氢的热化学效率

　　对于太阳能热化学制氢，太阳能转氢热化学效率 η_{che} 是一个重要评价指标：

$$\eta_{che}=\frac{Q_{che}}{Q_{th}}=\frac{x_M \times n_M \times \Delta_r H_M}{DNI \times A \times \eta_{opt}} \tag{6-19}$$

式中 Q_{che} 为经过甲醇重整反应所实现的太阳热能转化为化学能的量，单位为 J/mol；$\Delta_r H_M$ 为一定压力、一定反应温度下单位甲醇重整反应的反应焓，单位为 J/mol；Q_{th} 为照射到吸热/反应器上的太阳热能；DNI 为太阳辐照强度；A 为抛物槽式聚光装置开口有效面积；η_{opt} 为考虑光学影响因素（反射、跟踪误差、阴影等）的光学效率。

　　图 6-9 描述了太阳辐照等运行参数对太阳能转氢的热化学效率的影响。在研究的辐照强度范围内，热化学效率 η_{che} 存在最大值。当辐照强度为 $580 \sim 630 W/m^2$ 时，在给定反应物流量 4.3kg/h，甲醇与水摩尔比为 1∶1 条件下，热化学效率达到最大值 45%。对于实验中的 2 个给定的反应物流量，太阳辐照在 $580 \sim 720 W/m^2$，热化学效率可超过 40%。这主要归因于这一范围的太阳辐照能很好地与化学反应所需要的反应热相匹配，此时甲醇接近完全转化。当太阳辐照大于这个范围时，热化学效率开始降低。这主要因为聚集的太阳热能并没有完全被反应器所吸收，部分以辐射的形式损失掉了。

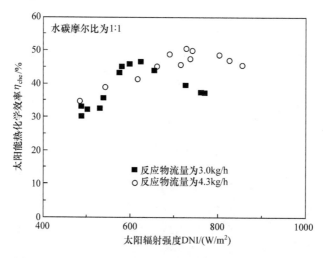

图 6-9　太阳能热化学效率随太阳辐照及反应物流量的变化

　　图 6-10 表示在给定甲醇流量为 1.9kg/h 的条件下，太阳辐照及水与甲醇摩尔比对太阳转氢的热化学效率的影响。随着摩尔比的增大，在同样的太阳辐照强度下，所得到的最大热化学效率是逐渐降低的。这主要因为较多的太阳热能为过量的水所吸收从而转化为显热而未转化为化学能。因此得到装置的最佳性能，存在

着优化水碳摩尔比的问题。由此可见,中温太阳能热化学制氢的热化学效率在实验范围内,达到 35%~46%,可以与其他高温太阳能热化学性能如太阳能-天然气重整相媲美。

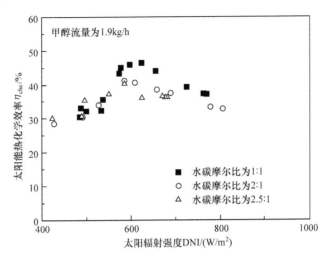

图 6-10　太阳能热化学效率随太阳辐照及水碳摩尔比的变化

3）太阳能驱动的甲醇重整与甲醇分解比较

甲醇分解反应和重整反应均为吸热反应,所需要的温度基本上一致,两者的差别在于分解反应的吸热量约为重整反应的 2 倍。图 6-11 比较了甲醇重整与甲醇分解在同样甲醇输入量的情况下的产氢浓度。甲醇重整水与甲醇摩尔比设定为 1,很明显,任意太阳辐照强度 DNI 下,甲醇重整制氢的浓度远高于甲醇分解所得到的氢气浓度。氢气浓度可以达到 66%~74%,而甲醇分解的氢气浓度为 58%~

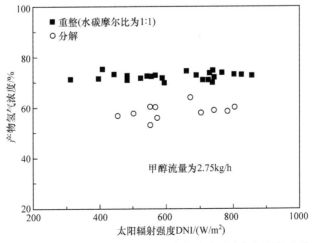

图 6-11　甲醇重整与甲醇分解的产氢浓度随太阳辐照的变化

63%。在太阳能驱动的甲醇重整制氢过程中,水作为反应物影响着甲醇的转化率与氢的选择性。因此,在该过程中,必须考虑水与甲醇的最佳摩尔比。

在同样甲醇输入的情况下,甲醇重整与甲醇分解两种情况下产氢量也是不同的。如图 6-12 所示,在同样太阳能提供给反应器,同样甲醇输入量的情况下,甲醇重整可以得到更多的氢气,比甲醇分解高出约 70%。与甲醇分解相比较,可以这样认为,甲醇重整参与反应的水可以进一步分解转变为氢,提高了氢气产量。因此,甲醇与太阳能结合的重整制氢在制氢方面更具潜力。

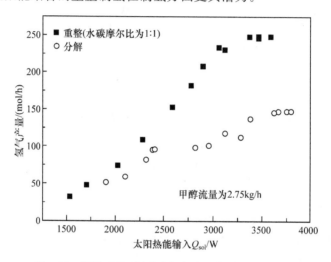

图 6-12 甲醇重整、甲醇分解与太阳能输入量的关系

除此以外,与甲醇分解相比,甲醇重整制氢产量的增加也意味着利用了更多的太阳能。也就是说,反应器吸收同样的太阳能,太阳能驱动的甲醇重整可以使更多的太阳能被反应所吸收转化为化学能,同时产生了更多的氢气。而且,对于甲醇重整过程,对于一个稳态过程,在 1bar 压力下,甲醇完全反应的平衡温度约为 120℃,而对于甲醇分解约为 200℃。这进一步说明了甲醇重整能更好地利用太阳能,并且降低了制氢所必需的温度范围,也即用相同温度水平下的太阳热能来驱动热化学反应,甲醇重整反应要优于甲醇分解反应。

6.4 控制 CO_2 排放的太阳能-化学链燃烧发电系统

化学链燃烧可实现燃料化学能的梯级利用,降低能量转化过程不可逆损失,同时还原反应气体产物为水蒸气和 CO_2,通过冷凝处理可得到高纯度 CO_2,大大减少了 CO_2 分离能耗。而基于替代燃料甲醇、二甲醚的化学链燃烧,由于其还原反应过程在较低的温度下进行,可利用技术成熟的槽式太阳能集热器聚集 473～673K 的中低温太阳能驱动。通过这种中低温太阳能与化学链燃烧的整合可同时解决替代燃料传统燃烧利用过程不可逆损失大、CO_2 分离能耗大以及太阳能热发电成本高、效率低的问题,在控制 CO_2 排放的同时实现中低温太阳能的高效热转功。在此基础上,本节提出了控制 CO_2 的中低温太阳能与化学链燃烧整合的动力系统(Hong et al.,2010),并对其热力性能及关键过程进行了分析,研究了关键参数对系统热力性能的影响。

6.4.1　系统描述

图 6-13 所示为控制 CO_2 的新型中低温太阳能与化学链燃烧整合的热力循环(S-MCLC)的流程图(贺凤娟,2012)。

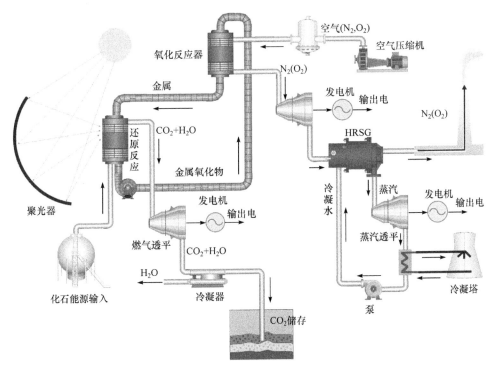

图 6-13　中低温太阳能与化学链燃烧整合的热力循环流程图(后附彩图)

抛物槽式太阳能集热器(C)聚集的 473K 太阳热能加热甲醇(CH_3OH)使其蒸发,进入还原反应器(E),在中低温太阳热能驱动下,与循环材料 Fe_2O_3 氧载体(物流 23)发生吸热的还原反应(反应式(6-20)),产生 CO_2、H_2O(物流 11)以及固体燃料 FeO(物流 18)。由于还原反应气态产物只含有 CO_2 和 H_2O,通过简单冷凝,可以实现 CO_2 的零能耗分离。固体燃料 FeO 进入氧化反应器(F),与压缩空气(物流 3)发生氧化反应(反应式(6-21)),放出大量的热,产生高温烟气(物流 4)。为保证氧载体的稳定性,氧化反应温度被控制在1273K。从氧化反应器出来的1273K高温 Fe_2O_3(物流20)经过一系列换热,回收显热后重新回到还原反应器,进入下一次循环。

还原反应:

$$CH_3OH(g) + 3Fe_2O_3(s) \rightarrow 6FeO(s) + CO_2(g) + 2H_2O(g), \quad \Delta H_{Red}^0 = 164kJ/mol$$
(6-20)

氧化反应:

$$FeO(s) + 1/4O_2(g) \rightarrow 1/2Fe_2O_3(s), \quad \Delta H_{Oxd}^0 = -140kJ/mol \quad (6-21)$$

由于氧化反应温度控制在1273K,产生的高温烟气温度与燃气轮机(J)入口初温(TIT=1673K)不匹配。为进一步提高烟气温度,本系统采用了补燃。部分甲醇在分解反应器(I)中发生分解反应(反应式(6-18))产生合成气(物流13),合成气被从氧化反应器中出来的高温 Fe_2O_3 加热后进入补燃燃烧室(G),与氧化反应产生的高温烟气中的富余氧燃烧,进一步将烟气温度提升到1673K,驱动燃气轮机做功,烟气余热(物流6)经余热锅炉 HRSG(K)回收产生过热蒸汽,驱动双压再热朗肯循环发电。

6.4.2 热力性能

为了评价太阳能与甲醇化学链燃烧互补系统的热力性能,本研究选取ISCC太阳能联合循环系统作为参比系统。如图6-14所示,甲醇与压缩空气在燃烧室中燃烧,产生的高温烟气进入燃气轮机做功,燃气轮机入口初温1673K,烟气余热经余热锅炉回收,用于省煤器和蒸汽过热。蒸发器热量由聚集的723K太阳热能提供。

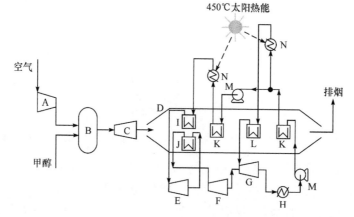

图 6-14　太阳能联合循环(ISCC)系统流程图

A-压缩机;B-燃烧室;C-燃气轮机;D-余热锅炉;E-高压汽轮机;F-中压汽轮机;G-低压汽轮机;H-冷凝器;I-高压过热器;J-再热器;K-省煤器;L-低压过热器;M-泵;N-蒸发器

采用几种系统热力性能作为评价目标：

如果考虑以反应器吸收的太阳热能为系统太阳能输入，

系统㶲效率
$$\eta_{ex} = \frac{W}{E_f + Q_{sol,th}(1 - T_0/T_{sol})} \tag{6-22}$$

式中 W 为热力循环的净输出功；E_f 为 CH_3OH 燃料的化学㶲；η_{opt} 和 η_{absorp} 分别为抛物槽式太阳能集热器的光学效率和接收器的吸收效率，分别取 0.65、0.80；$Q_{sol,th}(1 - T_0/T_{sol})$ 项表示系统吸收的太阳能的热㶲。

热效率
$$\eta_{th} = \frac{W}{H_f + Q_{sol,th}} \tag{6-23}$$

其中 H_f 为甲醇低位热值，H_f 为 639.8kJ/mol。为评价太阳能对系统循环性能的贡献，采用太阳能热份额和太阳能净发电效率：

太阳能份额
$$SS = \frac{Q_{sol,th}}{H_f + Q_{sol,th}} \tag{6-24}$$

太阳能净发电效率
$$\eta_{net,sol} = \frac{W - W_{ref}}{DNI \times S_{AP}} = \frac{W - \eta_{th,ref}H_f}{Q_{sol,th}/(\eta_{opt}\eta_{absorp})} \tag{6-25}$$

式中 W_{ref} 和 $\eta_{th,ref}$ 分别为甲醇直接燃烧联合循环的净输出功和热效率，DNI 为太阳能直射辐照强度，S_{AP} 为接收孔面积。表 6-2 是太阳能与甲醇化学链燃烧互补系统和参比系统模拟的主要条件。

表 6-2　S-MCLC 系统模拟的主要条件

	新系统	参比系统
太阳直接辐照强度/(W/m²)	800	800
光学效率/%	65	65
反应器吸收效率/%	80	—
太阳能集热温度/K	473	723
还原反应温度/K	423	—
燃机入口初温/K	1673	1673
太阳能反应器压力/bar	1	—
压比	18.5	18.5
燃烧室压损/%	3	3
压缩机等熵效率	0.88	0.88
燃气轮机等熵效率	0.91	0.91

	新系统	参比系统
汽轮机等熵效率	0.88	0.88
HP/LP 蒸汽压力/bar	160/10	100/4
HP/LP 蒸汽温度/K	813/573	808/533
余热锅炉节点温差/K	10	10

从表 6-3 可以明显看出,由于采用太阳能与甲醇化学链燃烧互补发电,排放的部分 CO_2(约占 55%)可以实现零能耗分离,而参考系统分离相同量的 CO_2 会造成热效率降低 5%~8%。若考虑相同输出功情况下,相比常规联合循环燃烧后捕集 CO_2,互补系统可以节约 13.5% 的燃料,CO_2 排放量由 0.413kg/(kW·h) 降低到 0.357kg/(kW·h),如图 6-15 所示。通常采用化学吸收法,从低温低压烟气中回收 CO_2 能耗约为 0.34kW·h/kgCO_2。由于太阳能与化学链燃烧相耦合,所排放的 55% 的 CO_2 可以实现零能耗分离,系统 CO_2 回收的能耗降低到 0.13kW·h/kg CO_2。

表 6-3　太阳能与甲醇化学链燃烧互补热力性能分析

项目		S-MCLC 系统		ISCC	
		㶲/(kJ/mol CH_3OH)	比例/%	㶲/(kJ/mol CH_3OH)	比例/%
甲醇低位热值		639.8	—	639.8	—
输入㶲	甲醇	716.6	94.3	716.6	85.1
	太阳能热流㶲	43.1	5.7	125.1	14.9
	总输入㶲	759.8	100	841.7	100
㶲损失	反应子系统	152.7	20.0	211.5	25.1
	太阳能蒸发器	—	—	28.7	3.4
	压缩	18.3	2.4	13.6	1.6
	换热	36.3	4.8	13.1	1.6
	冷凝	11.1	1.5	14.2	1.7
	HRSG	18.6	2.5	21.47	2.5
	排烟	28.7	3.8	15.5	1.8
	透平	44.6	5.9	44.0	5.2
	总㶲损失	310.3	40.9	362.1	42.9

续表

项目		S-MCLC 系统		ISCC	
		㶲 /(kJ/mol CH_3OH)	比例/%	㶲 /(kJ/mol CH_3OH)	比例/%
输出㶲（净功）	燃气透平	324.7	42.7	287.7	34.2
	蒸汽透平	119.4	15.7	187.6	22.3
	总输出净功	444.1	58.4	475.3	56.5
其他㶲损失		5.4	0.7	4.3	0.6
总㶲		759.8	100	841.7	100
系统㶲效率		—	58.4	—	56.5
热效率		—	58.9	—	55.9

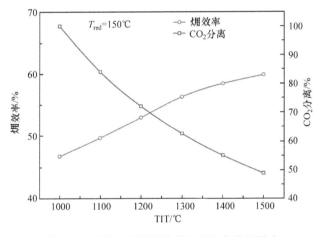

图 6-15　补燃对系统㶲效率和 CO_2 分离的影响

　　从表 6-3 还可以看出,相比参考系统,太阳能与甲醇化学链燃烧系统的总㶲损低,特别是燃料化学能转化热能的燃烧过程。这主要是由于太阳能驱动化学链燃烧过程的吉布斯自由能损失减小。减小的化学能被利用降低了 CO_2 捕集能耗,可见,通过太阳能热化学过程与化学链燃烧过程的集成,实现了 CO_2 捕集的巨大优势。

6.5　太阳能-替代燃料化学链燃烧实验验证

　　寻找具有低反应温度、高反应性能、彻底避免碳沉积和良好再生性能的氧载体循环材料是太阳能-替代燃料化学链燃烧热力循环的关键核心技术(Han et al.,

2012；Hong et al.，2017)，下面主要介绍适于中低温太阳能驱动化学链燃烧的载氧体特性。

6.5.1　氧载体材料制备

目前氧载体的制备方法主要有机械混合法、浸渍法、溶解法、共沉淀法、冷冻成粒法、溶胶-凝胶法等。溶解法简单、快速，目前多采用该方法(Jin et al.，2009)。以 Fe_2O_3、NiO、CoO 作为活性物质，Al_2O_3、YSZ 为惰性载体，采用溶解法制备了 6 种不同的氧载体颗粒，以 Fe_2O_3/Al_2O_3 颗粒制备为例，氧载体制备流程如图 6-16 所示，物相组成分别见表 6-4。

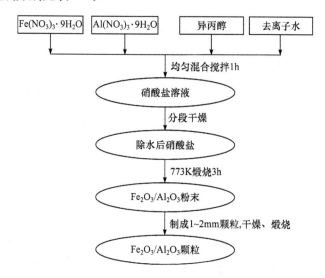

图 6-16　溶解法制备 Fe_2O_3/Al_2O_3 氧载体流程图

表 6-4　氧载体的 X 射线衍射(XRD)物相分析结果

	固体颗粒	固体成分	压强/(N/m^2)
Fe 基	Fe_2O_3/Al_2O_3	Fe_2O_3、Al_2O_3	$2.4×10^7$
	Fe_2O_3/YSZ	Fe_2O_3、$Zr_{0.92}Y_{0.08}O_{1.96}$	$6.1×10^7$
Ni 基	NiO/Al_2O_3	NiO、$NiAl_2O_4$	$4.6×10^7$
	NiO/YSZ	NiO、$Zr_{0.92}Y_{0.08}O_{1.96}$	$4.8×10^7$
Co 基	CoO/Al_2O_3	Co_3O_4、$CoAl_2O_4$	$5.1×10^7$
	CoO/YSZ	Co_3O_4、$Zr_{0.92}Y_{0.08}O_{1.96}$	$6.4×10^7$

6.5.2　实验原理及方法

首先采用热重分析方法，分析载氧体的反应性能。图 6-17 和图 6-18 分别为化学链燃烧热重实验流程示意图及热重实验台的实物图。氧载体放置在差热-热重同步分析仪（DTG-60H，日本岛津）的炉膛内右侧样品盘中，样品盘直径 6mm，炉膛采用电加热，样品温度由位于样品盘下部的热电偶测量。气体经减压阀减压，流量由质量流量控制器控制。N_2 由吹扫气入口进入，起到保护天平免受腐蚀性气体侵蚀的作用。反应气体由反应气入口进入炉膛，与氧载体发生反应，尾气由顶部排出。在一些情况下，反应气体需要饱和加湿，水在汽化器中蒸发，与反应气混合后，在伴热条件下进入炉膛。实验过程中，当炉膛温度升到设定温度后，打开反应气阀门，燃料气进入炉膛与氧载体发生还原反应。待还原反应完成后，炉膛升温至氧化反应温度，通入空气进行氧载体的氧化再生，完成一次循环。在还原和氧化反应切换时，需通入 50mL/min 氮气 180s，以防止空气和燃料直接接触引起爆炸。实验过程中，差热-热重同步分析仪连续记录氧载体的质量和热量变化。

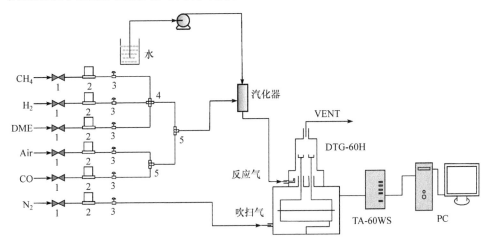

图 6-17　热重实验流程示意图

1-调压阀；2-质量流量控制器；3-截止阀；4-四通；5-三通

为表征氧载体的反应性能需引入一个概念，即氧化程度 X，

$$X = \frac{W - W_{red}}{W_{oxd} - W_{red}} \tag{6-26}$$

式中 W 为任意反应时刻氧载体样品的质量；W_{oxd} 为氧载体中活性物质被完全氧化时的质量；W_{red} 为氧载体中活性物质被完全还原成金属相（或含氧量较低的氧化状态）时的质量。$X = 1$ 时，即有 $W = W_{oxd}$，氧载体被完全氧化；$X = 0$ 时，即有 $W = W_{red}$，氧载体被完全还原。

由于化学链燃烧过程中，氧化反应是强放热反应，相比还原反应更为剧烈，反应时间较短，因此对于整个化学链燃烧过程，还原反应是限制环节。利用差热-热重同步分析仪，对所制备的氧载体颗粒与 DME 的还原反应性能进行了比较，DME

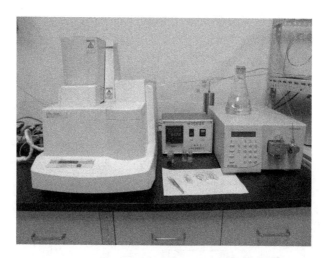

图 6-18　化学链燃烧热重实验台实物图(后附彩图)

燃料的流量为 10mL/min,还原反应温度 673K,氧载体直径 1.8mm。

　　Fe 基氧载体在反应过程中没有发生质量变化,这表明 Fe 基氧载体在 673K 还原反应温度条件下与二甲醚反应性较差;NiO/NiAl$_2$O$_4$ 与二甲醚在该反应温度下反应性也较差,反应过程中未发生明显质量变化,而 NiO/YSZ 与二甲醚的还原反应可以缓慢进行,这主要是因为 YSZ 为固体电介质,能增加氧离子在氧载体中的传导能力,在一定程度上提高了氧载体的反应活性;Co 基氧载体的反应性明显好于 Fe 基和 Ni 基氧载体,反应时间 1000s 内,氧载体氧化程度 X 达到 0.5,之后由于氧载体中可得到的晶格氧急剧减少,二甲醚分解反应变得显著,氧载体积碳的影响使氧载体质量出现增加。各氧载体与二甲醚的还原反应特性表明,中温反应条件下 CoO 相比 Fe$_2$O$_3$ 和 NiO 具有更高的反应活性,为利用中温太阳能驱动的化学链燃烧提供了一种可能的氧载体材料。

　　另外,不同碳氢燃料的化学链燃烧的还原反应温度不同。例如,CH$_4$、DME 分别与 CoO/CoAl$_2$O$_4$ 氧载体升温还原反应表现出不同的情况。从图 6-20 看出,DME 与 CoO/CoAl$_2$O$_4$ 的还原反应温度相比 CH$_4$ 与 CoO/CoAl$_2$O$_4$ 的还原反应温度大大降低。DME 与 CoO/CoAl$_2$O$_4$ 反应的最大失重速率在 690K 左右,相比 CH$_4$(930K)约降低了 240K。这一现象主要是因为 DME 与 CH$_4$ 结构上的差异造成 DME 中 C—O 键容易断裂,其更易参与反应。

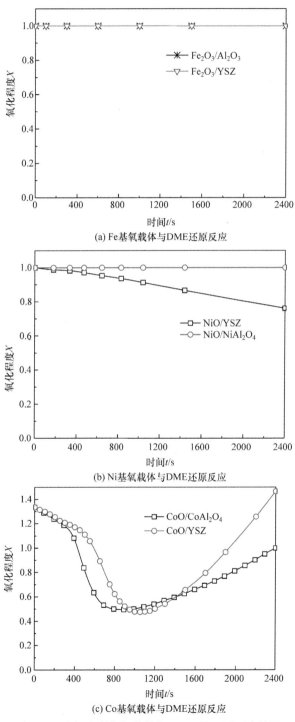

(a) Fe基氧载体与DME还原反应

(b) Ni基氧载体与DME还原反应

(c) Co基氧载体与DME还原反应

图 6-19　溶解法制备氧载体与 DME 的还原反应特性

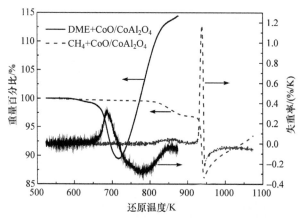

图 6-20　CH$_4$、DME 与 CoO/CoAl$_2$O$_4$ 非定温还原

可见,CoO 易失去晶格氧和 DME 中 C—O 键易断裂的特性,使得基于 DME 的 Co 基化学链燃烧相比目前研究的一般化学链燃烧过程具有更低的还原反应温度,为中温太阳能与化学链燃烧过程的整合提供了必要条件。

6.5.3　化学链燃烧反应动力特性

1. 温度对 CoO 氧载体颗粒反应性能的影响

反应温度是影响气固反应的重要因素。图 6-21 通过对 DME 和 CoO 氧载体反应性能的影响,分别对还原反应温度 673K,723K 和 773K 下的氧载体反应性能进行了研究,二甲醚气体流量 10mL/min,空气流量 50mL/min,氧载体粒径 1.8mm。

从图 6-21 可以看出,还原反应速率随着反应温度的升高而迅速增加,反应时间显著缩短。反应温度 673K 时,氧载体氧化程度达到 $X=0.5$ 所需反应时间约 800s,而反应温度 723K 时氧载体氧化程度达到 $X=0.5$ 所需反应时间近乎减半。随着还原反应温度超过 723K,还原反应速率随温度增加而增加的趋势变得平缓;另外,由于随着还原反应的进行,DME 的分解积碳反应逐渐加剧,氧载体氧化程度 X 随反应时间 t 的变化存在过渡点。过渡点时的氧化程度 X(定义为 X_{ts})随着还原反应温度的升高而降低,这说明随着反应温度升高,氧载体在还原反应过程中被还原程度也在增加。因此,对基于 CoO 和 DME 的化学链燃烧过程,还原反应温度 723K 较为合适,这一温度低于目前文献报道的天然气基和煤气化合成气基化学链燃烧的还原反应温度范围(873~1273K)。

氧化反应过程中,氧载体质量由于积碳燃烧在反应开始阶段出现质量下降,随着积碳完全烧掉,氧载体被空气氧化再生,质量迅速增加。与还原反应相比,氧化反应的速率极为迅速,所有的氧化反应在 200s 内都进行完全。对比 CoO 氧载体

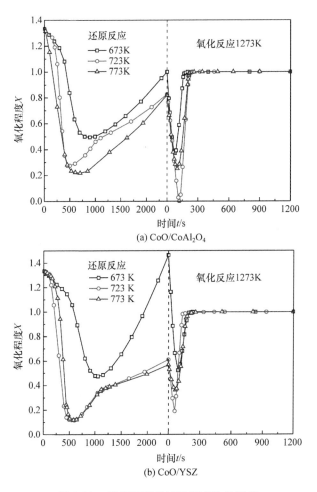

图 6-21 反应温度对材料反应性的影响

在不同反应温度下与 DME 的还原反应速率以及还原产物与空气的氧化反应速率,尽管增加反应温度能大幅度提高还原反应速率,但与氧化反应相比,还原反应仍对化学链燃烧过程起到主要的限制作用。

2. 粒径对 CoO 氧载体还原反应性能的影响

反应速率大小也取决于固体颗粒的粒径。实验中选取 3 种不同粒径的 CoO/$CoAl_2O_4$氧载体颗粒,研究了颗粒粒径对氧载体还原反应特性的影响。3 种颗粒的直径分别为 1.0mm、1.5mm 和 2.0mm,还原反应温度为 723K。

从图 6-22 中可以看出,氧载体还原反应速率随颗粒粒径的减小而显著增加,同时 DME 积碳速率也随之增加。这主要是由于氧载体颗粒粒径越小,其比表面积越大,为反应气体与氧载体颗粒提供更大的接触面积。但值得注意的是,氧载体颗粒粒径不能太小,一方面粒径太小颗粒磨损、破碎程度增大,造成小颗粒之间结块;另一方面小粒径颗粒容易被反应气气流携带出反应器。

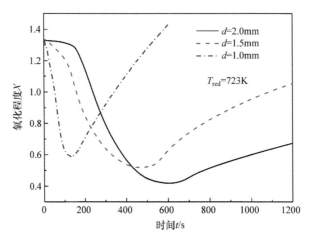

图 6-22　氧载体粒径对还原反应性能的影响

3. DME 浓度对 CoO 氧载体还原反应性能的影响

实际化学链燃烧系统中,DME 与 CoO 在还原反应器中充分反应后,在还原反应器中的不同位置,氧载体接触到的反应气体浓度变化较大。在还原反应器的底部,氧载体与纯 DME 接触反应产生 CO_2 和水蒸气。随着还原反应器高度的增加,由于 DME 的消耗以及 CO_2、水蒸气的稀释作用,反应气体浓度逐渐降低。为研究反应气浓度对还原反应性能的影响,本实验以 N_2 作为平衡气体,考察了还原反应温度 723K 下 DME 气体浓度分别为 25%、50%、75% 和 100% 时 CoO 氧载体的还原反应特性。

如图 6-23 所示,CoO 氧载体的还原反应速率随着反应气中 DME 浓度增加大致呈现出增长趋势。同时,随着反应气中 DME 浓度增加,DME 分解积碳速率也逐渐增加。反应气浓度对还原反应速率和积碳速率的这种影响,一方面造成实际化学链燃烧系统中还原反应器底部氧载体转化率高于顶部氧载体,另一方面相比顶部氧载体,底部氧载体有效氧消耗更为迅速,氧载体表面积碳更为严重。因此,化学链燃烧反应器的设计中应保证运行过程中反应气体与氧载体颗粒之间良好接触,尽量避免反应气与固体颗粒混合不均匀。

4. CoO 氧载体与 DME 还原反应的机理

为研究 CoO 氧载体与 DME 反应过程的机理,我们对反应温度 723K 条件下的 CoO 和 DME 的还原反应气体产物组分进行了分析。组分测量在岛津 GC-14C

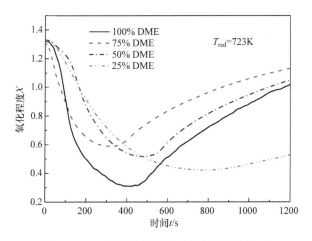

图 6-23　二甲醚浓度对还原反应性能的影响

气相色谱上进行,采用氦气作为载气。在进入气相色谱分析前,反应过程中产生的水蒸气经过冷凝去除,采样周期 120s。

图 6-24 为还原反应温度 723K,$CoO/CoAl_2O_4$ 与 DME 反应过程中气体产物浓度随反应时间的变化。反应约 250s 后气体产物组分基本稳定,随着还原反应进行,反应 700s 后氧载体趋近完全转化,尾气中 DME 浓度开始增加。

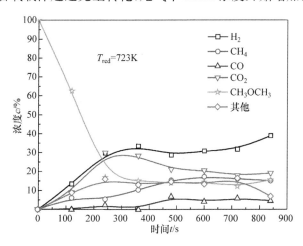

图 6-24　$CoO/CoAl_2O_4$ 与 DME 在 723K 还原反应过程中气体产物的浓度变化

由以上分析结果并结合参考文献,得到 CoO 氧载体与 DME 的还原反应机理如下:

还原反应:　　　$CH_3OCH_3 + 6CoO \rightarrow 6Co + 2CO_2 + 3H_2O$　　　　　(6-27a)

　　　　　　　　$CO + CoO \rightarrow Co + CO_2$　　　　　　　　　　　　(6-27b)

　　　　　　　　$H_2 + CoO \rightarrow Co + H_2O$　　　　　　　　　　　　(6-27c)

DME 分解：　　　　　　　$CH_3OCH_3 \rightarrow CH_4 + CH_2O$　　　　　　(6-28a)

　　　　　　　　　　　　$CH_2O \rightarrow CO + H_2$　　　　　　　　　(6-28b)

碳沉积：　　　　　　　　$2CO \rightarrow C + CO_2$　　　　　　　　　(6-29a)

　　　　　　　　　　　　$CH_4 \rightarrow C + 2H_2$　　　　　　　　　(6-29b)

变换反应：　　　　　　　$CO + H_2O \rightarrow CO_2 + H_2$　　　　　　(6-29c)

5. DME 积碳控制研究

化学链燃烧系统中,含碳燃料的分解积碳不仅会影响氧载体的机械性能和反应性能,同时,当氧载体由还原反应器进入氧化反应器时,积碳随同氧载体颗粒进入氧化反应器,并在其中被空气氧化为 CO_2,降低了化学链燃烧系统的 CO_2 捕集效率。因此,化学链燃烧系统中应尽量避免积碳的产生。

图 6-25 为 CoO/YSZ 氧载体 723K 还原反应后的扫描电镜(SEM)图和 X 射线能谱分析(EDX)结果。从能谱分析结果可以看出,还原反应后 CoO/YSZ 表面出现大量碳沉积。图 6-26 为 $CoO/CoAl_2O_4$、CoO/YSZ 与 DME 反应前和 723K 还原反应后氧载体颗粒的截面微观形貌。还原反应后氧载体截面上出现大量细小碳丝,由于积碳,还原反应后的氧载体微观孔洞被细小碳丝填满,氧载体表面看起来更加粗糙、疏松。

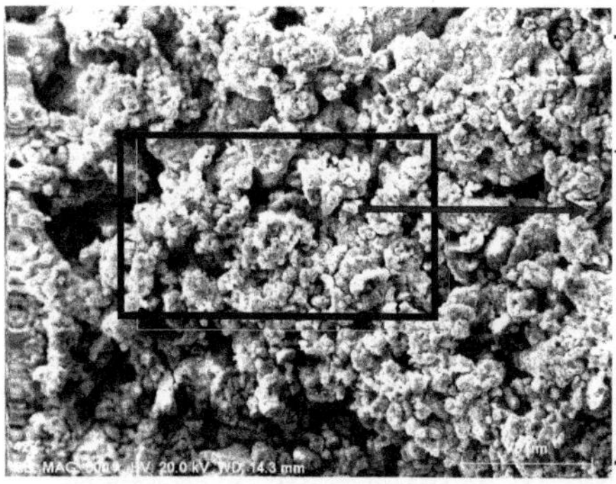

X射线能谱分析结果			
元素	质量分数 /%	原子百分比 /%	误差 /%
Co	40.17	18.35	1.3
C	28.97	64.94	5.5
Zr	21.51	6.35	1
O	5.35	9	1.4
Y	3.79	1.15	0.2
Al	0.22	0.22	0.1

图 6-25　CoO/YSZ 还原反应后扫描电镜(SEM)图和 X 射线能谱分析(EDX)结果

为了消除积碳,可以对还原反应过程的反应气体进行不同比例的加湿。反应气中二甲醚摩尔浓度固定在 20%,H_2O 和 DME 摩尔比分别为 1:1,1.5:1,2:1,2.5:1 和 3:1,N_2 作为平衡气,氧载体为 $CoO/CoAl_2O_4$,还原反应温度 723 K。从图 6-27 中可以看出,随着 H_2O/DME 的增加,二甲醚积碳速率逐渐降低,H_2O/DME 增加到 1.5:1 时,积碳几乎被完全抑制。这主要是由于 H_2O 的加入使得反应(6-33)~(6-36)发生,产生的 H_2、CO 同二甲醚一起与 CoO 发生还原反应(反应(6-

图 6-26　CoO/CoAl₂O₄、CoO/YSZ 还原反应前后氧载体截面微观形貌

35)和(6-36)),将 CoO 还原为 Co。

$$CH_3OCH_3 + H_2O \longrightarrow 2CH_3OH \tag{6-30a}$$

$$CH_3OH + H_2O \longrightarrow 3H_2 + CO_2 \tag{6-30b}$$

$$CO_2 + H_2 \longrightarrow H_2O + CO \tag{6-30c}$$

$$C + H_2O \longrightarrow CO + H_2 \tag{6-30d}$$

值得注意的是,随着 H_2O/DME 增加,过渡点时氧载体的氧化程度 X_{ts} 存在一个最小值。H_2O/DME 在 0~2.0 范围变化时,随着 H_2O/DME 增加,积碳逐渐被消除,X_{ts} 呈现降低趋势,而当 H_2O/DME 超过 2.0 时,随着 H_2O/DME 增加,X_{ts} 呈增加趋势。另外,从图 6-27 中还可以看出,随着 H_2O/DME 的增加,还原反应速率逐渐降低。这可能是由于反应产生水蒸气的过程中,水蒸气分压的增大会降低反应的速率。另外,高 H_2O/DME 条件下容易在氧载体表面产生水膜,阻止反应气体与氧载体的接触。可见,为消除积碳同时保持氧载体的反应性能,H_2O/DME 摩尔比的最佳范围在 1.5~2.0。

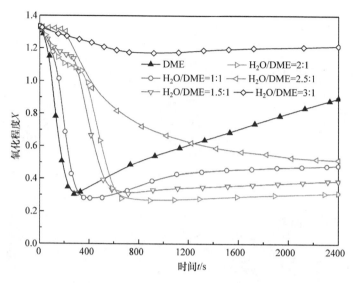

图 6-27　反应气加湿对积碳的影响

6. CoO 氧载体循环性能分析

化学链燃烧系统中,氧载体的循环再生能力至关重要,要求所使用的氧载体不仅具有较高的反应活性,而且还需要很好的循环稳定性。本实验利用扫描电镜(SEM)对 $CoO/CoAl_2O_4$ 和 CoO/YSZ 氧载体循环前后的微观形貌进行了考察。

图 6-28 为 $CoO/CoAl_2O_4$ 和 CoO/YSZ 反应前以及 5 次循环反应后氧载体颗粒截面的微观形貌。$CoO/CoAl_2O_4$ 氧载体在 5 次循环前后,微观形貌变化不大,而 CoO/YSZ 氧载体反应前由粒径为 $1\sim3\mu m$ 的小颗粒组成,5 次循环后由于烧结,构成氧载体的小颗粒间相互连接,形成较大粒径颗粒($>10\mu m$),氧载体内部孔隙闭合,降低了反应气与氧载体的接触面积,使得 5 次循环后氧载体反应性能变差,削弱了氧载体的循环性能。$CoO/CoAl_2O_4$ 和 CoO/YSZ 氧载体循环前后的微观形貌变化说明,与 CoO/YSZ 相比,$CoO/CoAl_2O_4$ 具有更好的循环再生性,更利于化学链燃烧系统的长期稳定运行。

6.5.4　适合中温太阳能驱动 CLC 的新型氧载体的制备与性能研究

为了改善 $CoO/CoAl_2O_4$ 材料的反应性能,降低反应温度,提高反应速率,以便进一步改进中温太阳能与化学链燃烧整合技术,本小节以 $CoO/CoAl_2O_4$ 材料为基础,采用溶解法制备了添加不同助剂的氧载体材料,并对其物化性能及反应性能进行了分析研究。

(a) $CoO/CoAl_2O_4$

(b) CoO/YSZ

图 6-28　5 次循环前后氧载体的微观形貌

1. 不同助剂的比较

图 6-29(a) 比较了 $CoO/CoAl_2O_4$、$(CoO＋PtO_2\ 1.0\%)/CoAl_2O_4$ 和 $(CoO＋Rh_2O_3\ 1.0\%)/CoAl_2O_4$ 与 DME 在反应温度 673 K 条件下的还原反应性能，反应温度 723K 时 $CoO/CoAl_2O_4$ 与 DME 的还原反应也同时给出。反应气流量 50mL/min，由 50% DME 和 50% N_2 组成。从图中可以看出，$(CoO＋PtO_2\ 1.0\%)/CoAl_2O_4$ 和 $(CoO＋Rh_2O_3\ 1.0\%)/CoAl_2O_4$ 的还原反应性能与 $CoO/CoAl_2O_4$ 相比均有显著提高。添加 PtO_2 和 Rh_2O_3 后，氧载体氧化程度 X 达到 0.5 时所需的反应时间为 120s，远低于相同温度下的 $CoO/CoAl_2O_4$（450s），甚至低于 723 K 时 $CoO/CoAl_2O_4$ 与 DME 的反应时间（310 s）。

另外，图 6-29（b）给出了 $CoO/CoAl_2O_4$、$(CoO＋PtO_2\ 1.0\%)/CoAl_2O_4$ 和 $(CoO＋Rh_2O_3\ 1.0\%)/CoAl_2O_4$ 与 DME 还原反应过程中反应速率 v 随反应时间 t 的变化。图中先后出现的两个峰分别对应 Co_3O_4 到 CoO 和 CoO 到 Co 的还原，随着反应的进行，由于 DME 的积碳氧载体质量增加，反应后期反应速率出现负值。通过图 6-29（b）可以比较直观地看出助剂 PtO_2 和 Rh_2O_3 对氧载体反应速率的影响。与 $CoO/CoAl_2O_4$ 和 DME 的最大反应速率相比，$(CoO＋PtO_2\ 1.0\%)/CoAl_2O_4$

氧载体反应速率提高了近 4 倍之多,略高于$(CoO+Rh_2O_3\ 1.0\%)/CoAl_2O_4$氧载体(约 3 倍)。

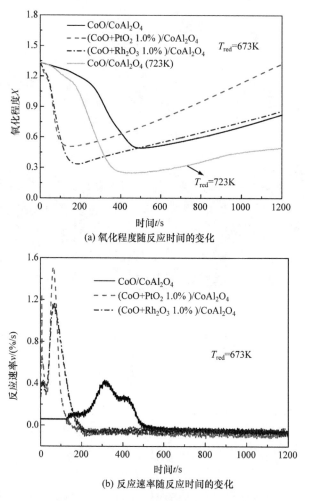

(a) 氧化程度随反应时间的变化

(b) 反应速率随反应时间的变化

图 6-29　添加不同助剂的氧载体的还原反应性能比较

2. 添加不同助剂的氧载体还原反应活化能的确定

活化能 E 作为一个重要的反应动力学指标,常用来表征反应进行的难易程度(韩涛,2012)。根据非均相反应动力学方程

$$dX/dt=k(T) \cdot f(X) \tag{6-31}$$

式中 t 为反应时间,$k(T)$ 为速率常数,$f(X)$ 为固态反应动力学模式函数。式(6-31)两侧同取对数,得

$$\ln(dX/dt)=\ln k(T)+\ln f(X) \tag{6-32}$$

根据 Arrhenius 公式，$k(T)=A \cdot \exp(-E/RT)$（A 为指前因子，E 为活化能，R 为气体常数），式(6-32)可变形为

$$\ln(\mathrm{d}X/\mathrm{d}t) = \frac{-E}{R} \cdot \frac{1}{T} + \ln f(X) + \ln A \tag{6-33}$$

因此，对于一定的氧化程度 X，$\ln(\mathrm{d}X/\mathrm{d}t)$ 和 $1/T$ 之间存在线性关系。

基于上述关系，本节对添加助剂前后的不同氧载体颗粒的还原反应活化能进行了计算，反应温度分别取 653K、673K、703K 和 723K。图 6-30 所示为各氧载体颗粒不同反应温度下的失重情况。

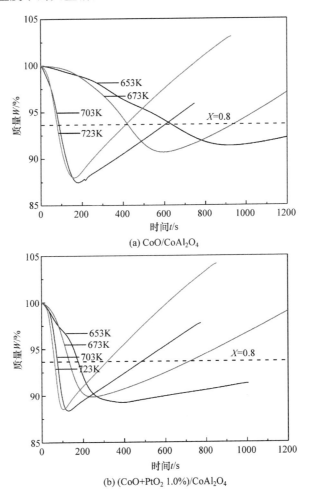

(a) $CoO/CoAl_2O_4$

(b) $(CoO+PtO_2\ 1.0\%)/CoAl_2O_4$

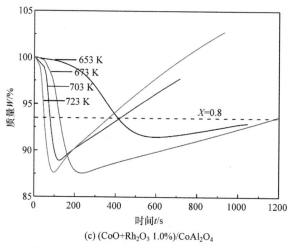

(c) $(CoO+Rh_2O_3\ 1.0\%)/CoAl_2O_4$

图 6-30　不同反应温度下氧载体的失重情况

在这里我们取氧化程度 $X=0.8$ 时的 (dX/dt) 为计算参考点（图 6-30 中虚线所示失重程度处），主要是因为氧化程度 $X=0.8$ 时还原反应刚开始进行，反应速率主要受化学反应控制，扩散的影响可以忽略，同时该点氧载体中有效氧较为充足，二甲醚积碳尚未发生，还原反应速率不会受积碳速率的影响。

从图 6-31 中看出，添加 PtO_2 和 Rh_2O_3 助剂后，氧载体还原反应的表观活化能明显降低。$(CoO+Rh_2O_3\ 1.0\%)/CoAl_2O_4$ 和 $(CoO+PtO_2\ 1.0\%)/CoAl_2O_4$ 与 DME 还原反应的表观活化能分别为 $109kJ/mol$ 和 $85kJ/mol$，相比 $CoO/CoAl_2O_4$（$128kJ/mol$）分别降低了 $19kJ/mol$ 和 $43kJ/mol$。表观活化能的降低使得反应过程中活化分子所占比例增加，因而 $(CoO+PtO_2\ 1.0\%)/CoAl_2O_4$ 和 $(CoO+Rh_2O_3\ 1.0\%)/CoAl_2O_4$ 氧载体相比 $CoO/CoAl_2O_4$ 反应速率得以提高。

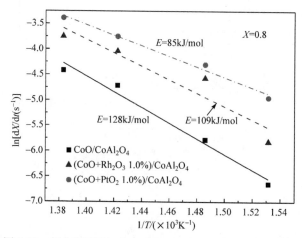

图 6-31　氧化程度 $X=0.8$ 时 $\ln(dX/dt)$ 和 $1/T$ 的拟合曲线

另外,由于 $(CoO+PtO_2\ 1.0\%)/CoAl_2O_4$ 的活化能略低于 $(CoO+Rh_2O_3$ $1.0\%)/CoAl_2O_4$,$(CoO+PtO_2\ 1.0\%)/CoAl_2O_4$ 的反应性能优于 $(CoO+Rh_2O_3$ $1.0\%)/CoAl_2O_4$。同时,与 Pt 相比,Rh 的价格要更昂贵,所以本研究最终选择 PtO_2 为助剂。

3. PtO_2 含量对新氧载体材料还原反应性能的影响

不同助剂含量的氧载体的反应性能也有不同影响。实验制备了 PtO_2 质量含量分别为 0.2%、0.5%、1.0% 和 5.0% 的氧载体材料。随着 PtO_2 含量的增加,相同转化率时氧载体的反应时间呈现出降低趋势。加入少量的 PtO_2 后,氧载体还原反应时间便明显缩短,$(CoO+PtO_2\ 0.2\%)/CoAl_2O_4$ 氧载体氧化程度 X 达到 0.5 时的还原反应时间与 $CoO/CoAl_2O_4$ 相比,由 450s 降低到 180s 左右。

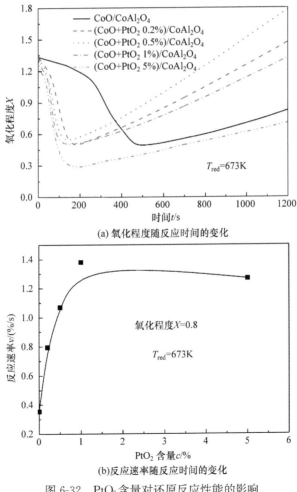

(a) 氧化程度随反应时间的变化

(b)反应速率随反应时间的变化

图 6-32　PtO_2 含量对还原反应性能的影响

当氧化程度 $X=0.8$ 时,氧载体的反应速率随 PtO_2 含量的增加存在拐点。PtO_2 含量低于 1.0% 时,氧载体还原反应速率随 PtO_2 含量的增加而迅速增加,PtO_2 含量为 0.2% 时氧载体反应速率为 0.8%/s,是 $CoO/CoAl_2O_4$ 氧载体($v=0.35\%/s$)的 2.3 倍。然而,当 PtO_2 含量超过 1.0% 以后,氧载体反应速率随 PtO_2 含量的增加变化不再明显,PtO_2 含量为 5% 的氧载体材料的反应速率甚至低于 PtO_2 含量为 1.0% 的材料。这种助剂含量不同而带来的氧载体反应性能的差异,很可能是 Co 的分散度不同所致。Pt 的加入使得主要由 Co 覆盖的表面形成了 Co-Pt 的双金属簇,提高了 Co 的分散度。但是随着 Pt 的含量超过 1.0%,这种提高作用不再明显,PtO_2 含量的增加对氧载体反应性能提升作用开始变弱,因此,$CoO/CoAl_2O_4$ 氧载体中助剂 PtO_2 的理想含量应为 1.0%。

4. $(CoO+PtO_2\ 1.0\%)/CoAl_2O_4$ 氧载体材料的积碳特性

对于碳氢燃料,还原反应的积碳现象都是存在的。积碳将抑制氧载体还原。图 6-33 为 DME 在 $CoO/CoAl_2O_4$ 与 $(CoO+PtO_2\ 1.0\%)/CoAl_2O_4$ 氧载体上的积碳比较。积碳之前,$CoO/CoAl_2O_4$ 与 $(CoO+PtO_2\ 1.0\%)/CoAl_2O_4$ 氧载体首先在 873K 条件下被 50% H_2-50% N_2 气流还原 3h,还原气体流量为 50mL/min。被还原后的氧载体再在 50mL/min 的 50% DME-50% N_2 气流中升温积碳,反应温度为室温至 1073K,升温速率 10K/min。

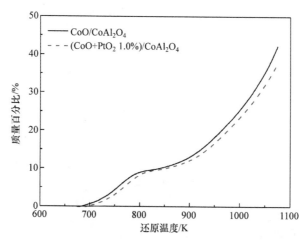

图 6-33　DME 在 $CoO/CoAl_2O_4$ 与 $(CoO+PtO_2\ 1.0\%)/CoAl_2O_4$ 氧载体上的积碳比较

由图 6-33 可以看出,DME 在 $CoO/CoAl_2O_4$ 与 $(CoO+PtO_2\ 1.0\%)/CoAl_2O_4$ 氧载体上的积碳速率随积碳温度的增加呈现出相似的趋势。对于 $CoO/CoAl_2O_4$ 氧载体,温度低于 800K 时,积碳速率随温度增加而增加;温度超过 800K 以后积碳速率有所减缓;温度超过 880K 以后积碳速率又随着温度的增加而迅速增加。结

合 DME 的积碳反应式

$$CO \rightarrow 1/2C + 1/2CO_2, \quad \Delta H = -85.5 \text{kJ/mol} \tag{6-34a}$$

$$CH_4 \rightarrow C + 2H_2, \quad \Delta H = 74.85 \text{kJ/mol} \tag{6-34b}$$

反应(6-34a)是放热反应,为低温下 DME 积碳的主要反应,反应(6-34b)是吸热反应,为高温下 DME 积碳的主要反应。由此可知,积碳温度低于 800K,DME 在 $CoO/CoAl_2O_4$ 上的积碳反应以反应(6-34a)为主,而温度超过 880K 以后积碳反应以反应(6-34b)为主。积碳温度在 800~880K 时,由于此时反应(6-34a)随着积碳温度的升高被抑制,而反应(6-34b)在该温度区间反应速率较慢,致使 DME 在 800~880K 温度区间的积碳较为缓慢。

从图 6-34 还可以看出,相同温度下,DME 在 $(CoO+PtO_2\ 1.0\%)/CoAl_2O_4$ 氧载体上的积碳速率相对 $CoO/CoAl_2O_4$ 降低不明显。但是,DME 与 $CoO/CoAl_2O_4$ 氧载体的反应温度为 723K,而 DME 与 $(CoO+PtO_2\ 1.0\%)/CoAl_2O_4$ 氧载体的反应温度为 673K,反应温度的降低不仅更便于化学链燃烧与中温太阳能的结合,同时也降低了燃料在氧载体上的积碳速率。

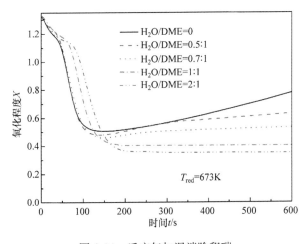

图 6-34　反应气加湿消除积碳

为了消除积碳,我们同样对 $(CoO+PtO_2\ 1.0\%)/CoAl_2O_4$ 氧载体还原反应过程的反应气体进行了不同比例的加湿实验。反应气中二甲醚摩尔浓度固定在 20%,H_2O/DME(摩尔比)分别为 0,0.5∶1,0.7∶1,1∶1 和 2∶1,N_2 作为平衡气,还原反应温度为 673K。另外,随着 H_2O/DME 的增加,氧载体积碳速率逐渐降低。H_2O/DME 增加到 1.0 时,氧载体还原反应过程在失重后未出现增重现象,这表明此时积碳被完全抑制。同时,氧载体的反应速率随着加湿比的增加同样呈现出逐渐降低的趋势,因此为在消除积碳的同时保持较好的反应性,$(CoO+PtO_2\ 1.0\%)/CoAl_2O_4$ 与 DME 还原反应过程的最佳加湿比应为 $H_2O/DME = 1.0$。

由于随着加湿比增大,化学链燃烧系统耗水量增加,需要消耗更多热量来产生蒸汽。$(CoO+PtO_2 1.0\%)/CoAl_2O_4$氧载体与 DME 还原反应过程的加湿比低于 $CoO/CoAl_2O_4$ 与 DME 的还原反应过程的加湿比($H_2O/DME=2.0$),降低了化学链燃烧系统对水的消耗,减少了系统的能耗。

5. $(CoO+PtO_2 1.0\%)/CoAl_2O_4$氧载体的循环再生性

为了进一步研究$(CoO+PtO_2 1.0\%)/CoAl_2O_4$氧载体在化学链燃烧过程中还原氧化的稳定性,本研究对$(CoO+PtO_2 1.0\%)/CoAl_2O_4$氧载体 30 次循环的还原氧化反应性能进行了研究。燃料 DME 气体中加入了水蒸气($H_2O/DME=1.0$)以抑制积碳反应的发生,还原反应温度 673K,还原反应时间 10min;氧化反应温度 1273K,反应时间 10min。

图 6-35 所示为$(CoO+PtO_2 1.0\%)/CoAl_2O_4$氧载体 30 次循环的稳定性的变化。从图中可以看出,$(CoO+PtO_2 1.0\%)/CoAl_2O_4$氧载体在 1~16 次循环过程中表现出较好的循环稳定性。1~16 次循环过程中,氧载体在还原反应阶段末的氧化程度 X 最小可达到 0.06,即相应的转化率为 94%,还原反应始末氧化程度 X 的变化范围 ΔX 约在 0.9,每次氧化反应后氧载体都能被完全氧化至 CoO 状态。当循环次数超过 17 次后,氧载体反应速率和转化程度逐渐降低,循环过后氧载体无法被完全氧化,氧载体循环稳定性变差,30 次循环后 ΔX 仅为 0.3。

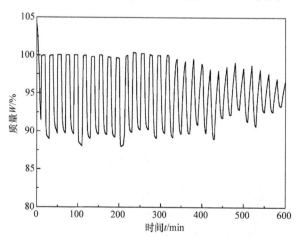

图 6-35 $(CoO+PtO_2 1.0\%)/CoAl_2O_4$氧载体 30 次循环的稳定性

氧载体反应前后微观形貌的变化可以在一定程度上解释氧载体再生性。图 6-36所示为新鲜氧载体、20 次循环后以及 30 次循环后氧载体的微观形貌。由图可以很明显看出,反应前新鲜氧载体由大量直径小于 $1\mu m$ 的微粒构成,氧载体表面多孔、粗糙,便于反应气体与固体颗粒的接触;20 次循环后,构成氧载体的微粒之间发生烧结,粒径长大,形成了粒径超过 $5\mu m$ 的大颗粒;30 次循环后,氧载体烧结更为严重,表面变得致密,孔隙变小,降低了氧载体的比表面积,不利于反应气体的扩散,从而引起了氧载体反应性能的恶化。

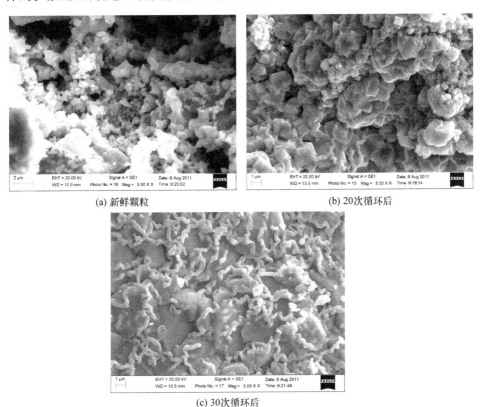

(a) 新鲜颗粒　　　　　　　　　　　　(b) 20次循环后

(c) 30次循环后

图 6-36　$(CoO+PtO_2\ 1.0\%)/CoAl_2O_4$ 循环前后的微观形貌

$(CoO+PtO_2\ 1.0\%)/CoAl_2O_4$ 氧载体的循环稳定性与目前常规化学链燃烧研究中的氧载体相比还存在一定差距,尚不能满足工业要求。这主要是因为常规化学链燃烧中还原、氧化反应温度较为接近,而本研究中的化学链燃烧还原反应温度为 673 K,还原和氧化反应温差较大,对氧载体的热冲击更为强烈,容易造成氧载体循环稳定性变差,氧载体的循环稳定性还有待于提高。通过浸渍法制备氧载体,采用 TiO_2 或 SiO_2 做惰性载体,可进一步增强氧载体的氧化还原稳定性。新型氧载体材料,大幅度提高了氧载体的反应速度,同时降低了还原反应的温度,更有利于中温太阳能与化学链燃烧的结合。

6.6 挑战与发展趋势

中国作为一个经济快速增长的国家,未来的能源需求和相应的温室气体排放将快速明显增加。因此,未来的能源系统必将是以低碳为主。从规模化、高效、低成本太阳能热发电发展,以及CO_2捕集对传统能源动力系统的挑战出发,太阳能热发电可以划分为三个阶段:单纯太阳能热发电,太阳能与化石燃料热化学互补发电,零能耗捕集CO_2的太阳能-化学链燃烧发电。从我国能源结构而言,太阳能与化石燃料热化学互补发电技术,是近中期的一种有效的能源与环境相容的动力系统。图 6-37 从低成本、高效太阳能热发电和低能耗捕集CO_2视角出发,把太阳能热发电划分为三个发展阶段:单纯太阳能热发电,太阳能与化石燃料热化学互补发电,零能耗捕集CO_2的太阳能-化学链燃烧发电。

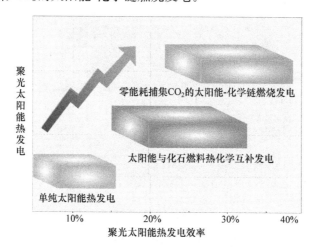

图 6-37 不同太阳能热发电技术热转功净效率和二氧化碳捕集成本(后附彩图)

单纯太阳能热发电代替常规化石燃料动力系统,虽不存在CO_2捕集能耗,但效率低、成本高对现有CO_2问题的解决力不从心。相对而言,近中期,中低温太阳能与化石燃料热化学互补更具有潜力。从战略上看,太阳能与化学链燃烧整合发电更具有魅力和前瞻性。它独具匠心地通过气固反应,将粗放、无序燃烧革新为有序的燃料化学能释放,同时富集CO_2浓度。通过简单物理冷凝达到零能耗捕集CO_2的奇妙结果。意味着系统太阳能净发电效率没有受到CO_2捕集能耗任何影响。

例如,中低温太阳能与甲醇燃料互补发电,近 20%碳基燃料被太阳能替代。意味着在输入相同燃料时,相比碳基燃料直接燃烧发电,互补系统的CO_2分离能耗可以节约 20%。如果采用更为先进的太阳能与化学链燃烧整合的互补发电技术,不仅没有额外CO_2捕集能耗,而且发电效率还要提高 30%~50%甚至更高。这意味着单位面积聚光镜场的装置成本将会大幅度下降,缩短了与传统发电技术的距离。

由上所述,可以看到,依靠单一太阳能或化石能源的发电系统,不可能完全解决彼此的技术瓶颈。可以预测的是,选择合适的太阳能与化石能源互补的可持续多能源体系,才是能够同时解决能源利用与环境问题的前景技术途径。但这又涉及光学、化学、工程热物理等多学科交叉,面临新理论与方法、新技术的挑战。特别是太阳能驱动碳定向转化的新原理,是发展多能源互补利用与温室气体控制技术的理论基础,是开拓太阳能热化学与 CO_2 回收原始创新技术的重要基石。

参 考 文 献

韩涛. 2012. 多能源互补回收 CO_2 的化学链燃烧机理与动力系统研究[D]. 北京:中国科学院.

贺凤娟. 2012. 基于化学链燃烧的固体蓄能材料实验研究及冷热电系统集成[D]. 北京:中国科学院.

金红光,洪慧,韩涛. 2008a. 化学链燃烧的能源环境系统研究进展[J]. 科学通报,53(24):2994-3005.

金红光,林汝谋. 2008. 能的综合梯级利用与燃气轮机总能系统[M]. 北京:科学出版社.

金红光,张希良,高林,等. 2008a. 控制 CO_2 排放的能源科技战略综合研究[J]. 中国科学,38(9):1495-1506.

潘莹. 2011. 中低温太阳能与替代燃料化学链燃烧互补机理与系统集成研究[D]. 北京:中国科学院.

袁建丽. 2007. 新型太阳能热利用系统集成研究[D]. 北京:中国科学院.

张浩,洪慧,高健健,等. 2016. 太阳能化学链燃烧的固体燃料蓄能分布式系统[J]. 工程热物理学报,37(1):11-15.

Han T,Hong H,He F,et al. 2012. Reactivity study on oxygen carriers for solar-hybrid chemical-looping combustion of di-methyl ether[J]. Combustion and Flame,159(5):1806-1813.

Han W,Jin H,Lin R. 2011. A novel multifunctional energy system for CO_2 removal by solar reforming of natural gas[J]. Journal of Solar Energy Engineering,133(4):041004(1-8).

Hong H,Han T,Jin H. 2010. A low temperature solar thermochemical power plant with CO_2 recovery using methanol-fueled chemical looping combustion[J]. Journal of Solar Energy Engineering,132(3):031002.

Hong H,Jin H,Liu B. 2006. A novel solar-hybrid gas turbine combined cycle with inherent CO_2 separation using chemical-looping combustion by solar heat source[J]. ASME Trans. ,Journal of Solar Energy Engineering,128:275-284.

Hong H,Pan Y,Zhang X,et al. 2011. A solar-hybrid power plant integrated with ethanol chemical-looping combustion [J]. Proceedings of ASME Turbo Expo,GT2011-45600:997-1010.

Hong H,Zhang H,Han T,et al. 2017. Experimental analyses on feasibility of chemical-looping $CoO/CoAl_2O_4$ with additive for solar thermal fuel production[J]. Energy Technology.

Jin H，Hong H，Han T. 2009. Progress of energy system with chemical-looping combustion [J]. Chinese Science Bulletin，54(6)：906-919.

Zhang H，Hong H，Gao J，et al. 2016，Thermodynamic performance of a mid-temperature solar fuel system for cooling，heating and power generation[J]. Applied Thermal Engineering，106：1268-1281.

彩　　图

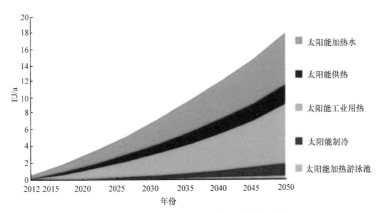

图 1-5　太阳能加热和制冷应用技术路线（来源：IEA）

聚光太阳能产量增加,成本降低

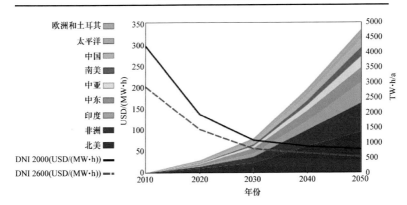

图 1-17　太阳能热利用分布情况（来源：Green Peace）

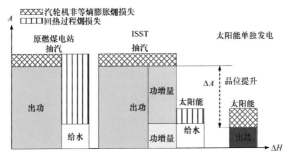

图 4-18　互补系统集成原则示意图

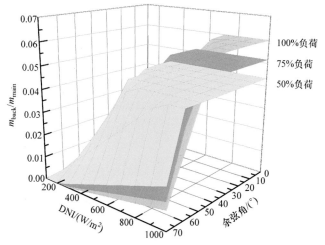

图 4-24　太阳辐照强度和太阳入射角对抽汽返回率的影响

图 4-45　1300kW 广角跟踪聚光集热场

图 4-54　变面积槽式集热器原型机照片

图 5-5　20kW 抛物槽式聚光吸热反应器

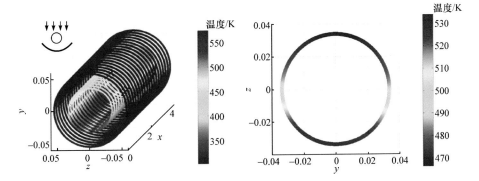

图 5-10　$x=2$m 处吸收/反应管截面温度分布

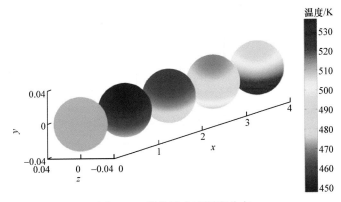

图 5-11　催化反应床温度分布

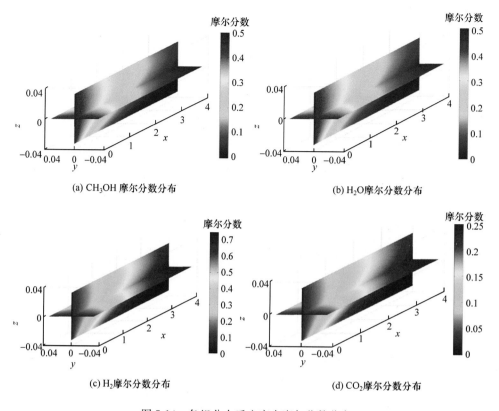

(a) CH₃OH 摩尔分数分布

(b) H₂O摩尔分数分布

(c) H₂摩尔分数分布

(d) CO₂摩尔分数分布

图 5-14　各组分在反应床中摩尔分数分布

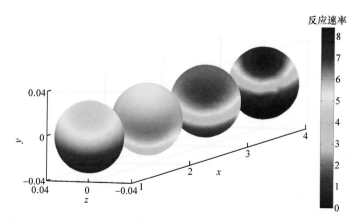

图 5-15　不同截面化学反应速率分布(mol/(m³ · s))

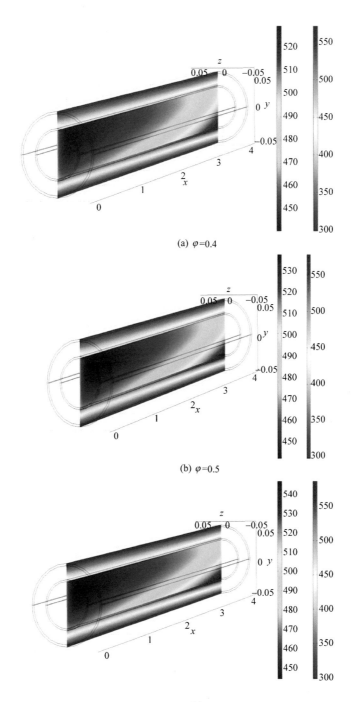

(a) $\varphi=0.4$

(b) $\varphi=0.5$

(c) $\varphi=0.6$

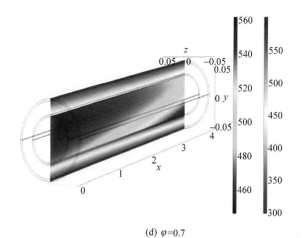

(d) $\varphi=0.7$

图 5-20　孔隙率对反应床温度变化的影响

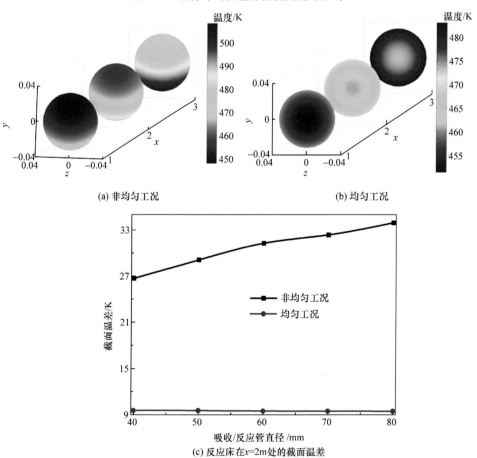

(a) 非均匀工况　　　　　　　　　　　　(b) 均匀工况

(c) 反应床在 $x=2m$ 处的截面温差

图 5-23　反应床在均匀工况和非均匀工况下的截面温差

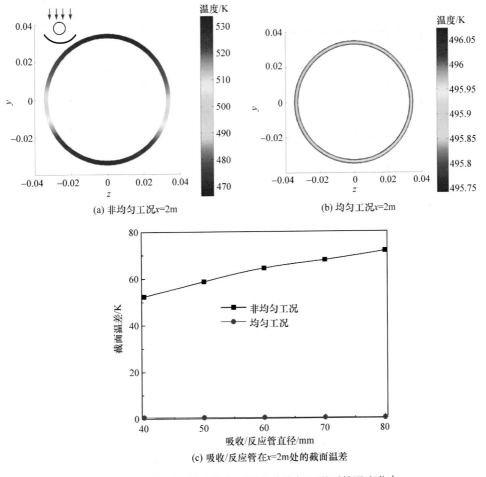

(a) 非均匀工况x=2m

(b) 均匀工况x=2m

(c) 吸收/反应管在x=2m处的截面温差

图 5-24 吸收/反应管在均匀工况和非均匀工况下的温度分布

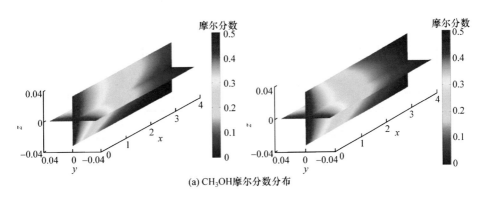

(a) CH₃OH摩尔分数分布

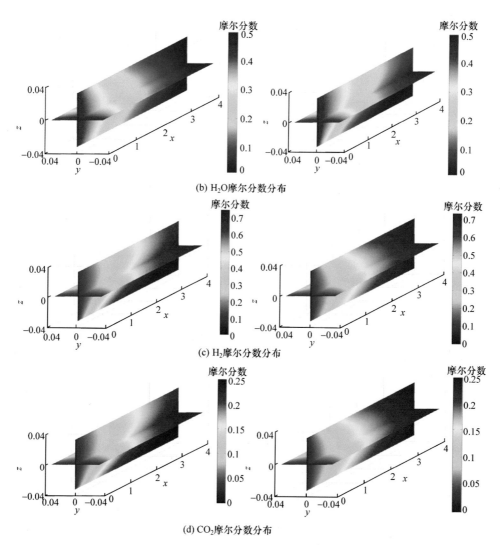

(b) H₂O摩尔分数分布

(c) H₂摩尔分数分布

(d) CO₂摩尔分数分布

图 5-26 均匀工况和非均匀工况下各组分在反应床中摩尔分数分布

图 5-34　100kW 中低温太阳能与甲醇热化学互补发电试验平台

图 5-36　聚焦时的一体化太阳能吸收/反应器

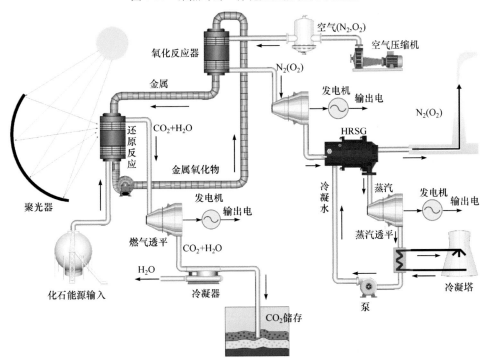

图 6-13　中低温太阳能与化学链燃烧整合的热力循环流程图

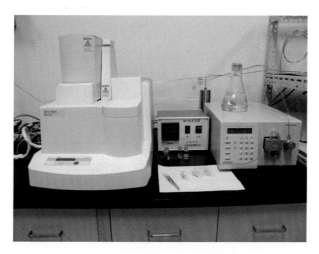

图 6-18　化学链燃烧热重实验台实物图

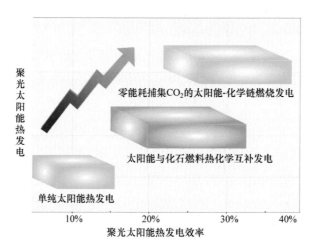

图 6-37　不同太阳能热发电技术热转功净效率和二氧化碳捕集成本